R. Lauterbach · Physik der Erdkruste

# PHYSIK DER ERDKRUSTE

**Ergebnisse geophysikalischer Erforschung von Erdkruste und Erdmantel**

Unter Mitwirkung von

S. Grässl, H. Hetzer, K. Hochstrate, E. Hurtig, M. Kopf, K. Lehnert, H. Militzer, W. Mundt, G. Nosske, Chr. Oelsner, G. Olszak, G. Porstendorfer, J. Schön, R. Stoll und H. Thierbach

mitverfaßt und herausgegeben von

R. LAUTERBACH

Mit 68 Abbildungen und 6 Tabellen

AKADEMIE-VERLAG · BERLIN

1977

Verlagslektor: Dipl.-Met. Heide Deutscher
Erschienen im Akademie-Verlag, 108 Berlin, Leipziger Straße 3—4

Lizenznummer: 202 · 100/469/76
Schutzumschlag und Einband: Rolf Kunze
Gesamtherstellung: VEB Druckerei „Thomas Müntzer", 582 Bad Langensalza
Bestellnummer: 761977 5 (6318) · LSV 1445
Printed in GDR
DDR 46, – M

# Vorwort

Ziel dieses Buches wie seines Vorläufers, der „Physik des Planeten Erde“ ist es, Entwicklungstendenzen der physikalischen Erforschung der Erde zu verdeutlichen, die gegenwärtig von besonderer Bedeutung sind oder zu werden scheinen. Hiermit wird also weder ein traditionelles Lehr- oder Handbuch vorgelegt. Die Entwicklung aller Geowissenschaften verläuft gegenwärtig so stürmisch, daß breite Übersichten dieser Art eine zu geringe „Halbwertszeit“ aufweisen.

Auch die erwähnte, bereits vorliegende Monographie zur Physik des Planeten Erde hatte die analoge Aufgabe wie dieses Buch, anhand neuer Ergebnisse geophysikalischer Forschung die Entwicklungstendenzen dieser Disziplin und damit ihre rasch steigende, grundlegende Bedeutung aufzuzeigen.

Wegen der verschiedenartigen Interessentenkreise wurde die geophysikalische Erforschung der Lithosphäre abgetrennt und einer besonderen Darstellung unterzogen, deren Ergebnisse hiermit vorgelegt werden. In beiden Bänden konnte unter den geschilderten Umständen übrigens keine Vollständigkeit angestrebt noch etwa erreicht werden.

Der Begriff der Lithosphäre wurde im Titel des Buches auf Vorschlag des Akademie-Verlages in den verständlicheren, aber engeren Begriff Erdkruste abgewandelt. Trotzdem ist eigentlich die Lithosphäre gemeint. Dies bedarf noch einiger Bemerkungen an dieser Stelle.

Ursprünglich ist dieser Begriff zunächst von geochemischer Seite geprägt worden. Später wurde er in Zusammenhang mit geophysikalischen Problemen, z. B. der Isostasie, erneut aufgegriffen und inhaltlich mehrfach verändert. In der physikalischen Geologie und Geochemie war es dann lange Zeit üblich, ihn als Synonym für Erdkruste zu verwenden.

In Zusammenhang mit modernen geodynamischen Vorstellungen und besonders belebt durch das internationale Geodynamik-Projekt sind die Termini „Lithosphäre“ und „Asthenosphäre“ erneut definiert und breit eingeführt worden. Danach schließt die Lithosphäre im Modell des äußeren Erdkörpers die Erdkruste und jenen Teil des oberen Erdmantels ein, der oberhalb der Zone niedriger seismischer Geschwindigkeiten liegt. Die Lithosphäre unterscheidet sich von der darunter liegenden Asthenosphäre durch ihre physikalischen, vor allem elastischen Eigenschaften. Im Gegensatz zur Asthenosphäre weist sie eine hohe Festigkeit auf, ohne nach unten eine scharfe Grenze zu besitzen.

In diesem Sinne also ist hier der Begriff Lithosphäre zu verstehen, ohne daß damit alle hypothetischen Konsequenzen der neuesten Entwicklung der Geodynamik etwa a priori übernommen würden. Ferner bedarf es noch einer besonderen Hervorhebung, daß keineswegs nur großregionale, geodynamisch wichtige Zusammenhänge Gegenstand der Betrachtung dieser Fortschrittstendenzen sind. Gerade auch die angewandte Geophysik mit Bohrlochgeophysik, die Ingenieurgeophysik und die Petrophysik sind in mehreren Kapiteln Gegenstand der Betrachtung. Diese geophysikalischen Methoden sind für die Untersuchung des obersten Teiles der dem Menschen direkt zugänglichen Lithosphäre von hervorragender Bedeutung.

Das Buch gibt also einen auf Schwerpunkte orientierten Überblick über geophysikalisch wichtige Bauformen der kontinentalen und ozeanischen Lithosphäre. Es enthält ferner Fortschrittsberichte über die wichtigsten Methoden der Lithosphären-Geophysik und einige ihrer Ergebnisse (Satelliten- und Aeroverfahren, Geothermie, Geoelektromagnetik, Geomagnetik und Gravimetrie, Seismik, Elektrik, Ingenieur- und Bohrlochgeophysik sowie Petrophysik). Auch die Beziehungen von angewandter Geophysik und Geochemie werden gestreift.

Der Herausgeber ist dem Staatssekretär im Ministerium für Geologie der DDR, Dr. W. Gotte für sein Interesse und seine Unterstützung bei der Erarbeitung der Manuskripte zu Dank verpflichtet. Dank gebührt auch dem Akademie-Verlag, Berlin, für seine Mühe beim Zustandekommen und der Herausgabe des Buches, vor allem Frau Deutscher und Herrn Dr. Künzel.

Besonderen Dank weiß der Herausgeber für die gute und produktive Zusammenarbeit seinen Fachkollegen, die als Autoren mitwirkten:

Dr. rer. nat. St. Grässl, Akademie der Wissenschaften der DDR, Zentralinstitut für Physik der Erde, Potsdam

Prof. Dr. rer. nat. H. Hetzer, stellv. Direktor des Zentralen Geologischen Institutes, Berlin

Dr. rer. nat. K. Hochstrate, VEB Geophysik, Leipzig

Dr. rer. nat. habil. E. Hurtig, Akademie der Wissenschaften der DDR, Zentralinstitut für Physik der Erde, Potsdam

Dr. rer. nat. M. Kopf, VEB Geophysik, Leipzig

Dr. rer. nat. K. Lehnert, VVB Erdöl-Erdgas, Gommern

Prof. Dr. rer. nat. habil. H. Militzer, Sektion Geowissenschaften der Bergakademie Freiberg

Dr. rer. nat. habil. W. Mundt, Akademie der Wissenschaften der DDR, Zentralinstitut für Physik der Erde, Potsdam

Dr. rer. nat. G. Nosske, VEB Geophysik, Leipzig

Dr. rer. nat. habil. CHR. OELSNER, Sektion Geowissenschaften der Bergakademie Freiberg

Prof. Dr. sc. nat. G. OLSZAK, Sektion Physik, Fachbereich Geophysik der Karl-Marx-Universität Leipzig

Prof. Dr. rer. nat. habil. G. PORSTENDORFER, Sektion Geowissenschaften der Bergakademie Freiberg

Dozent Dr. sc. nat. J. SCHÖN, Sektion Geowissenschaften der Bergakademie Freiberg

Dr. rer. nat. R. STOLL, Sektion Geowissenschaften der Bergakademie Freiberg

Dozent Dr. sc. nat. H. THIERBACH, Sektion Physik, Fachbereich Geophysik der Karl-Marx-Universität Leipzig.

Für ihre redaktionelle Unterstützung danke ich Frau Dipl.-Geoln. M. MEISSNER, Sektion Physik, Fachbereich Geophysik der Karl-Marx-Universität Leipzig.

Redaktionsschluß für den vorliegenden Band war der 31. Oktober 1974.

Prof. Dr. sc. nat. Robert LAUTERBACH
o. Mitglied der Akademie der Wissenschaften der DDR

Leiter des Fachbereiches Geophysik in der Sektion Physik der Karl-Marx-Universität Leipzig

# Inhaltsverzeichnis

# 1.

# Zur Entwicklung von Bauformen der Kruste und des Oberen Mantels der Erde[1]

## 1.1. Entwicklung der Kenntnisse von den Bauformen der Kruste

Die seismologische Auswertung gebrochener Wellen führte zu Beginn dieses Jahrhunderts zu ersten konkreten Kenntnissen über den Schalenbau der Erde und unter anderem auch über die Grenze von Kruste und oberem Mantel.

Zu Ehren ihrer Entdecker wurden die 1909 bzw. 1923 gefundenen Grenzflächen MOHOROVIČIĆ- bzw. CONRAD-Diskontinuität benannt. Die zwischen den Grenzflächen befindlichen geologischen Materialien wurden nach den gemessenen Geschwindigkeiten seismischer Longitudinalwellen als „Granit"- und „Gabbro"- bzw. „Basalt"-Schicht bezeichnet. Auf Grund der Grenzwellengeschwindigkeit von 8,0 ··· 8,2 km/s an der Diskontinuität Kruste/Mantel können in der obersten Zone des Erdmantels Gesteine ultrabasischer Zusammensetzung angenommen werden (Gesteinsdichte 3,2 ··· 3,4 g/cm³).

Die nach dem zweiten Weltkrieg einsetzenden umfangreichen Tiefenuntersuchungen (u. a. Internationales Geophysikalisches Jahr 1957/58; Upper Mantle Project mit drei Etappen — 1962/64, 1965/67, 1968/71), von denen insbesondere auch die ozeanischen Räume erfaßt wurden, zeigten die regionale Situation dieser Grenzflächen in vielen Bereichen der Erde. Zugleich wurde das Modellbild ergänzt, wozu folgende Beobachtungen beitragen:

a) neben den bekannten „klassischen" Diskontinuitäten wird der Krustenaufbau durch *weitere seismische Grenzen* unterteilt; dazu gehört u. a. die von FÖRTSCH (1952) erkannte und nach ihm benannte Grenzfläche, welche innerhalb der sogenannten Granitschicht eine „Diorit"schicht abtrennt;
b) einige Grenzflächen — speziell die MOHOROVIČIĆ-*Diskontinuität* — erscheinen nicht als physikalisch scharfe Grenzen, sondern als Übergangszonen von 3 ··· 5 km Mächtigkeit; es gibt jedoch konkrete Hinweise (V. B. SOLLOGUB und A. V. ČEKUNOV, 1975), daß „Oberkante" und „Unterkante" dieser Übergangszonen sowie weitere Diskontinuitäten dieses Tiefenbereiches als selbständige Grenzen betrachtet werden können („Paläo-"Moho-Diskontinuitäten), die sich verschiedenen großtektonischen Ereignissen zuordnen lassen;

1 Von G. OLSZAK und H. THIERBACH.

c) die markanteste Zwischengrenze der Kruste, die CONRAD-*Diskontinuität*, läßt sich in einigen Regionen (z. B. östliches Kanada) nicht erfassen;
d) die in den Krustenschichten und im oberen Mantel auftretenden seismischen Geschwindigkeiten unterliegen starken *regionalen Veränderungen*;
e) innerhalb der Kruste sowie im oberen Mantel (Asthenosphäre) existieren Schichtbereiche reduzierter seismischer Geschwindigkeiten (*low velocity zones*). Sie weisen auf geringere Viskosität des Materials hin und bieten bevorzugt Bewegungsmöglichkeiten im Rahmen der Tektonophysik (Fließverhalten der Materie);
f) unter den *ozeanischen Räumen* und unter der Mehrzahl der Binnenmeere fehlt die „Granit"-Schicht vollständig (grundsätzlicher Unterschied im Aufbau von kontinentaler und ozeanischer Kruste);
g) neben der vertikalen Gliederung existiert eine *Inhomogenität in der horizontalen Erstreckung* der Schichten, insbesondere im oberen Mantel.

Diese ergänzenden Beobachtungen führten zunächst nicht zur Festigung einer Konzeption über die Genese von Kruste und oberem Mantel. Im Gegenteil: Gewisse, z. T. klar erscheinende Gesetzmäßigkeiten — z. B. die Abhängigkeit der Krustenmächtigkeit vom Alter der tektonischen Großeinheit — wurden erneut in Zweifel gezogen.

Ein wichtiger Gedankengang zur Interpretation der vorliegenden Daten führte zu der Vorstellung, daß die Kruste — abgesehen von einer möglichen primären magmatischen Differenzierung — heute weitgehend von metamorphen Einheiten aufgebaut wird. Durch Ableitung aus dem abgeschätzten Druck/Temperatur-Verlauf mit zunehmender Tiefe kann angenommen werden, daß die „sialische" bzw. *kristalline Hülle der Erde bis zu einer Tiefe von 100 km reicht* (diese Größenordnung für die Mächtigkeit fester tektonischer Blöcke treffen wir wieder bei der Betrachtung großer horizontaler Schollenbewegungen, „plate-tectonics").

### 1.1.1. Mohorovičić-Diskontinuität

In Abhängigkeit von diesen Deutungen reduziert sich natürlich die Rolle der MOHOROVIČIĆ-*Grenze*. Erhalten bleibt in jedem Falle ihre Stellung als *markante physikalische Kontrastfläche*, speziell für die seismischen Geschwindigkeiten und die Gesteinsdichte. Man kann abschätzen, daß die $p$-$T$-Bedingungen an der Basis der kontinentalen Erdkruste 10 ··· 15 kbar und 600 ··· 700 °C betragen, an der Basis der ozeanischen Kruste 2 kbar und 150 ··· 200 °C. Die MOHOROVIČIĆ-Grenze ergibt sich danach möglicherweise als physikalisch-chemische Grenze, die relativ leicht auf wechselnde $p$-$T$-Bedingungen z. B. über Phasenübergänge durch Verschiebung nach oben oder unten reagiert (SUBBOTIN u. a., 1968). Die Tiefenlage dieser Grenzzone und im Zusammenhang damit die Mächtigkeit der *„Gabbro/Basalt"-Schicht* kann danach als entscheidender Indikator („Barometer") für den tektonisch-physikalischen Zustand und die Entwicklungstendenz eines Gebietes genutzt werden.

In diesem Zusammenhang soll auf neuere Ergebnisse im Bereich der Dnepr-Donez-Senke hingewiesen werden (V. B. SOLLOGUB und A. V. ČEKUNOV, 1975), wo im Tiefenabstand von ca. 5 km zwei Moho-Diskontinuitäten kartiert wurden. Der höhere WNW OSO orientierte Horizont der devonischen Entstehung des Dnepr-Donez-Grabens bzw. Aulakogens zeigt eine Krustenausdünnung unter der tektonischen Senkungseinheit. Der tiefere N—S gerichtete Horizont wird einer frühproterozoischen Gebirgsbildung zugeordnet, wobei sich die ehemaligen Faltungsantiklinalen in relativen Vertiefungen („Wurzeln") widerspiegeln.

## 1.1.2. Conrad-Diskontinuität

Wesentlich andere Bedingungen gelten für die CONRAD-*Diskontinuität*, an der eine Geschwindigkeit der Longitudinalwellen $V_p$ von 6,5 km/s beobachtet wird ($V_s \approx$ 3,6 km/s). Eine Abschätzung der Druck/Temperatur-Bedingungen führt zu Werten von ca. 3900 kbar und 450 °C für die Kruste unter Plattformbedingungen, für alte Schilde möglicherweise nur 180 °C (BORCHERT und BÖTTCHER, 1967). Im Hinblick auf diese Bedingungen muß die CONRAD-Grenze rezent als „kalte", d. h. im Sinne der Tektogenese als *fossile geologische Diskontinuität* angesehen werden. Umlagerungen dieser physikalisch erfaßten Grenze in Form von Phasen-, polymorphen und Elektronen-Übergängen oder über chemische Umwandlungen der geologischen Materie müssen weitgehend ausgeschlossen werden. In bestimmtem Umfang sind hydrothermale Prozesse möglich (ab 200 ··· 300 °C), die jedoch nicht als Ursache für den regionalen Charakter dieser Grenzfläche betrachtet werden können.

Für den *metamorphen Charakter auch der Gesteine, die unter der* CONRAD-*Diskontinuität liegen,* spricht eine Reihe von Beobachtungen.

So muß zunächst festgestellt werden, daß die seismische Geschwindigkeit der Gesteine der „Gabbro-Basalt"-Schicht gleich der Geschwindigkeit der ältesten Gesteine der Erde ist, z. B. in den archaischen Gesteinen des Kanadischen Schildes (unter entsprechenden $p$-$T$-Bedingungen). LYONS (1970) konkretisiert diesen Gedankengang, indem er auf die postarchaische Diskordanz (algoman unconformity) hinweist. Dieser Zeitbereich, der von STILLE als „der bedeutendste Einschnitt in der geotektonischen Geschichte der Erde" angesehen wurde, besitzt nach absoluter Bestimmung ein Alter von 2,5 Milliarden $\pm$ 150 Millionen Jahren. Von großem Interesse ist dabei die Situation im östlichen Teil von Canada, wo die CONRAD-Diskontinuität mit dem Ausbiß der Gesteine postarchaischen Alters die Erdoberfläche erreicht, d. h. in Koinzidenz mit der Oberkante der archaischen oder algomanen Diskordanz steht. (Nimmt man einen mittleren, für Schilde ermittelten Erosionsbetrag von 0,02 mm/Jahr an, so ergibt sich ohne Berücksichtigung zeitweiliger gegenläufiger Bewegungen über 1 Milliarde Jahre ein „uplift"-Betrag von 30 km.) Dieser an der Erdoberfläche *ausstreichende Rücken der* CONRAD-*Diskontinuität* steht weiterhin in Korrelation mit der Lage der *großen metallischen Erzlagerstätten* des Kontinents.

In Zusammenhang damit muß festgestellt werden, daß *alle bekannten Erzlagerstätten in Oberflächengesteinen in algomaner Zeit gebildet* wurden, bzw. aus diesen in darüber liegende jüngere Gesteine durch *Aktivierung und Mobilisierung* gelangten. Die Bildung der primären Anreicherungen, speziell des Eisens, können auf das vollständige oder weitgehende Fehlen des Sauerstoffs in der Atmosphäre dieser Zeit zurückgeführt werden. Erzkörper stärkerer Magnetitkonzentration können sowohl seismisch nachgewiesen werden, als auch durch ihre hohe Dichte (5,2 g/cm$^3$) und magnetische Suszeptibilität (0,3 ··· 1,0 im cgs-System) in den entsprechenden — in den Anomalienkonturen oft gekoppelten — Potentialfeldern an der Erdoberfläche zum Ausdruck kommen.

Damit besteht die Tatsache, daß ein großer Teil jener Anomalien, die insbesondere in kongruenten oder ähnlich gestalteten gravimetrisch-magnetischen Anomalienformen auftreten, ihre Ursache im Tiefenbereich unterhalb der CONRAD-Diskontinuität haben. Für magnetische Anomalien muß zusätzlich die durch die CURIE-Temperatur (für Magnetit 585 °C) gegebene untere Begrenzungstiefe beachtet werden, die für Tafeln einer Tiefe von 20 bis 24 km zuzuordnen ist. *Regionale gravimetrische Anomalien tiefen Ursprungs, die ohne magnetische Kopplung auftreten, müssen danach i. d. R. Massen unterhalb der Tiefe von 20 ··· 24 km zugesprochen werden.*

Ein gedankliches Experiment kann anhand der *Interpretation der gravimetrisch-magnetischen Anomalien des „Ostelbischen Massivs“ (OEM)* im Bereich der Norddeutsch-Polnischen Senke durchgeführt werden (Abb. 1). Die über dem Zentralteil des Beckens liegenden Anomalien weisen in ihrem inneren Anomalienbild, speziell in den Bereichen maximaler Gradienten, ein hohes Maß von Kongruenz auf. Die der inneren Anomalie parallel verlaufenden äußeren Konturen des geologischen Körpers zeichnen sich jedoch nur im Schwerebild ab. Das kann z. B. auf die Wirkung der CURIE-Grenze zurückgeführt werden. Eine Antwort auf die Gesamtheit der Fragen, die durch die geologisch-geophysikalischen Randbedingungen vorgelegt werden, kann auf diesem Weg derzeit noch nicht erfolgen. Das betrifft insbesondere die Konfrontation eines gegensätzlichen Bildes der Horstlage des alten metamorphen Gebirges mit der eines darüberlagernden tiefen Beckens.

## 1.2. Rolle tiefer Brüche

Vertikale wie horizontale Schollenbewegungen in den Vorstellungen globaler Tektonik stützen sich vor allem auf die Existenz und Vielseitigkeit der *Formung tiefer Brüche.* Ihre Bedeutung für die räumliche Gestaltung und Gliederung der Erdkruste während einer über viele Perioden bzw. Åren der Erdgeschichte reichenden Entwicklung ist erst richtig erkannt worden, seitdem man weiß, daß die geosynklinalen Prozesse und die aus ihnen resultierenden Orogenesen sowie deren Verschweißung mit älteren Tafelbereichen nicht die dominierenden megatektonischen Vorgänge darstellen. Diese vorwiegend in Mittel- und Westeuropa entwickelten Vorstellungen vom Bau und den Veränderungen des globalen Strukturbildes beruhen auf Beobachtungen in einer Vielzahl vorzüglicher Aufschlüsse falten- und überschiebungsbedingter Tektonik und nur weniger auf Hinweisen auf eine markante Bruchtektonik (bei zudem nur geringen Kenntnissen ihrer Tiefenreichweite). So ist die bis vor wenigen Jahrzehnten herrschende Überbetonung alpinotyper Tektonik zu verstehen. Erst die Erkundung tie-

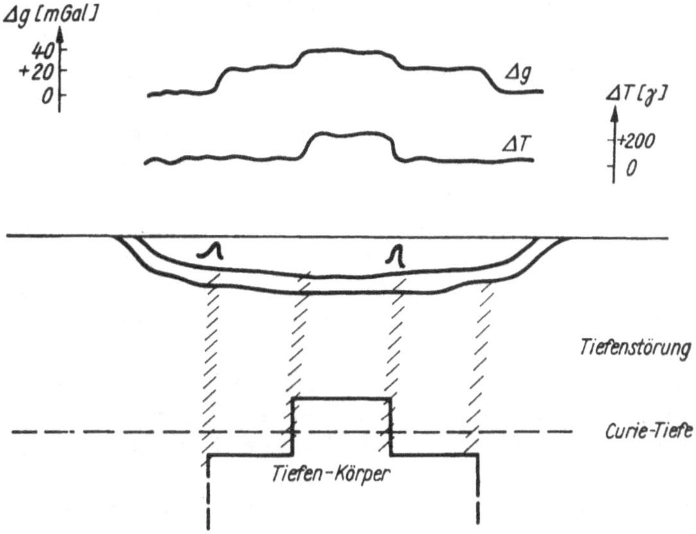


*Abb. 1. Schematischer Verlauf von Schwere- und Magnetfeld im Zentralteil der Norddeutsch-Polnischen Senke in möglicher Beziehung zu einem (basischen) Tiefenkörper*

ferer Krustenteile bis hinunter zum oberen Mantel hat das Verhältnis von Tiefenbruch- und Geosynklinal-/Orogentektonik dahin geklärt, daß *Tiefenbrüche das Leitelement der gesamten globalen Tektonik* darstellen und – ihnen untergeordnet – Geosynklinalentwicklungen zumindest in ihrem ersten Stadium auf tiefenbruchbedingte Schwächezonen großer Erstreckung zurückzuführen sind.

Wesentliche Erkenntnisse über die Tektonik tiefer Brüche verdanken wir der gemeinsamen *Erkundung ozeanischer Räume* durch alle Geowissenschaften. Diese Erkenntnisse, kombiniert mit den Erfahrungen aus dem komplexen Studium von Frakturen in jetzt kontinentalen Bereichen (Oberrheintalgraben, Mittelmeer-/Mjösen-Zone, Ostafrikanisches Grabensystem, Baikalrift, Pripet-Dnepr-Donez-Aulakogen u. a.) ergeben heute, aus räumlichen wie zeitlichen Bindungen heraus, folgende Zusammenhänge:

*Tiefreichende Brüche sind durch die Wechselbeziehungen zwischen Erdkruste und Mantel bestimmt.* Sie entstehen als Zerrungselemente und bedingen oft bündelartig auftretend, auffällige, *langgestreckte Schwächezonen langer Lebensdauer mit unterschiedlichem Bewegungssinn.* Nach Beloussov (1970) spielen diese weitreichenden, geradlinigen tektonischen Elemente anscheinend seit dem Beginn des Proterozoikums (vor etwa 2,5 Mia. Jahren) eine leitende Rolle. Ein sicherer Nachweis tiefer Brüche ist im ozeanischen Bereich seit dem Mesozoikum, im kontinentalen dagegen schon seit dem jüngeren Proterozoikum möglich. Nach den Erfahrungen aus Alten Tafeln scheinen tiefreichende Brüche globaler Erstreckung bevorzugt am Ende bedeutender Entwicklungsabschnitte der Erdkruste (tektonischer Ären) aktiv zu sein (Thierbach 1971).

*Tiefe Brüche sind als wesentliche Übertragungselemente für Stoff und Energie des Mantels zur Erdkruste erkannt worden.* Das beweisen u. a. die aus großer Tiefe aufsteigenden basischen Magmen, in ihrem Gefolge erzführende Lösungen, mineralisierte und heiße Wässer sowie die migrierenden Kohlenwasserstoffe. Dabei sind die tiefreichenden Brüche grundlegend für die Bildung, aber auch für die Zerstörung von Gas- und Öllagerstätten verantwortlich. Aktive Schwächezonen zeichnen sich global oft durch bedeutende Seismizität, tätigen Vulkanismus und hohen Wärmefluß aus. Tiefenstörungen sind nicht allein Transportwege von Stoff und Energie: Besondere Bedeutung besitzen sie als Träger von Gegeneinander-Bewegungen der Erdkrustenschollen; sie erweisen sich zunehmend als Hauptobjekte moderner Tiefentektonik. Aus dem Bereich der in den vergangenen Jahren erkundeten tiefenbruchgebundenen Großstrukturen seien Großgrabenzonen genannt, die als „rifts“ bzw. „rift-valleys“ jungen Alters vor allem die aktiven ozeanischen Rücken begleiten, aber auch auf kontinentale Bereiche übergehen und in diesen (anscheinend isoliert) entwickelt oder als Aulakogene hohen Alters nur im Bereich Alter Tafeln beschrieben worden sind. Inwieweit die in Ozeanen über enorme Erstreckungen nachgewiesenen, langlebigen Bruchzonen mit Blattverschiebungstendenz („transcurrent faults“) auf Ozeane beschränkt sind oder in kontinentalen Randzonen bzw. im gesamten Kontinentalraum erscheinen konnten bzw. können, ist infolge noch unzureichender Materialien bis jetzt nicht zu entscheiden.

Bei der Erkundung tiefenbruch gebundener Strukturen wurde in den vergangenen Jahren neben der Analyse von Bewegungsvorgängen an den Tiefenbruchsystemen be-

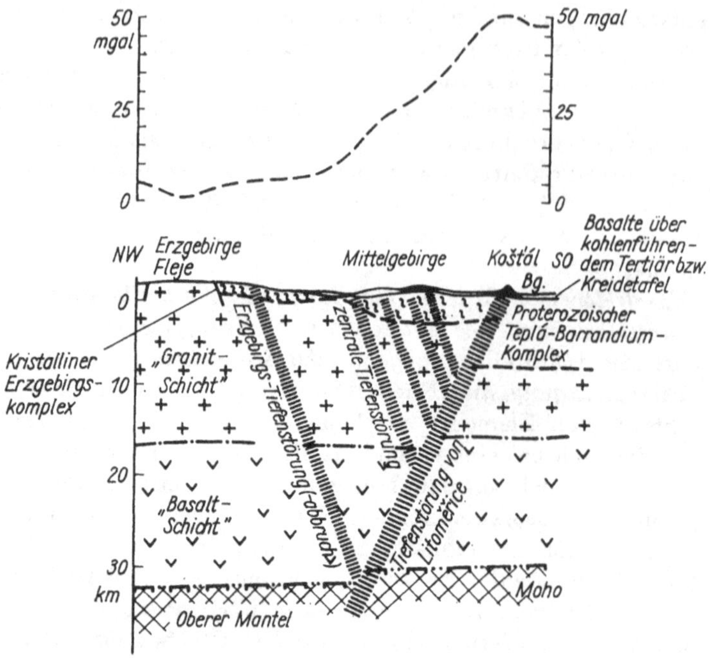


*Abb. 2. Schematischer Schnitt durch die Erdkruste im Einflußbereich der Tiefenstörung von Litoměřice nach* Kopecký, Dobeš, Šťovíčková *(1968)*

*Die Schwerekurve beinhaltet zwei Aussagen:*

*1. größere Mächtigkeit der Granitschicht unter dem Erzgebirge;*

*2. Versatz der Moho an der Tiefenstörung. Anteil an der positiven Schwere haben außerdem die Basalte.*

sonders auf deren Orientierung in den unterschiedlichen globalen Bauplänen der verschiedenen Entwicklungsetappen geachtet. Wenn auch von vornherein auf Grund der wahrscheinlich unterschiedlichen Pollagen vergangener geologischer Perioden eine Zuordnung fossiler globaler tektonischer Bruchsysteme zu bestimmten Himmelsrichtungen erschwert ist, sind doch Erkenntnisse aus jüngeren geologischen Abläufen für die Gesamttektonik unseres Planeten äußerst wichtig (LAUTERBACH, 1972). Das betrifft neben den bei der Rotation der Erdkugel ständig beobachteten NW—SE- bzw. SW—NE-Linien besonders die steilen NW-(eggischen) und steilen NE- (rheinischen) sowie die E—W-Richtungen, welche nach LYONS (1970) nicht nur in den Ozeanen, sondern auch im Kontinentalbereich sehr alt zu sein scheinen.

*Besondere Bedeutung für die Strukturanalyse kommt den Kreuzungsbereichen markanter Schwächezonen zu,* wie aus den Studien zur Konzentration von Salzmassen, zum Aufsteigen von Magmen und besonders zur Bildung von Becken hervorgeht. Bei der Kreuzung rheinischer und eggischer Elemente, einer für die jüngere Entwicklung Mitteleuropas bestimmenden Konstellation, scheinen die eggischen und deren flacherzgebirgische Querbrüche (z. B. Tiefenbruch von Litoměřice, Abb. 2) die z. Z. tektonisch jüngsten und damit die Leitelemente einer postalpidischen und postsaxonischen tektonischen Ära zu sein, in der wir heute leben.

In bezug auf die Erfassung und Kartierung tiefer Brüche der Erdkruste sei abschließend auf folgende Problematik hingewiesen. Angeregt durch die Arbeiten von STILLE, SONDER u. a. ist oft der Versuch unternommen worden, tiefe Brüche bzw. Bruchsysteme oder Schwächezonen großregionaler bis globaler Erstreckung mehr oder weniger geradlinig zu konstruieren. Obwohl diese Analysen oft positive Aussagen enthalten und über gewisse Distanzen als gesichert erscheinen, muß weiterhin vor einer zu formalen Handhabung gewarnt werden. Die Ursachen dafür liegen u. a. darin, daß neben dem globalen idealen Kluftnetz der Erde Faktoren eine Rolle spielen, die mit der tektonischen Vorgeschichte der einzelnen Großschollen verbunden sind. Von großer Bedeutung sind ferner alte bzw. junge Versetzungen von Blöcken und Bruchzonen.

## 1.3. Geodynamik und krustale Bauform

Im folgenden sollen einige dieser Strukturformen und die sie auslösenden möglichen Prozesse betrachtet werden.

Die von WEGENER im Jahre 1910 vorgelegte großzügig-kühne Theorie über die *Drift der Kontinente* wurde mehr als vier Jahrzehnte heftig diskutiert, scharf kritisiert und weitgehend abgelehnt. Neben geologischen und biogeographischen Einwänden wurde besonders der fehlende Nachweis der die Kontinente verschiebenden Kräfte herausgestellt.

Erweiterte Kenntnisse über das Viskositätsverhalten in großen Tiefen und das Verhalten geologischer Materie unter extremen Bedingungen lassen heute eine neue Sicht für diese globalen Bewegungen zu.

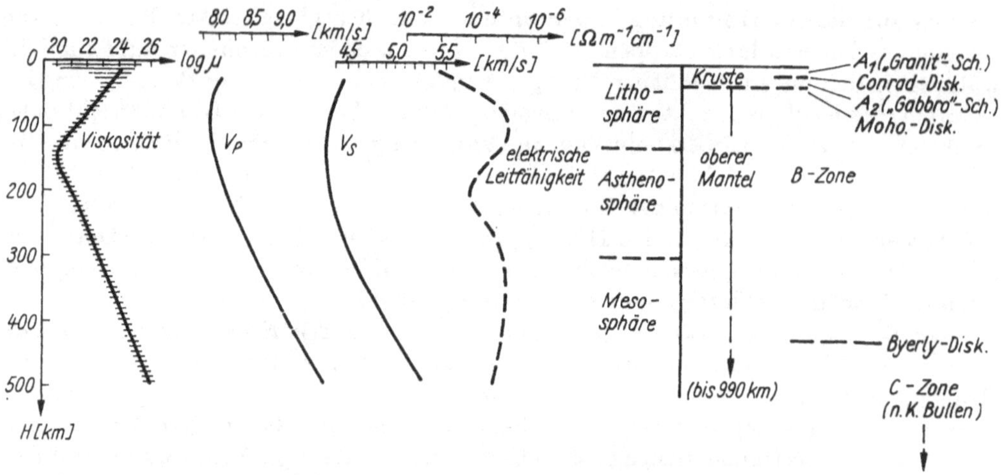


*Abb. 3. Gemessener bzw. extrapolierter Verlauf von Viskosität, elastischen Wellengeschwindigkeiten und elektrischer Leitfähigkeit mit der Tiefe nach* B. Gutenberg *(1953) und* S. A. Ušakov *(1971)*

Abb. 3 zeigt den gemessenen bzw. abgeschätzten Verlauf einiger physikalischer Parameter mit der Tiefe. Entscheidend in bezug auf das *rheologische Verhalten der Tektonosphäre* ist die wesentliche Abnahme der effektiven Viskosität im Bereich des oberen Mantels. Die dargelegten Werte der Viskosität können nur in der Größenordnung abgeschätzt werden, da zu ihrer Festlegung bestimmte Varianten eines Modells zugrunde gelegt werden müssen. Ähnliches gilt für den Verlauf der elektrischen Leitfähigkeit mit der Tiefe.

### 1.3.1. Konvektion und Drift

Trotz dieser positiven Tendenzen für eine thermale Konvektion im oberen Mantel kann die Konvektion — im Hinblick auf den effektiv vorliegenden vertikalen Temperaturgradienten — schwerlich einen ausreichenden lateralen Umfang besitzen, um die Kontinente zu ihren derzeitigen Positionen transportiert zu haben. *Konvektive Massentransporte im tieferen Mantel erscheinen jedoch im Hinblick auf die Tiefenverteilung der Bebenherde und die seismischen Diskontinuitäten in Tiefen von etwa 360 und 600 km Tiefe, die auf chemische Differentiation weisen, sehr wenig wahrscheinlich.* Die Konvektion scheint damit an relativ dünne Schichten des oberen Mantels gebunden zu sein.

Eine auf Grund der Erkundung der Ozeane und der weitgehenden Klärung der präkambrischen Entwicklung in den Schilden modifizierte bzw. vervollkommnete Fassung der Wegenerschen Driftvorstellung ist die von Dietz 1961 und Hess 1962 vorgelegte „*Sea floor spreading*“-*Hypothese*. Sie geht von übereinstimmenden globalen Beobachtungen aus, daß entlang ozeanischer Rücken durch ständiges Aufreißen zentraler Spalten und daraus geförderter seitlich ausfließender und erstarrender Magmen des oberen Mantels eine nachweisbare Verbreiterung des Ozeanbodens erfolgt. Das Wachstum quer zum Streichen der Rücken ist unterschiedlich, kann aber mit 1 bis 4,5 cm/Jahr angegeben werden.

Es wird angenommen, daß Ozeane mit einem zentralen Erweiterungsmechanismus, in der Literatur als „*Riftozeane*“ (Dietz in Johnson und Smith, 1970) bezeichnet, seit dem mittleren Mesozoikum, gebietsweise zu verschiedenen Zeiten beginnend, in allen Weltmeeren mit gleicher Tendenz wirksam waren und sind.

Dabei erscheinen die ozeanischen Rücken nicht als durchlaufende Ketten, vielmehr sind sie häufig durch quer zu den Rücken streichende Störungen versetzt. Diese *transform faults* i. S. von Wilson (1965) lassen Seitenverschiebungen der Rückenteile zueinander und die den Rücken typische seismische Aktivität erkennen. Sie sind deutlich etwa von den *fracture-Zonen* des östlichen Pazifik unterschieden, die über tausende von Kilometern nachgewiesen, einen transcurrent fault-Charakter besitzen.

Bis zu Beginn eines ersten Einsatzes eines Prozesses des „sea floor spreading“ und damit einer Produktion von ozeanischer Kruste in den heutigen Riftozeanen haben diese nach Wilson (1966) offensichtlich als Schwächezonen in einer größeren Landmasse des frühen Mesozoikum (Pangea) bestanden (Dietz und Holden, 1970). Es ist eine noch offene, aber schon mehrfach diskutierte Frage, ob *ältere Riftozeane* existierten, etwa solche paläozoischen oder präkambrischen Alters in einer mit der heutigen keineswegs übereinstimmenden Lage (Smith, 1971). Sie müßten nach „sea floor spreading“ und Vollentwicklung riftozeanischen Ablaufs eine „*closing*“-*Periode* durchgemacht haben. Für die Existenz prämesozoischer Riftozeane, speziell eines prämesozoischen Nordatlantiks spricht vielleicht u. a. die devonisch-karbonische Tiefenbruchtektonik im NW-Teil der Britischen Inseln (Holgate 1969, Russel und Burgess 1969).

Wilson (1969) gibt zu bedenken, daß bei der Annahme einer langzeitigen tektonischen Aktivität in den Riftzonen diese einem lebendigen Zyklus folgen, der durch sechs Etappen charakterisiert werden kann. Die aus aller Welt angeführten Beispiele sollen für die globale Bedeutung dieser Entwicklung sprechen:

1. Etappe:„embryonal“ (Ostafrikanisches Grabensystem),
2. „jung“ (Rotes Meer, Golf von Aden, Norwegisches Meer, Baffin Bay).
3. „reif“ (Atlantischer und Indischer Ozean),
4. „abnehmend“ (Pazifischer Ozean),
5. „weitgehend geschlossen“ (Mittelmeer, Schwarzes Meer, Kaspi),
6. „völlig geschlossen“: Entwicklung von Narben oder Geosuturen, die die Lage früherer Ozeane anzeigen (Induslinie des Himalayas, Rand der kaledonischen Schübe in Skandinavien, Ural).

Wir haben versucht, nach dem Gedanken von Wilson diese Situation, verbunden mit einigen geophysikalischen Ausdrucksformen, zu skizzieren (Abb. 4).

Ergänzend ist zu bemerken, daß diese Aufstellung durch Zwischenetappen mit typischen Beispielen erweitert werden kann. Andererseits wird durch das Zitat der Entwicklung von *Narbenzonen als Finale der Rift-Ozean-Schließung* auf eine Problematik hingewiesen, die in der tektonischen Interpretation weitgehend unbehandelt ist.

Die sea floor-Hypothese hat zum Inhalt, daß sich die an den Zentralspalten der Riftzonen neugebildete ozeanische Kruste seitwärts bewegt und dabei mit WILSON (1963, 1965) und MENARD (1969) Kontinente mit dem gesamten tektonischen Mobiliar transportiert. Dieser von SCHROEDER (1971) mit der Leistung eines „Förderbandes" verglichene Prozeß muß eine Gegenzone zu den Ozeanischen Rücken haben, die sich durch Abtauchen der ozeanischen Kruste unter ein benachbartes Element auszeichnet. Derartige *Subduktionszonen* sind durch die Existenz von Tiefseegräben und Benioffzonen, d. h. tektonisch produktive, schräg abtauchende Zonen mit hoher seismischer Aktivität und Bildung von Magmen, ausgezeichnet. Die spreading-Hypothese koppelt die beiden Elemente der tektonischen Rücken und der Subduktionsbereiche und verlangt einen Transportweg, der auf Grund vorangegangener Überlegungen im Hinblick auf das Viskositätsverhältnis in größeren Tiefen schwer verständlich ist. Damit erweist sich die Hypothese, mag sie sonst noch so bestechend sein, in diesem wichtigen Punkt als unvollkommen.

Mit der von MCKENZIE (1967) und MORGAN (1968) vorgelegten Drifthypothese, in der nach MCKENZIE (1970) die „zufriedenstellenden Teile der beiden älteren Vorstellungen" enthalten sein sollen, ist bisher das Optimum mobilistischer Anschauungen erreicht worden. Diese Hypothese, durch die Kurzform „plate tectonics" bekannt geworden, geht von der Annahme aus, daß die äußere, 50 bis 100 km mächtige Erdrinde, aufgeteilt in eine Vielzahl starrer, unterschiedlich großer Schollen, in gegenseitiger Bewegung begriffen war und heute noch ist. Es zeichnen sich deutlich drei Bewegungstendenzen ab, die neben ihrem linearen Charakter *auch Rotationserscheinungen* zeigen.

1. Ein *Voneinanderweg-Driften von Schollen,* beginnend mit dem „embryonalen" Stadium großer Grabensysteme, fortgesetzt bis zur „reifen" Etappe vollentwickelter Riftozeane unter Berücksichtigung der Produktion junger ozeanischer Kruste im ozeanischen Rücken.
2. Eine *Aufeinanderzu-Bewegung von Schollen,* belegt durch die Stadien der Einengung ozeanischer Räume, das Schließen von Riftzonen bis zur Bildung von „Narben", die eine völlige Verhaftung zweier driftender Schollen dokumentieren. In diesen Kollisionszonen, die im Zusammenhang mit Subduktionsprozessen bereits erwähnt wurden, ergeben sich einengende Vorgänge mit Aufstau von Krustenmaterial an den Schollenrändern oder Unter- bzw. Überfahrungen von Schollen, eine alpinotyp anmutende Tektonik, die aber keineswegs eine geosynklinale Vorgeschichte hat.

*Abb. 4. Schematische Darstellung der Abfolgen der spreading- und closing-Prozesse nach den Vorstellungen von J. T. WILSON (1966) unter Berücksichtigung einiger geophysikalischer Ausdrucksformen*

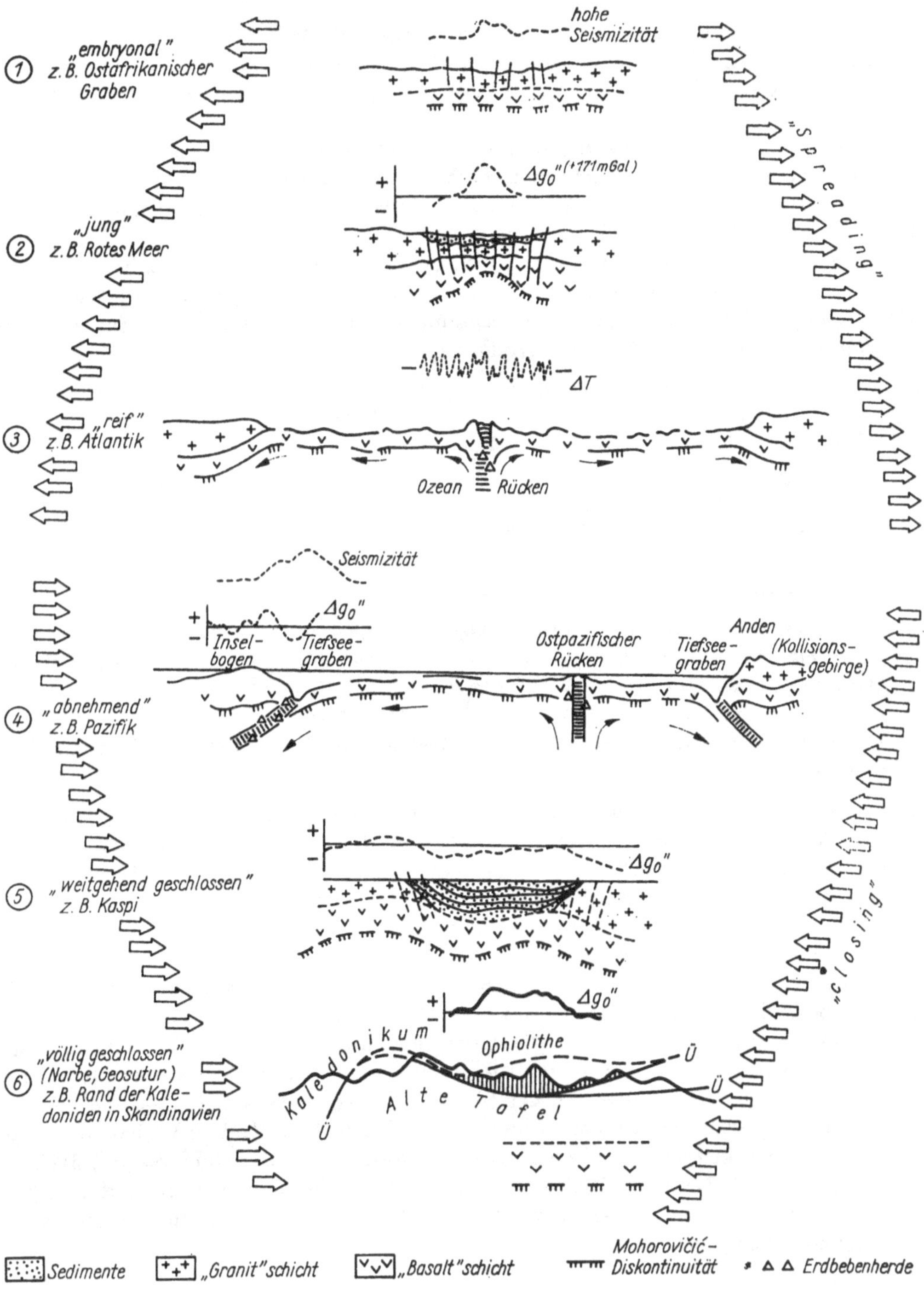
hohe Seismizität
① „embryonal" z. B. Ostafrikanischer Graben
Δg₀" (+171 mGal)
② „jung" z. B. Rotes Meer
ΔT
③ „reif" z. B. Atlantik
Ozean Rücken
„spreading"
Seismizität
Δg₀"
Insel-bogen
Tiefsee-graben
Ostpazifischer Rücken
Tiefsee-graben
Anden (Kollisions-gebirge)
④ „abnehmend" z. B. Pazifik
Δg₀"
⑤ „weitgehend geschlossen" z. B. Kaspi
„closing"
Δg₀"
Kaledonikum
Ophiolithe
Ü
Alte Tafel
⑥ „völlig geschlossen" (Narbe, Geosutur) z. B. Rand der Kaledoniden in Skandinavien
Sedimente
„Granit"schicht
„Basalt"schicht
Mohorovičić-Diskontinuität
Erdbebenherde

Nach neueren Untersuchungen WILSONS (1973) sind die Schollen nicht alle frei beweglich. Das hängt nach seiner Meinung mit dem Wirken von „plumes" zusammen, die als pilzförmig aus dem unteren Mantel aufdringende Mantelschmelze definiert werden können.

Die Hypothese der „convection-plumes" besagt, daß diese plumes in die Asthenosphäre aufsteigen, sich dort ausbreiten, Lithosphärenschollen in Bewegung setzen und so möglicherweise den primären Mechanismus darstellen, der das Verhalten der Kruste bestimmt.

Wenn einzelne Großschollen (plates) durch plumes über größere Zeiträume über dem Mantel festgelegt wurden, sind sie bei Kollisionen stationäre Partner. Aus dieser Überlegung ergibt sich, wann es bei Aufeinanderzu-Bewegungen von Schollen zur Bildung von Inselbögen oder von Randgebirgen vom andinen Typ kommen kann:

| Bewegliche vorrückende Scholle: | stationäre Scholle: | Resultat: |
|---|---|---|
| ozeanische | kontinentale | → Inselbögen |
| kontinentale | ozeanische | → Randgebirge vom andinen Typ |

3. Neben den Bewegungen der gegenseitigen Annäherung von Schollen spielen Vorgänge eine bedeutende Rolle, bei denen die *Krustenteile aneinander vorbeiziehen.* Diese äußern sich in labilen Kontaktzonen, Blattverschiebungen weiter Erstrekkung, Zonen ständiger tektonischer Aktivität und oft katastrophaler Erdbeben. In San Francisco wurde 1906 an der rechtsseitenverschiebenden San-Andreas-Verwerfung in relativ kurzer Zeit ein Verschiebungsbetrag von 7 m erreicht.

Bei diesen *Translationen großen Stils* und langer Dauer muß in der Bewegungszone zweier Großschollen mehrfach mit dem Abreißen kleinerer Kontinentalschollen gerechnet werden, die in dem Bewegungskanal verständlicherweise in Rotation versetzt werden und dabei bruchtektonische Deformationen erleiden.

Eine Annäherung und Kollision zweier kontinentaler Schollen führt zur völligen Einengung der ozeanischen Zwischenscholle und im weiteren, bei Aufschiebung der aktiveren auf die passivere Scholle, zu einem Einklemmen von Resten der ozeanischen Scholle, besonders von Ophiolithen, mit deren tektonischer Stellung sich bereits KOSSMAT (1937) auseinandersetzte, in die Überschiebungsbahn. Somit können *streifenförmig angeordnete Ophiolithreste* inmitten heute geschlossener Kontinentalbereiche auf eine *fossile Kollisionszone* i. S. der plate tectonics hinweisen. (Ivreazone bei der Kollision Afrika/Europa, Induslinie bei der Kollision Asien/Indien.) Aber auch die Position von Strukturen im östlichen Karpatenvorland und der Gebirgskrim, die von LEBEDINSKIJ und ŠALIMOV (1966) als Inselbögen beschrieben wurden und in ihrer Erscheinungsform etwa an den westlichen Pazifik erinnern, findet nach dieser Vorstellung eine Klärung.

Eine sehr gute Zuordnung zu den Relativbewegungen von Schollen in Verbindung „opening“ bzw. „closing“ ist die entsprechende Klassifizierung von Senkungsstrukturen (G. OLSZAK und H. THIERBACH, 1976). Bei Weitungsvorgängen entstehende Senken zeigen infolge lateralen Stofftransports Ausdünnungen von konsolidierter „Granit“- sowie „Basalt“-Schicht und somit eine Hochlage des oberen Mantels. Dabei treten signifikante Korrelationsbeziehungen zwischen Sedimentmächtigkeit und den genannten krustalen Schichten auf. Umgekehrt haben Senkungsstrukturen, die mit Einengung verbunden sind, erhöhte Krustenmächtigkeiten. Als Beispiel für die erste Gruppe sollen die Norddeutsch-Polnische Senke, das Pannonische Becken und das Schwarze Meer, für die zweite die Vorkarpatensenke genannt werden.

## 1.3.2. Ozeanisierung

Trotz zahlreicher, z. T. aussagekräftiger Beobachtungen aus regionalgeologischen und geophysikalischen Bereichen, die in relativ kurzer Zeit zusammengetragen wurden, sind die Vorstellungen der Mobilisten, wie die Diskussionen auf verschiedenen internationalen Veranstaltungen zeigten, keinesfalls so gesichert, daß an die Vertreter des bisherigen, statischen Modells der Tektonosphäre eine umfassende Absage erteilt werden müßte. Es ist deshalb notwendig, auch die modernen Vorstellungen der Fixisten, besonders die Ozeanisierungstheorie BELOUSSOVS, zu betrachten.

Die auf Gedanken der tektonischen Aktivierung aufbauende Theorie sieht vor, daß der Raum der heutigen Ozeane ursprünglich von kontinentalen Massen eingenommen wurde und letztere durch Absenkung im Zusammenhang mit bedeutenden, vom oberen Mantel aus gesteuerten Aufschmelzungen zerstört und zu ozeanischer Kruste umgeformt wurden. Das Peridotit-Eklogit-Verhältnis, die Abspaltung andesitischer Magmen und die Entstehung des gesamten Ozeanwassers beim Einschmelzungsprozeß sind wesentliche Punkte eines äußerst komplizierten Entwicklungsganges (BELOUSSOV, 1969).

Die Prozesse der *„Ozeanisierung“ und „Basifizierung“ der Erdkruste,* die nach BELOUSSOV auch als „Postplattform-Aktivierung“ bezeichnet werden, beziehen sich auf den Zeitraum seit dem oberen Mesozoikum mit zeitlichem Schwerpunkt im jüngeren Tertiär. Neben der Bildung der Ozeane gehört zu den Aktivierungsresultaten z. B. die Entstehung der jüngeren Gräben und der Gebirge mit basischer Wurzel (Tien-Shan). Aber auch morphologisch-tektonische und sedimentologische Beobachtungen widersprechen in verschiedener Form großräumigen Driftbewegungen (MARTIN, 1968 u. a.).

Wenden wir uns nun von den ozeanischen Räumen, in denen weitreichende Horizontalverschiebungen viele Befürwortungen erhalten, den *Kontinenten* zu. Im Vergleich zum Alter der heutigen Ozeane umfaßt ihre geologische Vielfalt und Kompliziertheit den zwanzigfachen Betrag der Erdgeschichte. Diesem reichen historischen Faktenmaterial steht die Tatsache gegenüber, daß jeder regionale und lokale Bereich im Verlauf der geologischen Geschichte mehrfach überprägt wurde, ohne daß dabei — im Vergleich zu den „jungen" Ozeanen — die älteren „Kapitel" völlig ausgelöscht wurden.

Jede umfassende geotektonische Hypothese muß deshalb die gravierenden Ergebnisse in der Geschichte der jungen Ozeane mit den stofflich und zeitlich umfassenden Beobachtungen auf den Kontinenten in Übereinstimmung zu bringen versuchen.

Man muß voraussetzen, daß die revolutionären Ereignisse im Bereich der heutigen, zwei Drittel der Erdoberfläche umfassenden Ozeane nicht ohne wesentliche Auswirkungen auf die Kontinente geblieben sind. Lassen wir einen mehrfachen Wechsel der relativen Kontinentbewegungen zu („spreading" und „closing"), so müssen auch diese Aktionen ihre Spuren den Kontinenten, mindestens den Randzonen, aufgeprägt haben.

So interessant und anregend der von Wilson dargelegte Zyklus der spreading-closing-Hypothese auch ist, so enthält die Übertragung der Ozeanbeobachtungen auf das tektonische Geschehen der Kontinente doch einige Schematisierungen.

Das betrifft z. B. die innerhalb der Kontinente angenommenen Horizontalverschiebungen, die insbesondere für den besser analysierbaren Zeitabschnitt ab Oberkarbon (postvariszisch) bisher nicht erkennbar sind. Sieht man von Verschiebungen in ozeannahen Bereichen ab (San Andreas-Verwerfung nach King, 1961, mit 250 km rechtsseitig; Great Glen-Störung nach Holgate, 1969, mit etwa 130 km linksseitig im Devon und 30 km im Tertiär in entgegengesetzter Richtung), so sind besonders die echten *Horizontalverschiebungen an grabenartigen Riftstrukturen wesentlich geringer als die Erstreckung zwischen den Flanken dieser Strukturen.* In Abhängigkeit von der Krustenmächtigkeit ergibt sich für eine Reihe von Grabenbrüchen das Verhältnis von ca. 1:5 bis 1:6. So beträgt z. B. für den Oberrheintalgraben die Entfernung zwischen den Flanken im Mittel 30 ··· 35 km, der Anteil der Horizontalbewegung seit dem mittleren Eozän dagegen nur 4,8 km. Ähnliche Verhältnisse zeigen andere Riftstrukturen.

| | ca. Breite in km | Horizontalbewegung in km |
|---|---|---|
| Oberrheintalgraben | 30 ··· 35 | 4,8 |
| Baikal-Rift | 70 | 15 |
| Rotes-Meer-Graben | 200 | 40*) |

*) = Breite der ozeanischen Riftzone

Es sei folgender Gedankengang erlaubt. Die Breite der Norddeutsch-Polnischen Senke beträgt in SW—NE-Richtung zwischen dem Wittenberger Abbruch und Bornholm ca. 350 km. Die Breite der dabei überquerten gravimetrisch-magnetischen Anomalie des „*Ostelbischen Massivs*" (s. Abb. 1) kann mit ca. 100 bis 150 km angegeben werden. Es scheint nicht unmöglich zu sein, daß durch diese Anomalie der *Kreuzungsbereich zweier Riftstrukturen* gekennzeichnet wird (Olszak, 1967), die NNW- und NW- bzw. NNE-Verlauf (Lauterbach, 1962) besitzen.

## 1.4. Keilspalt-Theorie (Sphenochasma)

Es ist gleichgültig, welche Einsenkungserscheinungen auf Kontinenten man betrachtet; die horizontalen Bewegungen scheinen, worauf auch schon E. Suess im Jahre 1901 hinwies, die — zumindest zeitlich betrachtet — primären und grundlegenden zu sein. Entscheidend ist dann das Verhältnis der Stabilität des betreffenden Teiles der Lithosphäre zu den dynamischen Kräften, z. B. möglicher Konvektionsströme im oberen Mantel. Überwiegen die Bewegungskräfte, so kann es zum *Auseinanderbrechen von Schollen und anschließender Relativbewegung* über längere geologische Zeiträume kommen. Zeitweiliges oder randliches Dominieren dieser Kräfte kann zu tektonischen Formen, z. B. vom *Typ des Keilspaltes,* führen, wobei sich Großschollen voneinander lösten und Material des oberen Mantels aufdrang bzw. freigelegt wurde. Kann die Stabilität der Scholle nicht überwunden werden, so führt die Beanspruchung zunächst zu bruchtektonischen Erscheinungen, wobei durch die Verkettung von begrenzten horizontalen und vertikalen Bewegungen z. B. Einsenkungsräume in Form von Gräben oder Becken entstehen können (Olszak und Thierbach, 1973; Olszak, 1973).

Bei Keilspalten (Sphenochasmen) handelt es sich um auffällige regionale Großstrukturen im Randbereich großer Schollen, die sich von mehr oder weniger nur durch Zerrung entstandenen Ausweitungsstrukturen (Gräben, Rifts, Aulakogenen) durch zusätzliche Rotationsbewegungen unterscheiden: Ein Sphenochasma entsteht durch das Aufreißen einer Scholle längs eines Tiefenbruchs und zusätzliche Schwenkung der Schollenteile.

Durch diese Schwenkung, die sich auf einer in größeren Tiefen gelegenen, noch nicht näher festgelegten Gleitfläche vollzieht, wird nach den Vorstellungen Careys (1958) ein „Loch" in der Erdkruste geschaffen, in das ein Material der ozeanischen Kruste einfließen kann. Eine weitere Ausfüllung des Spaltes wird durch mächtige Sedimentation angestrebt.

In manchen Fällen führt die Entwicklung über das Keilspaltenstadium zur völligen Trennung der Schollenteile, deren einstige Zusammengehörigkeit mit Hilfe der Strukturanalyse rekonstruiert werden kann.

In anderen Fällen ist das Keilspaltenstadium noch nicht beendet und der Spalt in seiner Form, mit seinem Schwenkpunkt und mit wesentlichen gravimetrischen, magnetischen und seismischen Parametern faßbar. Das Sphenochasma erweist sich dann als ein in relativ junger Zeit gebildetes tektonisches Phänomen in Riftozeannähe mit genetischen Beziehungen zu ozeanischen Rücken.

Noch weitgehend ungeklärt ist die Frage der *alten, d. h. paläozoischen Keilspalte.* Sie gewinnen in Europa Bedeutung im Zusammenhang mit einem Mitteleuropäischen Ozean i. S. von Burrett (1972), durch dessen Schließung im Oberkarbon nach Burrett (1972) sowie Nicolas (1972) das Varistische Gebirge durch Kollision entstanden sein soll.

Die Bedeutung der Sphenochasmentektonik wird darin gesehen, daß mit ihrer Hilfe der Bauplan auffällig keilförmiger Einsenkungen mit mächtigem Deckgebirge erkundet werden kann. Das trifft besonders zu, wenn das Deckgebirge bisher noch mit keiner tiefen Bohrung durchfahren wurde und das Grundgebirge sich gebietsweise durch bedeutende gravimetrische und magnetische Maxima zu erkennen gibt. In den meisten Fällen wird man den komplizierten Bauplan einer solchen Zone nicht allein mit der Keilspalttektonik lösen können. Die Bildung des Sphenochasma ist dann nur eine — allerdings maßgebende — Teilentwicklung, die aber trotz späterer, oft mehrfacher bruchtektonischer Überarbeitung des ehemaligen Spaltbereichs, im Gesamtbauplan dieses Gebietes nicht übersehen werden darf (THIERBACH, 1973).

Eine wichtige Problematik stellt bei der (sekundären) vertikalen Einsenkung die Kontraktion bzw. das Ausweichen des tieferen Krustenmaterials dar. Keinesfalls kann das Einsinken der inneren Graben- oder Beckenbereiche nur als eine Folgeerscheinung („Nachsinken") der primären Horizontalbewegungen angesehen werden. Für die Wirkung *lateralen Stofftransportes* sprechen auch die regionalen gravimetrischen — speziell positiven — Anomalien, die oft über Beckenstrukturen auftreten. Nimmt man z. B. einen Teil einer Tafel als Ausgangssituation einer Beckenbildung an, die, wie umfangreiche Beobachtungen zeigen, im Mittel Schwerewerte um Null Milligall (in Bouguer- wie isostatischer Korrektur) aufweisen, so kann die Bildung einer stärkeren Anomalie nur durch horizontalen Massentransport erklärt werden. *Kompression bzw. Expansion oder Horizontal- wie Vertikalbewegung müssen als eine Einheit im Hinblick auf die ursächlichen motorischen (tektonisch-physikalischen) Prozesse im oberen Mantel betrachtet werden.* Diese Prozesse könnten sowohl durch thermische Konvektion als auch durch im Vertikalprofil ablaufende physikalisch-chemische Übergangsvorgänge, z. B. Phasenübergänge, erklärt werden.

Hier ergibt sich aber wiederum eine entscheidende offene Frage an die Hypothese der Plattentektoniker; verändern plattenförmige Kontinente oder Kontinentteile — in relativ kurzen geologischen Zeiträumen — durch weitreichende Horizontalbewegungen ihre Lage zum oberen Mantel oder Kern der Erde, dann verändert sich ebenfalls ihre Konstellation zu den verschiedenartigen Prozeßherden in diesen Tiefenbereichen. Inwieweit kann dann aber die weitgehend konstante Situation tektonischer kontinentaler Großstrukturen — regionale Hebungs- oder Senkungsräume — über hunderte bis tausende von Millionen Jahren erklärt werden? Als Beispiele seien die Schild-Situation des Rhodesischen Schildes mit 2 ··· 3 Milliarden Jahren und der Senkungsraum der Norddeutsch-Polnischen Senke mit mehr als 300 Millionen Jahren genannt.

Aus der Vielfalt der ungelösten Aufgaben sollen abschließend die von den Kontinenten her intensiv erforschte Problematik von *Rhythmizität und Zyklizität* genannt werden, die in ihrer Gesamtheit — Überlagerung von Schwingungen verschiedener Perioden und Amplituden — für die Ozeane bisher noch kaum angesprochen wurde. Im Hinblick auf die weitgehende Einheitlichkeit und den Zusammenhang der endogenen dynamischen Kräfte müssen aber auch hier direkte Korrelationen bestehen.

## 1.5. Schlußfolgerungen

Aus den dargelegten Problemen ergeben sich für die weiteren geologischen Forschungen u. a. folgende wichtige Aufgaben:

1. Weitere Erforschung der Lage, der Natur und der Funktionen von Tiefenbrüchen;
2. Untersuchung der Natur tiefer Grenzflächen, insbesondere der Moho-Diskontinuität: wie entsteht z. B. bei den Vorgängen der „plate tectonics" unter den Ozeanen eine scharfe Moho-Diskontinuität?
3. Erforschung der Wechselwirkungen tektonischer, metamorpher und magmatischer Prozesse;
4. Untersuchungen der physikalischen Eigenschaften und der Prozesse im oberen Mantel und im Erdinneren;
5. Untersuchung der Beziehungen zwischen Tiefenprozessen, Tektonik sowie Lagerstättenführung in der oberen Kruste.

Die Lösung dieser komplizierten Aufgaben erfordert einerseits die weitere Durchführung geophysikalischer, geochemischer, geodätischer und anderer Messungen sowie das Abteufen übertiefer Bohrungen. Entscheidend ist und bleibt jedoch die umfassende, d. h. komplexe Interpretation der umfangreichen vorliegenden Daten. Als wichtiger Kompaß hierzu können ideenreiche und kühne Hypothesen dienen, die jedoch nicht durch Dogma oder Mode in ihrer Leitfunktion beeinträchtigt werden.

## Literatur

BELOUSSOV, V. V.: Die Tektonosphäre der Erde. Sov. Geol. 1/1969, 11–30; deutsch: Z. ang. Geol. 16 (1970) 1, 45–54.

BORCHERT, H. und BÖTTCHER, W.: Zur Petrologie der Lithosphäre in ihrer Beziehung zu geophysikalischen Diskontinuitäten, auch der Gesamterde. Gerlands Beiträge zur Geophysik 76 (1967) 4, 257–277.

BURRETT, C. F.: Plate tectonics and the Hercynian Orogeny. Nature 239, 5368 (1972) 155–157.

CAREY, S. W.: The tectonic approach to continental drift. In: LONGWELL, C. R. u. a.: Continental drift, a Syposium. 5, 177–355, Geol. Dept. Univers. of Tasmania, Hobart 1958.

DIETZ, R. S.: Continent and ocean basin evolution by spreading of the sea floor. Nature 190 (1961) 854–857.

DIETZ, R. S.: Continents and ocean basins. 24–46. In: H. JOHNSON & B. L. SMITH: The megatectonics of continents and oceans, New Brunswick 1970.

DIETZ, R. S. und HOLDEN, J. C.: Reconstruction of Pangea: break up and dispersion of continents, Permian to present. Jour. Geophys. Res. 75 (1970), 26, 4939–4956.

FÖRTSCH, O.: Analyse der seismischen Registrierungen der Großsprengung bei Haslach im Schwarzwald am 28. 4. 1948; Geol. Jb. 66 (1952) 65–80.

GUTENBERG, B.: Wave velocities at depths between 50 and 600 kilometers. Bull. Seism. Soc. Am. 43 (1953) 223ff.

HESS, H. H.: History of the ocean basins. Petrolog. Stud. 1962, 599–620.

HOLGATE, N.: Paleozoic and tertiary transcurrent movements of the Great Glen fault. Scott. Journ. Geol. 5 (1969) 2, 97–139.

KING, F. B.: Die geologische Entwicklung Nordamerikas. Leningrad 1961.

KOPECKÝ, L., DOBEŠ, M., FIALA, J. und ŠTOVÍČKOVÁ, N.: Fenites of the Bohemian Massif and the relations between fenitization, alkaline volcanism and deep fault tectonics. Sborník Geolog. VĚD, řada G, 16 (1970) 51–107.

KOSSMAT, F.: Der ophiolithische Magmagürtel in den Kettengebirgen des mediterranen Systems. Berlin, 1937.

KRASS, M. S., UŠAKOV, S. A., und FADEEV, V. E.: Über die rheologischen Eigenschaften der Tektonosphäre. Geologija i Geofisika 6 (1969) 59–67.

LAUTERBACH, R.: Rhenotype Strukturen im Bilde geologisch-geophysikalischer Untersuchungsergebnisse Mitteleuropas. Ber. Geol. Ges. DDR 7 (1962) 3, 325–336.

LAUTERBACH, R.: Paläomagnetisch ermittelte Pollagen und deren Verträglichkeit mit Informationen über frühere ideale kontinentale Bruchnetze in Europa. Gerlands Beitr. Geophysik 81 (1972) 3/5, 205–212.

LEBEDINSKIJ, V. J. und ŠALIMOV, A. I.: Über die Widerspiegelung von Inselbögen in der heutigen Struktur der Karpaten und der Gebirgs-Krim, 259–265. In: Vulkanische und vulkanisch-plutonische Formationen 2 (1966).

LYONS, P. R.: Continental and oceanic geophysics, 147–166. In: H. JOHNSON u. B. L. SMITH: The megatectonics of continents and oceans. New Brunswick 1970.

MARTIN, H.: A critical review of the evidence for a former direct connection of South America and Africa. In: Biogeography and Ecology in South America. The Hague 1968.

MCKENZIE, D. P.: Großschollentektonik und Kontinentaldrift. Endeavour 29 (1970) 106, 39–44.

MENARD, H. W.: Growth of drifting volcanoes. Jour. Geophys. Res. 74 (1969) 20, 4827–4837.

MORGAN, W. J.: Rises, trenches, great faults and crustal blocks. Jour. Geophys. Res. 73 (1968) 6, 1959–1982.

NICOLAS, A.: Was the Hercynian Orogenic Belt of Europe of the Andean type? Nature 236, 5344 (1972) 221–223.

OLSZAK, G.: Zur Stellung tiefer Brüche im Rahmen von Schwächezonen der Erdkruste, erläutert an einigen Beispielen Mitteleuropas. Geophysik und Geologie 10 (1967) 14–52.

OLSZAK, G.: Zur Rolle möglicher Konvektionsbewegungen unter Kontinenten, speziell bei der Bildung von Senken. Interner Forschungsbericht KMU, Leipzig 1973.

OLSZAK, G. und THIERBACH, H.: Einige geologisch-geophysikalische Strukturelemente der Norddeutsch-Polnischen Senke und ihre möglichen Beziehungen zu Tiefenbau und Entwicklung dieses Krustenabschnitts. Z. geol. Wiss. 1 (1973) 2, 155–172.

OLSZAK, G. und THIERBACH, H.: Zur Entwicklung regionaler tektonischer Senkungseinheiten im Kreuzungsbereich kontinentaler Scherungszonen, speziell in Mitteleuropa. Z. geol. Wiss. 4 (1976).

RUSSEL, M. J. und BURGESS, A.: Tectonic comparison of North Atlantic and Middle East Rifting. Nature 222, 5198 (1969) 1056–1057.

SCHROEDER, E.: Das Bewegungsbild der ozeanischen Kruste und Aspekte globaler Tektonik. Ber. DGGW Reihe A 16 (1971) 3–5, 413–434.

SMITH, A. G.: Pre-mesozoic plate tectonics. 24. IGC Canada 1972, Proc. Sect. 3, 166–171.

SOLLOGUB, V. B. und ČEKUNOV, A. V.: Abyssische Struktur und Entwicklung der Erdkruste. In: Probleme der Physik der Erde in der Ukraine, 118–141. „Naukova Dumka" Kiev 1975.

SUBBOTIN, S. I., NAUMČIK G. L. und RACHIMOVA, I. Š.: Erdmantel und Tektonogenese. „Naukova Dumka" Kiev 1968.

THIERBACH, H.: Zur Tektonik des Raums zwischen Ostsee und Schwarzem Meer. GEOLOGIE 20 (1971) 2, 99–132.

THIERBACH, H.: Zur Genese von Keilspalten (Sphenochasmen). Interner Forschungsbericht KMU Leipzig 1973.

UŠAKOV, S. A.: Über die Tiefenmechanik in Gebieten rezenter tektonischer Aktivität. In: Verbindung von Oberflächen- und Tiefenstruktur der Erdkruste. Kiev 1971.

WEGENER, A.: Die Entstehung der Kontinente. Geologische Rundschau 3 (1912) 276–292.

WILSON, J. T.: A new class of faults and their bearing on continental drift. Nature 207 (1965) 343 bis 347.

WILSON, J. T.: Did the Atlantic close and then re-open? Nature 211, 5050 (1966) 676–681.

WILSON, J. T.: Static or mobile earth: the current scientific revolution. Tectonophysics 7 (1969) 5–6, 600–601.

WILSON, J. T.: Mantle plumes and plate motions. Tectonophysics 19 (1973) 2, 149–164.

# 2.

# Geologie und Geophysik der Meeresböden[1]

## 2.1. Einleitung

Unsere heutigen Vorstellungen über den geologischen Bau und die Entwicklungsgeschichte der Erdkruste, dem uns unmittelbar zugänglichen und für eine ökonomische Nutzung zunächst allein in Frage kommenden Teil unserer Erde, sind maßgeblich bestimmt durch die jahrhundertelange Erforschung der Kontinente — sie umfassen aber nur etwa 29% der Erdoberfläche, die „restlichen" 71%, also der weitaus überwiegende Teil, sind von Wasser bedeckt und haben sich bis jetzt der direkten Untersuchung weitgehend entzogen.

Im Oktober 1972 jährte sich zum einhundertsten Male der Tag, an dem mit dem Auslaufen des englischen Forschungsschiffes „Challenger" eine erste systematische Untersuchung des Ozeanbodens einsetzte, aber fast über 100 Jahre hinweg blieb es bei stichprobenartigen Forschungsergebnissen. Erst in den letzten Jahrzehnten setzte ein stürmischer Aufschwung ein, insbesondere in der UdSSR und den USA wurden beträchtliche wissenschaftliche Kapazitäten für die Erforschung der Geologie und Geophysik der Meere und Ozeane entwickelt. An diesem Programm beteiligen sich in zunehmenden Maße weitere Länder, erst vor kurzer Zeit wurde von der VR Bulgarien, der ČSSR, der DDR, der VR Polen, der SRR, der UdSSR und der Ungarischen VR ein Abkommen über die Zusammenarbeit bei der Erforschung der Meere und Ozeane mit dem Ziel der Nutzung ihrer mineralischen Ressourcen abgeschlossen. In den großen kapitalistischen Staaten, wie Frankreich, Kanada, der BRD, Japan, Großbritannien u. a., werden in zunehmendem Maße Mittel für die Durchführung meeresgeologischer und -geophysikalischer Arbeiten eingesetzt.

Diese Intensivierung der Forschungstätigkeit führte zu einer Fülle von Informationen, die es sowohl ermöglichen, unsere Vorstellungen über den Bau und die Entwicklung der Kontinente und Ozeane weiter zu vervollständigen als auch Überlegungen und technische Forschungen anzustellen, wie das in den Ozeanen enthaltene Potential an mineralischen Ressourcen einer wirtschaftlichen Nutzung zugeführt werden kann.

Damit sind zugleich die beiden wichtigsten Aspekte dieses umfassenden und in den nächsten Jahren ständig an Umfang gewinnenden Forschungsprogramms ausgedrückt.

1 Von H. Hetzer.

Es geht darum,

1. *durch die geologisch-geophysikalische Erforschung des Meeresbodens und seines Untergrundes neue und sehr entscheidende Beiträge zur Vervollständigung unserer Kenntnisse über Bau und Entwicklung der Erdkruste zu erhalten* sowie

2. *durch die Erforschung des Auftretens und der Verbreitung von mineralischen Rohstoffen im Meer neue Quellen für die Deckung des ständig steigenden Rohstoffbedarfs der menschlichen Gesellschaft zu erschließen.*

## 2.2. Meeresgeologisch-geophysikalische Untersuchungsverfahren

Eine umfangreiche Flotte von Forschungsschiffen befindet sich heute auf allen Teilen der Ozeane und Meere im Einsatz. Ihre Zahl beläuft sich auf über eintausend, von denen der größte Teil in der Zeit nach dem zweiten Weltkrieg gebaut wurde. Nach Johannsen (1970) besitzen davon stückzahlenmäßig die USA 22,5%, die UdSSR 5,2% und Japan 32,9%, die restlichen 39,4% verteilen sich auf eine Vielzahl von Ländern. Von dieser Gesamtzahl ist jedoch nur ein Teil, gegenwärtig schätzungsweise ein Drittel, für geologisch-geophysikalische Arbeiten eingesetzt. Der hohe Anteil Japans ist z. B. durch eine große Zahl kleiner und kleinster Forschungsschiffe bedingt, die hauptsächlich für die Fischerei arbeiten.

Über die größten Schiffseinheiten verfügen die UdSSR und die USA, bei denen sich Mehrzweck-Forschungsschiffe, die auch geologisch-geophysikalische Arbeiten durchführen, mit Größen von 5000 bis 6000 BRT im Einsatz befinden. Sie gleichen schwimmenden Instituten und können 50 bis 60 Wissenschaftler unterschiedlicher Disziplinen gleichzeitig an Bord nehmen. Abb. 5 zeigt das sowjetische Forschungsschiff „Akademik Kurtschatow", das in der DDR gebaut wurde und mit dem hauptsächlich Expeditionen im Atlantik durchgeführt werden.

Die Größe des Schiffes wird durch seinen Zweck bestimmt, kleine Schiffe sind meist mit Spezialausrüstungen für die Lösung bestimmter Aufgaben oder für den küstennahen Einsatz versehen, während die großen Schiffseinheiten über umfangreiche geologisch-geophysikalische Ausrüstungen zur Lösung komplexer Aufgabenstellungen verfügen. Die Auseinandersetzungen darüber, ob es zweckmäßig ist, mehrere kleine oder ein großes Schiff einzusetzen, sind noch nicht abgeschlossen.

### 2.2.1. Geophysikalische Meßtechnik

Wesentliche Fortschritte wurden hinsichtlich der Entwicklung von *seismoakustischen Geräten* zur flächenhaften Aufnahme des Meeresbodens erreicht. War früher mit dem Echolot nur eine linienförmige Erfassung des Reliefs des Meeresbodens möglich, so liefern die heute eingesetzten „Side-Scan-Sonar-Sonden" luftbildartige flächenhafte Aufnahmen, deren Breite in direkter Beziehung zur Wassertiefe steht und aus denen unmittelbar der Verlauf von Strukturen und Störungen am Meeresboden, das Ausstreichen von Sedimentserien oder Grundgebirgsaufragungen u. a. abgelesen werden können. Abb. 6 gibt ein Beispiel einer solchen Aufnahme und macht deutlich, welcher Fortschritt damit bei der Kartierung des Meeresbodens erreicht ist. Die vom englischen „National Institut of Geological Sciences" entwickelte Sonar-Sonde „Gloria" läßt bei 5000 m Wassertiefe die Erfassung eines 22 km breiten Streifens am Meeresboden und eine tägliche Vermessung von rd. 7000 km² zu. Der Einsatz der *Sonar-Sonden* erfolgt in Verbindung mit Ausrüstungen für die kontinuierliche *seismische Profilierung*, die ein Bild vom strukturellen Bau des Meeresuntergrundes vermitteln. Aufnahmeseitig ist dabei weitgehend der Übergang zur digitalen Aufzeichnung vollzogen, wobei in Anbetracht des großen Datenanfalls die Verarbeitung der Daten durch kleine, speziell für diese Zwecke entwickelte Computer an Bord der Schiffe erfolgt.

*Abb. 5. Das Forschungsschiff „Akademik Kurtschatow" der Akademie der Wissenschaften der UdSSR*

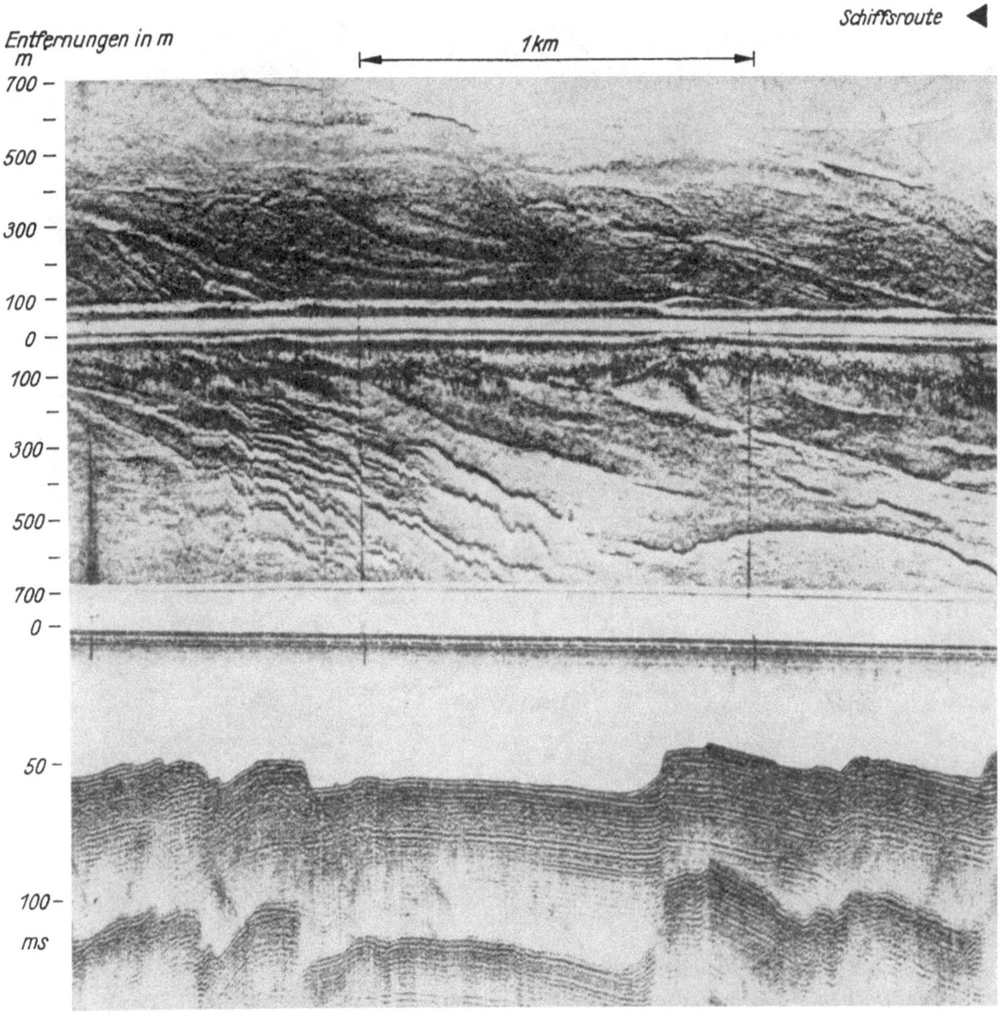


*Abb. 6. Aufnahme des Meeresbodens mit einer Side-Scan-Sonar-Sonde*

Anregungsseitig ist zu den bereits eingeführten Verfahren „Sparker" (mit Elektrofunken) und „Air-gun" (mittels Druckluft) ein in Frankreich entwickeltes neues Gerät „Flexichoc" getreten. Es arbeitet rein mechanisch, der seismische Impuls wird dadurch ausgelöst, daß zwei Metallplatten durch Druckluft auseinandergedrückt und in dieser Stellung arretiert werden, nach Lösen der Arretierung schlagen sie infolge des auf sie wirkenden hydrostatischen Druckes beim Schlepp unter Wasser aufeinander und geben ein starkes, deutlich definiertes Signal. Das Gerät ist einfach zu handhaben, ermöglicht eine schnelle Schußfolge von wenigen s Abstand und damit eine außerordentlich hohe Produktivität. Die Abbildungen 7 und 8 zeigen das Gerät beim Einbringen ins Wasser und ein Meßergebnis, aus dem gleichzeitig die große Eindringtiefe deutlich wird.

*Abb. 7. Das seismische Energieanregungsgerät „Flexichoc" der französischen Fa. Géomechanique*

*Abb. 8. Seismische Profile, die mit Hilfe des Geräts „Flexichoc" aufgenommen wurden (nach Prospektmaterial)*

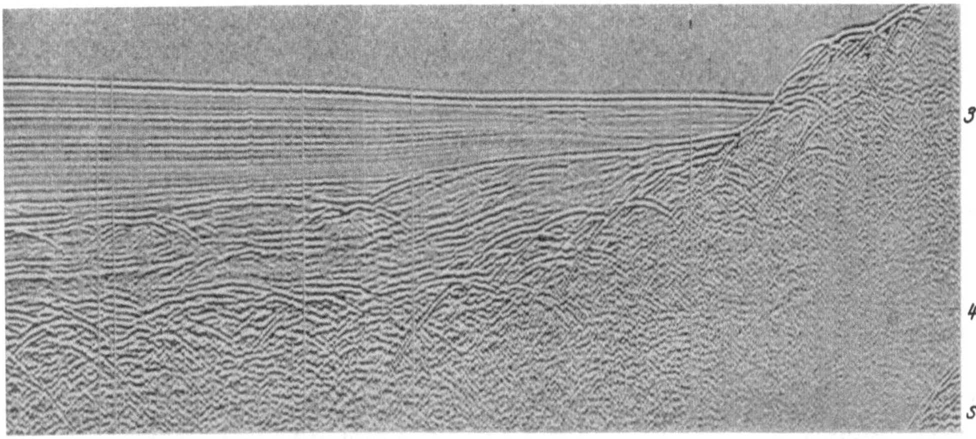
3
4
sec

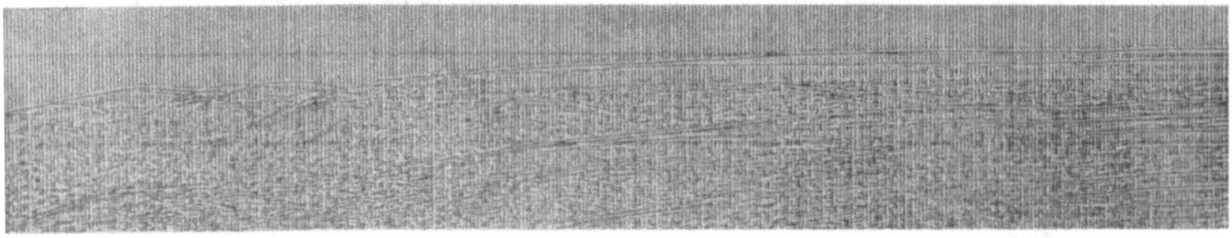

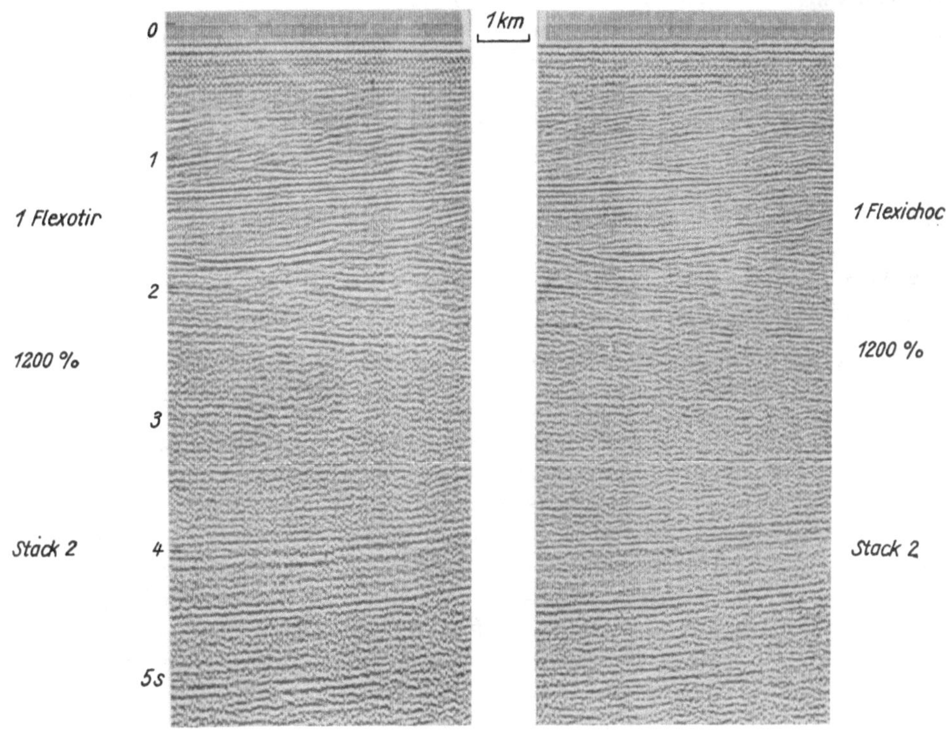
0
1
2
3
4
5s
1km
1 Flexotir
1200 %
Stack 2
1 Flexichoc
1200 %
Stack 2

Durch die Kombination von Sonar-Sonde und kontinuierlicher seismischer Profilierung ist, wie aus Abb. 6 ersichtlich, die direkte Verfolgung von tektonischen Strukturen und Störungen am Meeresboden möglich.

Weitere Fortschritte wurden erzielt bei der Entwicklung von *Sonden für die Messung physikalischer Parameter der Meeresbodensedimente,* um aus den Meßergebnissen unmittelbare Rückschlüsse auf die Charakteristik und Ausbildung der Sedimente abzuleiten. Sowohl in der UdSSR als auch in England wurden Scintillations-Sonden konstruiert und bereits in der Praxis erprobt, mit denen die Messung der Gesamtintensität der *Radioaktivität der Bodensedimente* in Wassertiefen bis zu 3000 m möglich ist. Die Übertragung der Meßergebnisse erfolgt dabei drahtlos durch einen in der Sonde installierten Sender (pinger), dessen Signal entsprechend den gemessenen Werten verändert wird. Mit diesem Gerät wird die unmittelbare Kartierung von Sedimentserien mit erhöhter Radioaktivität (Seifen, Phosphoritkonkretionen u. a.) am Meeresboden möglich.

Noch weitergehende Ergebnisse hinsichtlich der Charakteristik der am Meeresboden auftretenden Gesteinsserien liefert die englische „*Gammaspektrometer-Sonde*", die auf der Grundlage des bekannten Laborverfahrens mit Hilfe eines NaJ-Kristalls außer der Gesamtintensität noch die Messung des Uran-, Thorium- und Kalium-Anteils ermöglicht. Ihr Einsatz ist in Wassertiefen bis zu 200 m möglich, wobei die Übertragung der Meßergebnisse durch ein Kabel zum Schiff erfolgt und dort die Registrierung vorgenommen wird.

Eine im Rahmen der „Arbeitsgemeinschaft Meerestechnik" in der BRD entwickelte Sonde ermöglicht *elektrische Widerstandsmessungen* in den Bodensedimenten, sie kann insbesondere zur Verfolgung charakteristischer Horizonte zwischen einzelnen Probenahmepunkten eingesetzt werden.

### 2.2.2. Bohr- und Probenahmetechnik

Die Technik für die geologische Untersuchung des Meeresbodens entwickelt sich vor allem in zwei Richtungen:

— *Bohrgeräte zur Gewinnung von Probenmaterial* aus dem Meeresuntergrund,
— *Geräte zur Entnahme von Serienproben,* insbesondere in großen Wassertiefen.

Die erste Aufgabe kann als weitgehend gelöst angesehen werden. Es ist ein breites Angebot vorhanden von Bohrgeräten, mit denen bei Wassertiefen von 50 bis 100 m flache Bohrungen, im wesentlichen als Kartierungsbohrungen oder zur Erforschung von Seifen- sowie Kies- und Sandlagerstätten, in den Meeresboden niedergebracht werden können. Speziell für die Kieserkundung wurden Vibrationsstechrohre mit Durchmessern von etwa 20 cm entwickelt. Sprunghaft vorwärtsgetrieben wurden in den letzten Jahren die technischen Voraussetzungen für das Abteufen von Tiefbohrungen bei großen Wassertiefen. Das größte Problem bildet dabei nach wie vor der *Wiedereintritt ins Bohrloch nach einer Unterbrechung* des Bohrprozesses. Für Wassertiefen bis zu

200 m wird diese Frage gegenwärtig durch den Einsatz von Tauchern gelöst, in größeren Wassertiefen muß die Bohrung bei einem etwa erforderlichen Ausbau des Bohrwerkzeuges noch aufgegeben werden. Prinzipiell kann aber eingeschätzt werden, daß es heute möglich ist, unter günstigen Bedingungen bei Wassertiefen von 6000 m bis zu *1000 m tief in den Meeresuntergrund zu bohren*, womit bereits Informationen erhalten werden, die vor wenigen Jahren noch unerreichbar schienen.

Auf dem Gebiet der Tiefbohrungen vollzieht sich generell der Übergang von den bisher überwiegenden festen und mobilen *Bohrplattformen* zu den *Halbtauchern* mit Selbstantrieb und den *Bohrschiffen*, mit denen die Beherrschung immer größerer Wassertiefen möglich wird. Abb. 9 zeigt den gegenwärtig größten Halbtaucher, der

*Abb. 9. Halbtaucher für den Einsatz bei Wassertiefen bis 200 m*

auf einer japanischen Werft gebaut wurde und mit dem bei Wassertiefen von 200 m Bohrteufen von 9000 m erreicht werden sollen.

Für die serienmäßige Entnahme von Bodenproben in großen Wassertiefen wurde durch die Gesellschaft DEMAG in der BRD ein Gerät entwickelt, das bei Wassertiefen bis zu 5000 m zum Einsatz gelangen soll. Es besteht aus einem elektrisch angetriebenen Fahrzeug, auf dem Probenahmetrommeln angebracht sind, mit denen in regelmäßigen Abständen die Entnahme und Deponierung einer Oberflächenprobe vom Meeresboden möglich ist. Die Steuerung des Gerätes erfolgt elektronisch von Bord des Schiffes aus, ein auf dem Fahrzeug angebrachter Sender ermöglicht gleichzeitig eine exakte Lokalisierung. Mit diesem Gerät ist eine der wesentlichsten Voraussetzungen für die systematische Erforschung von Eisen-Mangan-Konkretionen am Meeresboden geschaffen worden.

## 2.3. Ortung und Navigation

Entscheidende Fortschritte wurden bei der Entwicklung von Ortungs- und Navigationsverfahren hoher Genauigkeit erreicht. Mit den bisher üblichen Verfahren, wie LORAN, DECCA, OMEGA u. a., war bei größeren Entfernungen von den Sendeketten meist nur eine Positionsgenauigkeit von $^1/_2$—1 sm möglich, die für Übersichtsmessungen ausreichend, für alle Spezialuntersuchungen aber völlig unzureichend war. Mit den neuen, landunabhängig arbeitenden Verfahren

Satellitennavigation und
Sonar-Doppler-Navigation

ist eine Kombination möglich, mit der Genauigkeiten der Ortsbestimmung von 20 bis 30 m auf hoher See erreicht worden sein sollen. Die *Satellitennavigation* ermöglicht als absolutes Verfahren bereits die Ortsbestimmung mit Genauigkeiten von 50 bis 200 m. Das *Sonar-Doppler-Verfahren* liefert die Geschwindigkeit des Schiffes über Grund und läßt bei präziser Zeitmessung (beim westdeutschen ANA-Verfahren mit Hilfe von Atomuhren) ebenfalls eine hohe Genauigkeit in der Ortsbestimmung zu, die jedoch bei größeren Wassertiefen beträchtlich nachläßt. Aus der Kombination beider Verfahren sind entsprechende Korrekturen und damit die Erzielung einer maximalen Genauigkeit möglich.

Mit der Entwicklung der „*Dynamischen Positionierung*“ wurden weiter die Voraussetzungen geschaffen, ein Schiff während des Bohrprozesses oder bei der Probennahme genau am Ort zu halten. Es arbeitet mit Hilfe zusätzlicher Antriebseinrichtungen am Schiff, die über einen Computer durch Signale gesteuert werden, welche außenbords am Schiff angebrachte Empfänger von einem am Meeresboden installierten Sender aufnehmen.

*Zusammenfassend kann eingeschätzt werden, daß mit den heute entwickelten geologisch-geophysikalischen Verfahren und Ausrüstungen routinemäßige Untersuchungen der Zusammensetzung der Bodensedimente und des Baues des Meeresuntergrundes bis in Wassertiefen von 5000 bis 6000 m möglich sind.*

## 2.4. Bau und Entwicklung der Kontinentalränder

Eine außerordentlich bedeutsame Rolle in den gegenwärtigen und zukünftigen Untersuchungen zur Geologie der Meere und Ozeane und darauf aufbauend zur Erforschung der mineralischen Rohstoffe des Meeres spielen die Kontinentalränder. Dabei ist unter dem *Begriff „Kontinentalrand"* eine breite Zone zu verstehen, die vom Schelf über den Kontinentalhang bis zum mittleren und unteren Teil des Kontinentalanstiegs reicht.

Die Kontinentalränder umfassen insgesamt rd. 74 Mio $km^2$, das sind 21% der Gesamtfläche der Ozeane oder 50% der gesamten Fläche der Kontinente. Sie sind gekennzeichnet durch eine außerordentlich *hohe Sedimentbedeckung*, die nach Emery (1970) im Durchschnitt 2 km betragen soll. Damit wäre auf den Kontinentalrändern ein Sedimentvolumen von etwa 150 Mio $km^3$ abgelagert. Im Vergleich dazu werden für die Tiefseebereiche (ungefähr 287 Mio $km^2$) nur Sedimentmächtigkeiten von durchschnittlich 200 m angenommen, das entspräche einem Sedimentvolumen von annähernd 57 Mio $km^3$. Alle Kontinente zusammen umfassen oberhalb des Meeresspiegels dagegen nur ein Volumen von rd. 125 Mio $km^3$, also weniger als die auf den Kontinentalrändern konzentrierte Sedimentmenge.

### 2.4.1. Gliederung der Schelfe

Innerhalb der Kontinentalränder wurden bisher die Schelfgebiete am intensivsten untersucht, insbesondere im Zusammenhang mit der *Suche und Erkundung von Erdöl und Erdgas*. Der Untersuchungsgrad der einzelnen Schelfgebiete ist jedoch sehr unterschiedlich, während wir bereits relativ viel über solche Gebiete, wie die Schelfe vor den Küsten Nordamerikas, Westeuropas und einigen Gebieten Südostasiens, wissen, sind andere Gebiete, wie die Schelfe vor weiten Teilen Afrikas, Südamerikas und Asiens, so gut wie unerforscht. Die *Breite der Schelfe* schwankt beträchtlich, sie reicht von wenigen hundert Metern bis zu mehr als 1500 km.

Weltweite Vergleiche der bisher vorliegenden Untersuchungsergebnisse über die *Sedimentbedeckung der Schelfe* zeigen charakteristische Unterschiede in der Ausbildung der seewärtigen Begrenzung dieser meist relativ jungen Sedimentserien (Abb. 10).

Es können Schelfgebiete ausgehalten werden, in denen der Schelfrand durch tektonisch herausgehobene Blöcke gebildet wird, vor denen sich die vom Festland herunter ins Meer getragenen Sedimentgesteine gewissermaßen gestaut haben. Meist sind diese tektonischen Barrieren nur im seismischen Bild zu erkennen, da sie ebenfalls noch von geringmächtigen Sedimenten bedeckt sind und sich seewärtig weitere Sedimentbecken auf dem Kontinentalhang und -anstieg anschließen. In anderen Gebieten wieder wurde festgestellt, daß am Außenrand des Schelfs breite Zonen mit Riffbildungen entwickelt sind, die ähnlich wie die tektonischen Blöcke als Barrieren für die Sedimente gewirkt haben. Weitere Gebiete sind ohne erkennbare Begrenzungen am Schelfrand von unterschiedlich mächtigen Sedimentserien bedeckt, die flach zur

*Abb. 10. Schelfgebiete der Erde in halbschematischer Darstellung mit Charakterisierung der Bedingungen für die Sediment-Akkumulation* [nach Emery *(1970)*]

offenen See hin einfallen und oft kontinuierlich in die Sedimentanhäufung auf dem Kontinentalanstieg übergehen.

Weite Zonen der Schelfgebiete sind während des Pleistozäns direkt durch vordringende Eismassen oder indirekt durch die mit dem Werden und Vergehen der Eismassen zusammenhängenden Schwankungen des Wasserspiegels der Weltmeere beeinflußt worden, da es z. B. bei sinkendem Wasserspiegel zur Erosion bereits abgelagerter Sedimentserien kommen konnte.

*Absolute Altersbestimmungen* in den USA haben ergeben [Emery (1970)], daß der *Meeresspiegel* vor etwa 35000 Jahren bei dem heutigen Niveau lag, danach ein allmähliches Absenken einsetzte, bis vor etwa 15000 Jahren der tiefste Stand etwa 130 m unter dem heutigen Niveau erreicht wurde. Danach setzte ein schnellerer Anstieg ein bis auf 5 m unter dem heutigen Stand vor 5000 Jahren, der restliche Anstieg erfolgte dann sehr langsam erst in den letzten 5000 Jahren. *Entsprechend diesen Schwankungen des Meeresspiegels variierte die Breite der Schelfgebiete* in der jüngsten Erdgeschichte beträchtlich.

Der Außenrand des Schelfs liegt in sehr unterschiedlichen Wassertiefen, sie schwanken zwischen 20 und 550 m. Die in der Genfer Konvention von 1956 über die Rechte zur Nutzung der Bodenschätze des Schelfs festgelegte Grenze von 200 m Wassertiefe ist schematisch, ausgehend davon, daß zu dieser Zeit auf vielen nautischen Karten die Tiefenlinien nur in Abständen von 10, 100 und 1000 Faden (2, 20 und 200 m) an gegeben waren und weiter damals noch nicht abzusehen war, daß bereits 15 Jahre später die Voraussetzungen für die Erforschung und Nutzung von mineralischen Rohstoffen in weit größeren Wassertiefen vorhanden sein würden.

Überraschende Ergebnisse wurden hinsichtlich der Sedimentationsraten in den Schelfgebieten erzielt, sie betragen im *Einzugsgebiet von Flüssen* bis zu 5 m/1000 Jahre und erreichen Maxima von 20 m/1000 Jahre [Seibold (1972)].

## 2.4.2. Charakter des Kontinentalhanges

An die Schelfgebiete schließt sich nach außen der *Kontinentalhang* an, der eigentliche Abbruch der Kontinente zur Tiefsee. Er ist allgemein 15 bis 50 km breit bei einem Abfall von 2 bis 6° und kann als das *auffälligste topographische Element der Erdkruste* bezeichnet werden. Abb. 11 vermittelt einen kleinen Eindruck des Schelfs und Kontinentalhanges vor der Ostküste der USA und Mittelamerikas.

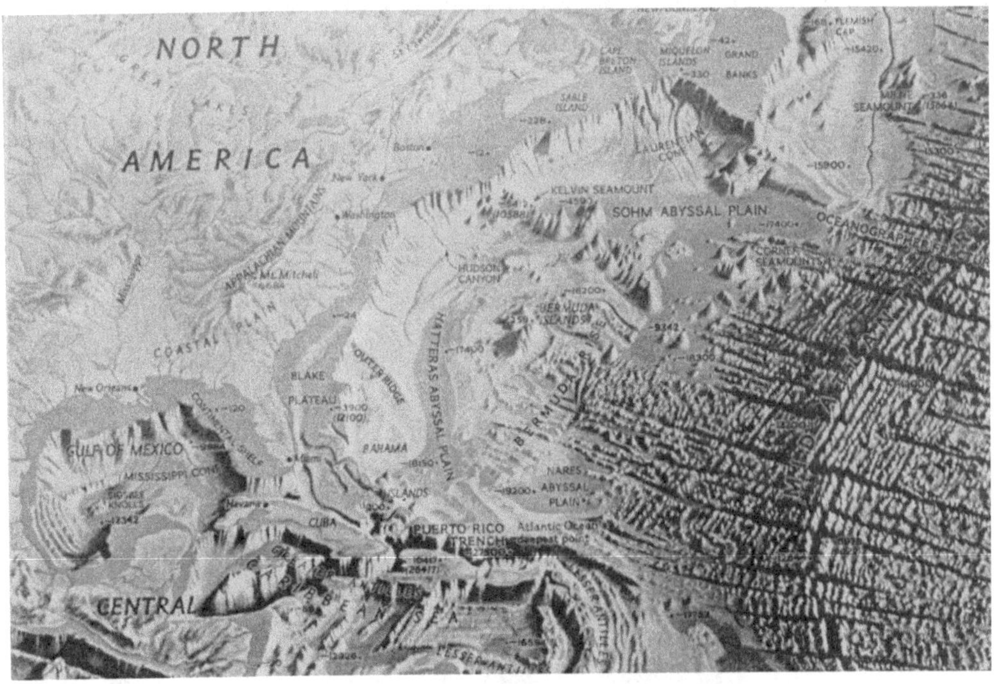


*Abb. 11. Ausschnitt aus einer Reliefkarte des Meeresbodens im Atlantischen Ozean [Payne (1968)], rechts der Mittelatlantische Rücken, links der Kontinentalanstieg, Kontinentalhang und Schelf vor der Küste Nord- und Mittelamerikas*

In diesem Gebiet wurden Einfallwinkel der Oberfläche des Meeresbodens von 35 bis 40° festgestellt, die steilsten Winkel wurden südlich von Ceylon mit 45° gemessen (HEDBERG 1970).

In verschiedenen Gebieten erfolgt der Abfall vom Schelf zum Kontinentalanstieg nicht gleichmäßig, sondern der Kontinentalhang ist in verschieden tief liegende *Terrassen* gegliedert. Ein gut untersuchtes Beispiel dafür ist das Blake-Plateau vor der Südküste der USA (Abb. 11), das eine Fläche von 200000 km² umfaßt und in dessen Bereich zunächst ein relativ steiler Abbruch vom Schelf zu dem in 500 bis 1100 m Wassertiefe liegenden Plateau und ein weiterer Abbruch bis zu dem in 4000 m Tiefe liegenden Tiefseeboden erfolgt. Ähnliche Beispiele sind das Falkland-Plateau, der Kontinentalrand vor Brasilien, das Umnak-Plateau in der Bering-See und die Korallen-See am Außenrand des australischen Kontinents. Diese Erscheinungen sprechen dafür, daß sich im Bereich des Kontinentalhanges in größerem Umfang *tektonische Vorgänge* abspielten, daß in diesen Grenzzonen zwischen Kontinenten und Ozeanen Auf- und Abwärtsbewegungen in einem Ausmaß stattfinden, über deren Umfang wir uns noch keine rechten Vorstellungen machen können. Derartige Elemente treten wahrscheinlich in noch vielen anderen Gebieten auf und sind dort durch gleichzeitig ablaufende Sedimentationsprozesse verschleiert, so daß sie erst bei weiterer Verdichtung des seismischen Netzes über den Kontinentalrändern erkannt werden können.

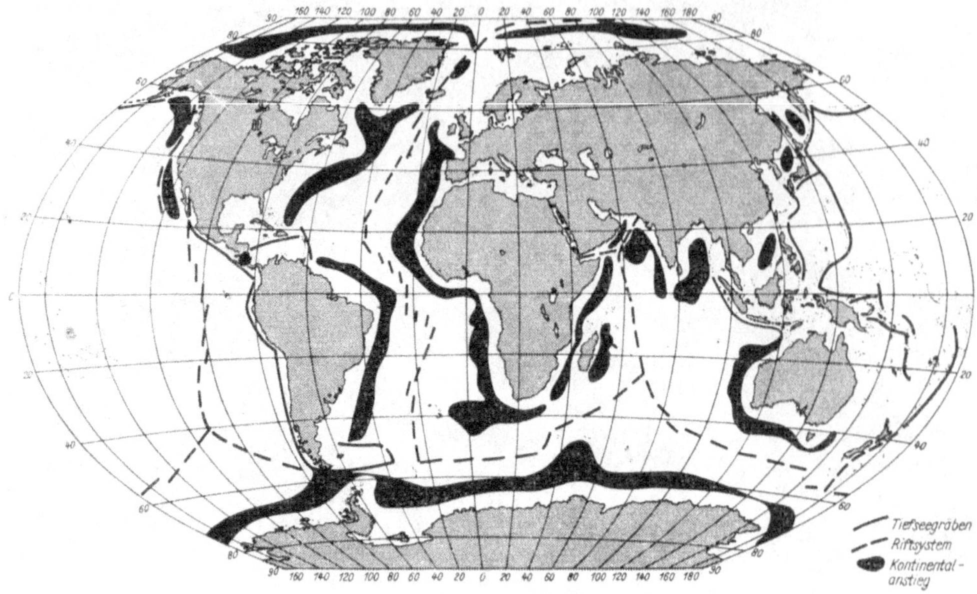


*Abb. 12. Verlauf von Kontinentalanstieg, Tiefseegräben und mittelozeanischen Riftsystemen in den Weltmeeren [teilweise nach* EMERY *(1970)]*

Sie reichen teilweise auch noch weit in den Kontinentalanstieg und die Tiefsee hinein. Neue Untersuchungen an „*Seamounts*" (untermeerischen Tafelbergen) im Atlantischen Ozean südlich der Azoren haben den Nachweis gebracht, daß diese Berge z. T. mit Sedimenten beträchtlicher Mächtigkeit bedeckt sind. Es handelt sich bei ihnen um *ehemals kontinentale Elemente*, die sich bereits über einen langen Zeitraum in Absenkung befinden [Fleischer u. a. (1970)].

Der Übergang vom Kontinentalhang zur Tiefsee kann auf zweierlei Weise erfolgen – entweder schließt sich an den Kontinentalhang das Gebiet des Kontinentalanstiegs an, oder der Kontinentalrand wird von einem Tiefseegraben begleitet und der Abfall erfolgt vom Schelf unmittelbar in diesen Graben (Abb. 12). Beide Elemente spielen im Bauplan und der Entwicklung der Ozeane eine außerordentlich bedeutsame Rolle.

## 2.5. Kontinentalanstieg und Tiefseegräben

**Im Bereich des Kontinentalanstieges steigt der Meeresboden allmählich von 5000 auf 2000 m Tiefe an. Die Breite dieser Zone kann bis zu 1000 km betragen. Aus einer ganzen Reihe von Berichten über Untersuchungen im Bereich des Kontinentalanstiegs geht hervor, daß sich in diesen Gebieten wahrscheinlich z. T. außerordentlich große Anhäufungen von Sedimenten gebildet haben, da in ihnen der größte Teil des vom Festland ins Meer hineingebrachten Detritus aufgefangen wird. Geophysikalische Ergebnisse zeigen, daß derartige Sedimentpakete auch an Stellen ursprünglicher Tiefseegräben zur Bildung kommen konnten, indem der Graben zugeschüttet wurde und sich danach der Sedimentationsprozeß auf breiter Fläche fortsetzte.**

Charakteristisch ausgebildet ist der *Kontinentalanstieg vor den Mündungen großer Flüsse*, z. B. des Ganges und Indus im Indischen Ozean, des Kongo und Amazonas im Atlantischen Ozean und des Ob, Jenissei und der Lena im Nördlichen Eismeer. Dabei kommt es zur Bildung riesiger *submariner Schuttfächer*, die mehrere tausend km weit in den Ozean hinreichen können. Im Nordteil des Indischen Ozeans werden die Mächtigkeiten der unverfestigten Sedimente in diesen Schuttfächern mit 2500 m angegeben [Seibold (1972)]. Über die Mächtigkeit der Sedimente im Bereich des Kontinentalanstiegs bestehen nur erste Vorstellungen, die aber bereits deutlich machen, daß es sich dabei wahrscheinlich um die größten zusammenhängenden Sedimentpakete der Erdkruste handelt. Vor der Atlantikküste der USA sowie im Nordteil des Indischen Ozeans werden die Mächtigkeiten auf 10000 m geschätzt, am Nordrand des *Nordseeschelfs* wurde eine *tiefe Einsenkung* festgestellt, die mit wenigstens 3500 m mächtigen tertiären Sedimenten ausgefüllt ist und in der mit Sicherheit auch noch ältere Ablagerungen vorhanden sind.

Wenig ist bis jetzt über die *Zusammensetzung dieser Sedimente* bekannt, da nur ihre obersten Schichtserien mit ersten Bohrungen aufgeschlossen werden konnten. Als älteste Schichten wurden bisher Ablagerungen des *Tithon* im Atlantik erbohrt, was vielfach *zu der Theorie ausgebaut wurde, daß erst ab Jura/Kreide die Bildung der Ozeane einsetzte*. Wenn man jedoch vergleicht, daß die tiefsten Bohrungen im Meer bis jetzt nur bis zu maximal 1000 m in den Meeresboden eingedrungen sind und damit die mächtigen Sedimentpakete lediglich „angekratzt" haben, *können in ihren tieferen Teilen durchaus auch noch ältere Schichtenfolgen erwartet werden.*

Während im *Atlantischen Ozean* der Kontinentalanstieg durch Verringerung der Sedimentmächtigkeiten allmählich in den Tiefseebereich übergeht, ist der *Pazifische Ozean* durch einen abrupten Übergang vom Kontinentalhang zur Tiefsee über die weite Teile des Kontinentalrandes begleitenden Tiefseegräben hinweg gekennzeichnet. Ausgehend davon wurden durch BELOUSSOV und KOSMINSKAYA (1968) *zwei Typen von Kontinentalrändern* unterschieden, der „atlantische" und der „pazifische". Sie sind besonders dadurch gekennzeichnet, daß beim *Atlantischen Typ* gewissermaßen ein allmähliches Abtauchen des Kontinents zum Ozean stattfindet, während beim *Pazifischen Typ* der Kontinent scharf zum Ozean hin begrenzt ist. Ein weiteres Merkmal ist, daß beim Pazifischen Typ die großen tektonischen Einheiten des Festlandes parallel zum Kontinentalrand streichen, wie es besonders augenfällig an der Westküste Süd- und Nordamerikas zum Ausdruck kommt, während beim Atlantischen Typ die tektonischen Einheiten des angrenzenden Kontinents fast senkrecht zum Kontinentalrand verlaufen. PUSCHTSCHAROWSKY (1972) nimmt an, daß der Pazifikrand alt angelegt und nicht vergleichbar mit anderen Kontinentalrändern ist.

Nach den Vorstellungen der neuen *globalen Plattentektonik* wird den Tiefseegräben die Funktion von Subduktionszonen gegeben, in denen Ozeanboden in die Tiefe sinkt, wobei die ozeanische Kruste zerstört und kontinentale Kruste neu gebildet werden soll. Es gibt eine Reihe von *Anzeichen, die für diese Theorie sprechen, jedoch zumindest auch gleich viele, aus denen gegenteilige Argumente abgeleitet werden können.*

Die *Typisierung der Kontinentalränder* wird weiter fortgesetzt, bereits im Pazifischen Ozean wird der Unterschied zwischen Westrand und Ostrand deutlich. Der Westrand kann als ein Übergang zwischen Pazifischem und Atlantischem Typ angesehen werden — die Begrenzung erfolgt einmal durch Tiefseegräben, andererseits sind dem Festland in den Nebenmeeren, dem Süd- und Ostchinesischen Meer, dem Japanischen und Ochotskischen Meer Gebiete vorgelagert, die mit z. T. außerordentlich mächtigen Sedimentserien angefüllt sind und den Zonen des Kontinentalanstiegs im Atlantischen Ozean gleichgesetzt werden können. Sie werden auch als ensimatische Geosynklinalen auf Thalassokratonen angesehen [GNIBIDENKO und SYCHEV (1972)].

Die Einordnung der Nebenmeere wirft generell noch Probleme auf, da sie z. T. über kontinentaler und z. T. über ozeanischer Kruste entwickelt sind.

## 2.6. Sedimentationsprozesse in der Tiefsee

Eine wesentliche Frage im Zusammenhang mit den von verschiedensten Seiten durchgeführten meeresgeologisch-geophysikalischen Expeditionen bildet die Untersuchung der *Herkunft des Sedimentmaterials* in den Bereichen des Kontinentalanstiegs und der Tiefsee sowie der Energie von Sedimentationsprozessen. Der riesige Sedimenttransport, der durch submarine Canyons und durch den Aufbau submariner Schuttfächer von den Kontinenten herunter erfolgt, ist einer der großartigsten geologischen Prozesse, mit dem die Natur einen allmählichen Ausgleich zwischen Festland und Ozean herbeizuführen versucht. Eine wesentliche Energiequelle dafür liefern *Bodenströmungen in den Ozeanen,* die vielfach in der Lage sind, auch Sedimentmaterial, das bisher als typisch für Flachwasser angesehen wurde, über *Entfernungen* von *hunderten und tausenden von Kilometern zu transportieren.* Selbst in Tiefseegräben werden in zunehmendem Maße feinkörnige Sande, Gerölle und Reste von Landpflanzen gefunden. Neue sowjetische Untersuchungsergebnisse im Nordatlantik machen auch deutlich, daß der *Sedimenttransport durch Eisberge* in allen Gebieten, in denen sie auftreten, einen nicht zu unterschätzenden Faktor darstellt.

Die *Sedimentationsraten* in den einzelnen Meeresteilen sind sehr unterschiedlich, sie liegen am höchsten (mehrere cm/1000 Jahre) in Bereichen, in denen die Zufuhr von Sedimentmaterial vom Land her erfolgt, und am niedrigsten (wenige mm/1000 Jahre) in solchen Gebieten, wo dieser Transport durch natürliche Barrieren unterbrochen wurde oder die Transportenergie nachgelassen hat. In diesen Gebieten, die vor allem weite Teile des Pazifik umfassen, überwiegt dann Sedimentbildung durch chemische Prozesse mit sehr geringen Zuwachsraten.

Ständig zunehmend sind auch die Belege dafür, daß insbesondere im Bereich des Kontinentalanstiegs *Sedimentumlagerungen* großen Ausmaßes durch Abrutschen von bereits abgelagerten Sedimentpaketen in Form von Schlammströmen stattfinden. Es kann angenommen werden, daß dabei vielfach synsedimentäre tektonische Vorgänge als auslösendes Element in Erscheinung treten können.

## 2.7. Mineralische Rohstoffe im Meer

Im Ergebnis der geologisch-geophysikalischen Erforschung der Meere gewinnt die Untersuchung und Nutzung der in ihnen verbreiteten mineralischen Rohstoffe zunehmend an Bedeutung. An erster Stelle stehen dabei *Erdöl und Erdgas.* Im Jahre 1971 wurden bereits rd. 20% der Welterdölförderung aus Meereslagerstätten gewonnen, das sind fast 500 Mio t. Die Erkundung und Nutzung von Erdöl- und Erdgas-Lagerstätten in Wassertiefen bis 200 m ist technisch gelöst, gegenwärtig werden die Untersuchungen im Bereich bis 400 m Wassertiefe vorbereitet, und die bisher tiefsten Erdölanzeichen wurden bei 3580 m Wassertiefe im Golf von Mexiko erbohrt. Eine große Potenz hinsichtlich des Auftretens von Erdöl- und Erdgaslagerstätten in beträchtlichem Umfang wird in den riesigen Sedimentmassen der Kontinentalränder gesehen. Kalinko (1969) schätzt ein, daß die *erdöl-erdgas-höffige Fläche der Weltmeere* rd. 45 Mio km² beträgt, im Vergleich dazu wird die gesamte erdöl-erdgas-höffige Fläche der Festländer auf 30 Mio km² geschätzt. *Im Meer wären also bereits von der Fläche her größere Potenzen vorhanden als auf dem Festland.*

Herausragendes Ergebnis der Forschungs- und Erkundungstätigkeit in den letzten Jahren ist die Erschließung der großen Erdöl- und *Erdgaslagerstätten im Perm und Tertiär der Nordsee.* Hier sind bis 1971 mit einem Aufwand von rd. 800 Mio. US-Dollar über 300 Meeresbohrungen niedergebracht und Gesamtvorräte in Höhe von rd.

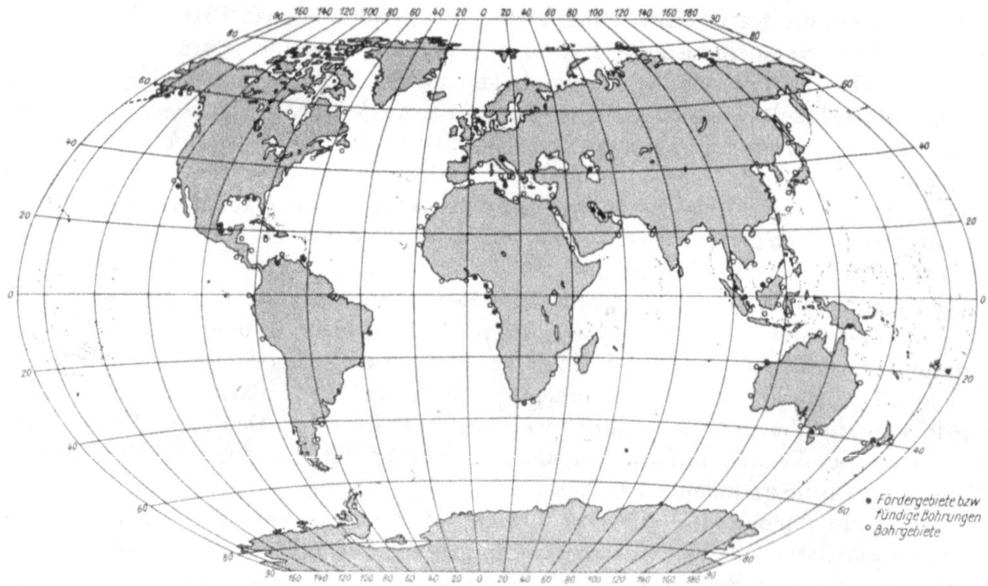


*Abb. 13. Erkundungs- und Fördergebiete für Erdöl und Erdgas in den Schelfgebieten der Weltmeere*

1,5 Mrd. t Erdöl und 1400 Mrd. m³ Erdgas nachgewiesen worden. Der Hauptteil dieser Vorräte liegt im britischen und norwegischen Sektor der Nordsee.

Zunehmende Bedeutung erlangen weiter das *Mittelmeer*, in dessen westlichem Teil die Fortsetzung der nordafrikanischen Lagerstätten vermutet wird, die *Westküste Afrikas*, insbesondere im Golf von Guinea, das *Schelfgebiet Australiens und Neuseelands* sowie der Raum *Südostasien*, d. h. ein Gebiet, das weite Teile der Schelfe Indonesiens, des Golfs von Thailand, des Süd- und Ostchinesischen sowie des Japanischen Meeres bis in den Bereich der Insel Sachalin umfaßt. Mit ersten Untersuchungen wurde im Gebiet der *arktischen Küste* der UdSSR begonnen, um die große Erdöl-Erdgas-Provinz Westsibiriens nach Norden zu verfolgen. Abb. 13 gibt einen Überblick über den gegenwärtig erreichten Stand bei der Erkundung und Förderung von Erdöl und Erdgas auf den Schelfen. Noch nicht in alle bisherigen Vorstellungen eingeordnet werden kann das Antreffen von Erdöl auf den *Tonga-Inseln im Pazifik*.

Beträchtliche Zunahme zeigen die Aktivitäten zur Untersuchung der *Verbreitung und Zusammensetzung von Eisen-Mangan-Konkretionen*. Sie sind besonders auf den *Pazifik* konzentriert und haben eine Reihe von Ergebnissen über die Gehalte der Konkretionen an nutzbaren Elementen, insbesondere Kupfer, Nickel und Kobalt gebracht. Dabei lassen sich Zonen ausscheiden, in denen bestimmte Elemente in den Konkretionen vorherrschend sind, sie sind jedoch wesentlich komplizierter und differenzierter entwickelt, als nach den ersten Ergebnissen [Mero (1965)] angenommen wurde. Höhere Konzentrationen an Ni, Cu und Co, die auch wirtschaftlich interessant werden können, treten gewöhnlich erst in Wassertiefen von mehr als 3000 m auf. Das Verhältnis der Metalle zueinander schwankt bereits auf kurze Entfernungen, so daß intensive detaillierte Untersuchungen zur Bewertung etwaiger Lagerstätten notwendig werden. Die nutzbaren Elemente sind hauptsächlich an *Psilomelan* gebunden, als weitere Mn-Mineralien treten Todorokit und Birnessit auf.

Das *Zurücktreten der Konkretionen im Atlantischen und Indischen Ozean* gegenüber dem Pazifik wird damit begründet, daß ihre Entstehung in diesen Meeresteilen durch die aktive klastische Sedimentation beeinflußt bzw. ganz unterbunden werden soll. Im Atlantischen Ozean sind günstige Bedingungen in Gebieten zu erwarten, auf denen infolge ihrer relativen Hochlage keine nennenswerte Sedimentation erfolgt, das ist z. B. das Blake-Plateau, oder in verschiedenen Bereichen des Tiefseebodens.

Eines der wissenschaftlich und wirtschaftlich bedeutsamsten Ergebnisse der meeresgeologischen Forschung in den letzten Jahren war die *Entdeckung der erzhaltigen Solen und Schlämme im Roten Meer*. Sie treten in flachen Einsenkungen in 2000 m Wassertiefe am Meeresboden auf. Die Sole ist gekennzeichnet durch eine Salinität von über 25% (gegenüber rd. 3,5% im normalen Meerwasser) sowie eine Anreicherung von Metallen um das Hundert- bis Tausendfache. Die Bodensedimente unter den Solen sind nach DEGENS (1970) charakterisiert durch eine Wechsellagerung von Goethit-Hämatit-, Fe-Montmorillonit-, Sulfid-, Pyrit-, Anhydrit-, Dolomit und Kalzitschichten mit Mächtigkeiten von jeweils wenigen cm bis zu mehreren Metern. Bei den bisherigen Untersuchungen wurden bis zu 1,3% Cu, 3,4% Zn, 37% Fe und 0,5% Pb sowie 54 g/t Ag festgestellt.

Nach absoluten Altersbestimmungen erfolgte die Bildung der Erze in den letzten 16000 bis 20000 Jahren und setzt sich wahrscheinlich heute noch fort. Sie werden mit Auslaugungsvorgängen im tieferen Untergrund sowie teilweise *hydrothermaler Zufuhr von Metallösungen im Riftsystem des Roten Meeres* in Verbindung gebracht. Ausgehend davon wird erwartet, daß auch in anderen Teilen der großen mittelozeanischen Riftsysteme ähnliche Bildungen angetroffen werden können.

## 2.8. Zusammenfassung und Ausblick

*Die in den letzten Jahren ständig an Umfang und Intensität zunehmenden meeresgeologischen und -geophysikalischen Forschungsarbeiten haben unsere Vorstellungen über den Bau und die Entwicklung der Ozeane und Meere beträchtlich erweitert. Das angesammelte Faktenmaterial führt zu neuen Erkenntnissen, die uns Veranlassung sein müssen, unsere bisherigen geologischen Leitbilder einer kritischen Überprüfung zu unterziehen.*

Als das beeindruckendste Element in den Ozeanen können die *Kontinentalränder* angesehen werden, und es ist mit Recht bereits die Frage aufgeworfen worden [DIKKINSON (1971)], wo in den einzelnen Phasen der historischen Entwicklung der Erde die Kontinentalränder zu suchen sind. Erste Parallelen werden gezogen aus dem Vergleich der großen Sedimentmächtigkeiten im Bereich des Kontinentalanstiegs und in

Geosynklinalen. Sie müssen jedoch hinsichtlich der im einzelnen ablaufenden Vorgänge noch wesentlich weiter durchdacht und vervollständigt werden, als das bisher geschehen ist. Es zeigt sich vielfach, daß bei der Erforschung der Geologie der Ozeane zu wenig von den auf dem Kontinent entwickelten Vorstellungen Gebrauch gemacht wird und umgekehrt eindeutige Ergebnisse aus den Ozeanen nur zögernd in das Ideengut zur Bewältigung der Geologie der Kontinente einfließen. Mit der Untersuchung der Kontinentalränder wird uns aber ein Modell in die Hand gegeben, mit dessen Hilfe wir in der Lage sein werden, viele geologische Vorgänge der Vergangenheit besser zu verstehen und zu deuten, z. B. den Übergang von einer Plattform ( die ja v. Bubnoff schon als labilen Schelf bezeichnete) zur Geosynklinale, starke Mächtigkeitsschwankungen auf kurze Entfernungen, Rolle und Stellung von Aulakogenen und andere Probleme.

Mit der weiteren Entwicklung der geologisch-geophysikalischen Technik zur Erforschung der Ozeane sind neue Ergebnisse zu erwarten, die auch Auskunft geben werden über die Existenz und denWirkungsmechanismus des „*Ocean-floor-spreading*", des Kernstücks der neuen globalen Plattentektonik, die sich nicht ohne weiteres mit der Entwicklungsgeschichte der Erdkruste in Einklang bringen läßt [Beloussov (1970), Meyerhoff (1972)]. Es ist zu erwarten, daß in den nächsten Jahren insbesondere die Programme für das Niederbringen von Bohrungen in den tiefen Teilen der Ozeane durch Einsatz neuer Bohrschiffe weiter verstärkt werden. Mit der technischen Lösung des Wiedereinbringens des Bohrgestänges in ein Bohrloch bei großen Wassertiefen nach Unterbrechung des Bohrprozesses werden auch die Voraussetzungen geschaffen werden, um tiefere Bohrungen abzuteufen und Schichtenserien aufzuschließen, die uns heute noch nicht zugänglich sind.

## Literatur


Aksyonov, A. A.: Oceanic Mineral Wealth. Moscow News 1971, No. 6.

Beloussov, V. V.: Die Tektonosphäre der Erde. Z. ang. Geol. **16** (1970) 45–54.

Beloussov, V. V.: Against the Hypothesis of Ocean-floor-Spreading. Tectonophysics **9** (1970) 498–512.

Beloussov, V. V.: Über eine Hypothese der Ozean-Entwicklung. Bull. Mosk. obščestva ispyt. prirody, Otd., geol., **45** (1970) 92–114.

Beloussov, V. V. und Kosminskaja, J. P.: Structure and Development of Transition Zones between the Continents and Oceans. Canad. Jour. Earth Sci. **5** (1968) 1011–1026.

Bogorov, G. V. und Iljin, A. V.: Microrelief of the Oceanfloor on the Basis of Analysis of Photo- and Stereomaterial. Conf. pap., Oceanology International, Brighton 1972.

Burk, C. A.: Deep-sea Drilling into the Challenger Knoll, central Gulf of Mexiko. Amer. Assoc. Petrol. Geol. Bull. **53** (1969) 1338–1347.

Chain, V. E.: Der Platz der Ozeanbildung in der tektonischen Entwicklung der Erdkruste. Okeanologija **9** (1969) 896–897.

Degens, E. T. und Ross, D. A.: Hot Brines and Recent Heavy Metal Mineral Deposits in the Red Sea. Westberlin-Heidelberg-New York 1969.

DICKINSON, W. R.: Plate Tectonic Models of Geosynclines. Earth planet. sc. Lett. **10** (1971) 165–174.

DONOVAN, D. T.: Geology of Shelf Seas. Edinburgh, Oliver & Boyd 1968.

EMERY, K. O.: Continental Rises and Oil Potential. Oil & Gas Jour., **67** (1969) 231–243.

EMERY, K. O.: Continental Margins of the World. The Geology of the East Atlantic Continental Margin, ICSU/SCOR Working Party 31 Symp., Cambridge 1970.

FLEISCHER, U., MEYER, O. und SCHAAF, H.: Über den Aufbau der untermeerischen Tafelberge südlich der Azoren. „Meteor"-Forsch. Ber., Reihe C, Nr. 3, Hannover 1970.

GNIBIDENKO, N. S. und SYCHEW, P. M.: Crustal Structure and Evolution of the Bering, Okhotsk and Japan Sea. 24. Int. Geol. Congr., Sect 8, Montreal 1972.

GORSLINE, D. D.: Submarine Canyons — an Introduction. Marine Geol. **8** (1970) 183–186.

HEDBERG, H. D.: Continental Margins from Viewpoint of the Petroleum Geologist. Amer. Ass. Petrol. Geol. Bull. **54** (1970) 3–43.

HETZER, H.: Die mineralischen Ressourcen des Meeres. Z. ang. Geol. **17** (1971) 1–6.

JOHANNSEN, K.: Überwasserschiffe für Meeresforschung. Interocean '70, Bd. 1, 49–60, Düsseldorf 1970.

KALINKO, M. K.: Erdöl-Erdgas-Führung der Aquatorien der Welt. — Moskau, Nedra 1969.

KALINKO, M. K.: Perspektiven der Erdöl-Erdgasführung der Schelfgebiete und anderer Aquatorien und einige Gesetzmäßigkeiten der Verteilung von Erdöl-Erdgas-Lagerstätten in diesen Gebieten. Sowj. Geol. **12** (1969) 71–84.

KAUFMANN, R. und GREENWALD, R. J.: Manganese Nodule Mining — Technical Progress and Jurisdiction Uncertainity. Conf. pap., Oceanology International, Brighton 1972.

KERL, J. F.: Eigenschaften, Vorkommen und Entstehung von nickel-, kupfer- und kobalthaltigen Manganknollen des Meeresbodens. Erzmetall **23** (1970) 1–10.

KLENOVA, M. V.: Geologie des Meeres und Fragen der globalen Tektonik. Okeanologija **10** (1970) 918–919.

KUSNECOV, JU. V.: Die Geschwindigkeiten rezenter Sedimentbildung im Ozean. Geochim., **3** (1969) 251–260, Moskau.

MEYERHOFF, A. A. und MEYERHOFF, H. A.: The New Global Tectonics — Age of Linear Magnetic Anomalies of Ocean Basin. Amer. Ass. Petrol. Geol. Bull. **56** (1972) 337–359.

MERO, J. L.: Mineral Resources of the Sea. Amsterdam-London-New York 1965.

MOORE, R. J.: Oceanography. W. H. FREEMAN Cie., San Francisco 1971.

PAYNE, M. M.: Atlantic Ocean Floor. Nat. Geogr. Magazine, Nat. Geogr. Soc., USA 1968.

PUSCHTSCHARKOWSKY, JU. M.: Tectonics of Continental Margins of the Pacific Ocean. 24. Int. Geol. Congr., Sect. 8, Montreal 1972.

SCHOLL, D. W.: The Structure and Origin of the Large Submarine Canyons of the Bering Sea. Marine Geol. **8** (1969) 187–210.

SCHOTT, W.: Gedanken zur Geologie des äußeren Schelfs und des Kontinentalanstieges. — Erdöl u. Kohle **23** (1970) 197–205.

SCHROEDER, E.: Das Bewegungsbild der ozeanischen Kruste und Aspekte globaler Tektonik. — Ber. deutsch. Ges. geol. Wiss., A. **16** (1971) 413–434.

SEIBOLD, E.: Sedimentary Regimes at Continental Margins and in Abyssal Cones in the Indian Ocean. 24. Int. Geol. Congr., Sect. 8, Montreal 1972.

SPRINGIS, K. JA.: Meeresgeologie und das Problem der mineralischen Rohstoffe. Latv. SSR Zinatnu Akad. vest., Izv. AN Latv. SSR **1** (1970) 33–45.

STRACHOV, N. M.: Zur tatsächlichen Bilanz der Sedimentansammlungen im rezenten Ozean. — Litol. i polezn. iskopajemije **7** (1969) 131–132.

UDINCEV, G. B.: Relief des Weltozeans und die Rolle der Tektonik bei seiner Entstehung. Okeanologija 9 (1969) 897.

UDINCEV, G. B.: Geomorphologie und Tektonik des Bodens im Pazifik. Isdatelstvo Nauka, Moskva 1972.

ULST, V. G. und SAVELJEV, V. I.: Suchtechnologie und -methodik auf Lagerstätten nutzbarer Mineralien im Küstenbereich des Schelfes. Morsk. geol. i geofiz., Riga 1970, 19–23.

WEEKS, L. J.: Geologischer Bau und Erdöl-Erdgas-Ressourcen der Aquatorien der Meere und Ozeane. Proc. VIII Welterdölkongreß, geol. u. techn. Aspekte d. Erk. Erdöl und Erdgas auf den Kontinentalschelfen, Moskau 1971.

ZENKEVIC, N. L.: Photoatlas des Stillen Ozeans. Moskau, Nauka 1970.

ZENKEVIC, N. L.: Deep Sea Drilling Project: Leg 12 & Leg 13. Geotimes 15 (1970), Nr. 9 und Nr. 10.

ZENKEVIC, N. L.: Der Stille Ozean — Bd. 6: Sedimentation im Stillen Ozean. Moskau, Nauka 1970.

ZENKEVIC, N. L.: Die Hauptprobleme der Ozeanologie. 2. Meždunarodn. Okeanografičeskije Kongress., Moskau, Nauka 1968.

ZENKEVIC, N. L.: Morphologie und Sedimente des Atlantischen Ozeans. Moskau 1969.

ZENKEVIC, N. L.: Morskaja geologija i geofizika. — Riga, Zinatne 1970.

ZENKEVIC, N. L.: Submarine Erkundung. — AN SSSR Okeanigr. komis. Skc. podvodn. issled., Moskau, Nauka 1969.

# 3.

# Satelliten- und Aeromethoden der Geophysik[1]

## 3.1. Übersicht über die Fernwirkmethoden

Der zunehmend rasche Verbrauch von Lagerstätten nutzbarer Mineralien, von Erdöl und Erdgas, Notwendigkeiten in Land-, Forst- und Fischereiwirtschaft sowie nicht zuletzt die Problematik „Umweltschutz“ führte in den letzten Jahren zur Weiter- bzw. Neuentwicklung einer Reihe von geophysikalischen Meßverfahren, die mit Hilfe von Satelliten- oder Flugzeugmessungen durchgeführt werden.

Das gemeinsame Merkmal aller Satelliten- und Aeromethoden ist die Verwendung von Empfängern, die nicht in direktem physikalischem Kontakt mit dem Untersuchungsobjekt stehen. Daraus leitet sich die Bezeichnung Fernwirkmethoden (engl. „remote sensing“) ab.

*Die Fernwirkmethoden können in zwei Gruppen eingeteilt werden*: Die Systeme der ersten Gruppe bestehen aus den Teilen

Sender → Objekt → Empfänger.

Von dem Sender wird elektromagnetische Energie einer bestimmten Wellenlänge (oder eines Wellenlängenbereiches) abgestrahlt, die vom Objekt teilweise reflektiert wird oder als deren Folge das Objekt ein Sekundärfeld abstrahlt. Im Gegensatz zu diesen *aktiven Systemen* entfällt bei den *passiven Systemen* der Sender.

Sie setzen sich somit lediglich zusammen aus

Objekt → Empfänger.

Die Untersuchungsobjekte strahlen hierbei selbst elektromagnetische Energie bestimmter Wellenlänge ab, bzw. sie besitzen ein unterschiedliches Schwere- oder magnetisches Potential.

Eine Zusammenstellung der Fernwirkmethoden nach dem benutzten Spektralbereich wird mit Abb. 14 gegeben. Eingetragen sind außer den einzelnen Verfahren noch die notwendigen natürlichen oder künstlichen Energiequellen, die Empfänger, die mit den verschiedenen Verfahren meßbaren physikalischen Eigenschaften und die

1 Von Chr. Oelsner.

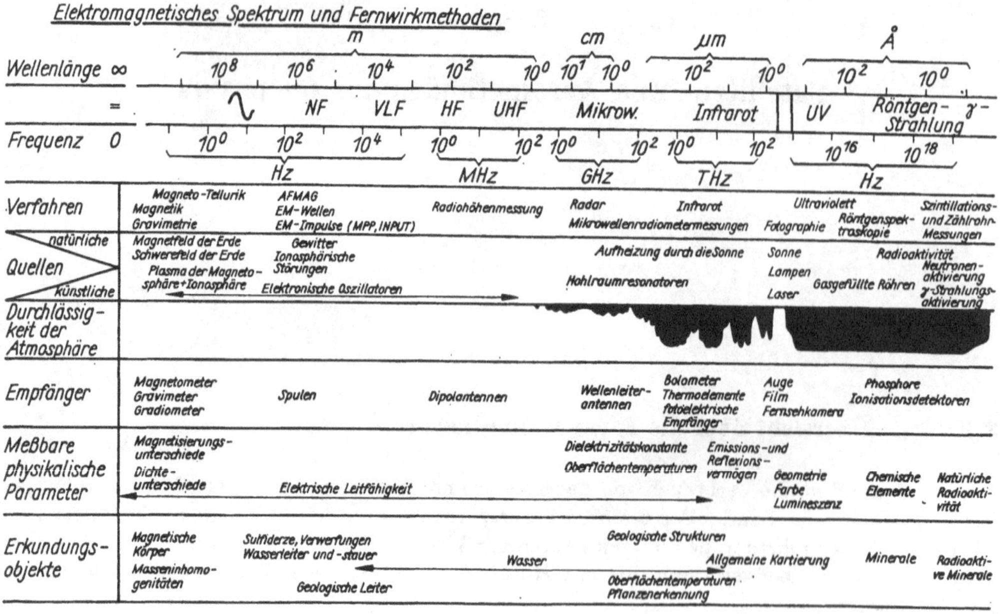


*Abb. 14. Elektromagnetisches Spektrum und Fernwirkmethoden. Ergänzt nach* HOOD *und* WARD

möglichen Untersuchungsobjekte. Besondere Bedeutung kommt der ebenfalls mit eingetragenen Durchlässigkeit der Atmosphäre zu. Für Wellenlängen kleiner 0,22 μm (< 2200 Å) ist die Atmosphäre praktisch undurchlässig. Mit steigender Wellenlänge nimmt die Absorption ab. Bedingt durch die chemische Zusammensetzung und die Wellenlänge treten bis zum cm-Wellenlängengebiet mehrere markante Absorptionsminima, d. h. „Fenster“ in der Atmosphäre auf. Satelliten- und Aeromethoden können nur in den jeweiligen „Fenstern“ eingesetzt werden.

Von den *passiven Fernwirkmethoden* ist seit mehr als eineinhalb Jahrzehnten die *Aeromagnetik* im Einsatz. Die Gerätetechnik hat seit den ersten aeromagnetischen Messungen, die 1921 von LUNDBERG im Gebiet von Kiruna in einem Luftschiff (Horizontalintensität mit Doppelkompass) vorgenommen wurden, eine rasche Entwicklung erfahren. Besondere Verdienste hat sich dabei LOGAČEV erworben, der die sowjetische Aeromagnetikschule begründete und schon 1936 mit Erdinduktoren im Flugzeug die magnetische Vertikal- und Totalintensität mit einer Genauigkeit von $100\gamma$ gemessen hatte. Die heute überwiegend benutzten Atomresonanzmagnetometer erlauben eine Genauigkeit bis $0{,}01\gamma$. Die wesentlichsten *Vorteile* der Aeromagnetik sind die *aller Aeromethoden* und sollen deshalb hier genannt werden:

1. *Erhöhung des Meßfortschrittes,* dadurch
2. *Kostensenkung pro Profileinheit.*

3. Möglichkeit der *Untersuchung unzugänglicher Gebiete.*
4. *Optimale Anpassung an Erkundungsobjekt hinsichtlich Flughöhe und Profildichte möglich.*
5. *Abschwächung von Oberflächeneffekten.*

## 3.2. Aerogravimetrie

*Aerogravimetrische Messungen* wurden im Gegensatz zur Aeromagnetik erst relativ spät und lange mit unbefriedigender Genauigkeit vorgenommen. Die ersten Gravimetermessungen im Flugzeug wurden 1957 in der Sowjetunion durchgeführt (zwei kardanisch aufgehängte Seegravimeter vom Typ GAL in IL-12). In den USA erfolgten erste Versuchsmessungen mit einer Aerovariante des La Coste-Romberg-Gravimeters 1958 in einem Düsenflugzeug. Die heute erreichten Genauigkeiten liegen im Milligal-Bereich. Sie werden von der erforderlichen Genauigkeit der Eötvös-Korrektur in natürlicher Weise begrenzt (Eötvös-Effekt: Addition der W—E-Komponente der Fluggeschwindigkeit zur Rotationsgeschwindigkeit der Erde führt zur Erhöhung der Fliehkraft und damit zur Abnahme von $g$).

Um die Eötvös-Korrektur mit 10 mGal Genauigkeit zu bestimmen, muß die Fluggeschwindigkeit auf 2 km/h und die geographische Länge auf 1′ bekannt sein sowie der Kurs auf $\pm 0{,}5°$ eingehalten werden.

Der Einfluß störender Vertikalbeschleunigungen wirkt sich bei Gradiometern, d. h. Instrumenten, mit denen die erste Ableitung der Schwere nach der Vertikalen gemessen wird, nicht aus. Nur Rotationsbewegungen verursachen bei diesem systematische Fehler. Der ungestörte vertikale Schweregradient beträgt 3086 Eötvös (1 Eötvös $= 1\,\mathrm{E} = 10^{-9}\,\mathrm{Gal\,cm^{-1}} = 10^{-9}\mathrm{s^{-2}}$).

Die für geophysikalische Zwecke interessierenden Gradientenstörungen liegen in der Größenordnung 3—10 E. Eine Gradientenbestimmung auf 1 E genau bedeutet eine relative Genauigkeit von $0{,}3\,‰$. Das erste Aerogradiometer wurde 1950 von Lundberg entwickelt. Mit diesem Gerät konnten jedoch nur Vorzeichenänderungen festgestellt werden. Mit Weiterentwicklungen dieses Gradiometers wurden Genauigkeiten bis 10 E erhalten.

In den letzten Jahren wurde bei American Bosch Arma ein Gradiometer nach dem Prinzip der Schwingenden Saite für den Einsatz in Satelliten entwickelt. Die erreichten Genauigkeiten liegen bei 1 Eötvös.

## 3.3. Strahlungs- und Infrarotmessungen

Eine gegenwärtig noch nicht sehr häufig benutzte Methode ist die *Mikrowellenradiometrie.* Bei der Messung der thermischen Mikrowellenstrahlung des Erdbodens besteht das Hauptproblem darin, daß die Nutzsignale bedeutend geringere Amplituden als die Störungen aufweisen. Die spektrale Strahlungsdichte ist bei einer Oberflächentemperatur von 20 °C im Mikrowellengebiet (Wellenlänge 1 cm) um den Faktor $10^{-12}$ niedriger als im Infrarotbereich (Wellenlänge 10 μm). Die Mikrowellenradiometrie eignet sich besonders zur Bestimmung der Bodenfeuchtigkeit, da die Dielektrizitätskonstante von dieser stark beeinflußt wird. *Die Mikrowellenradiometrie ist deshalb auch hervorragend zur Grundwasserprospektion in ariden Gebieten geeignet.*

Neben der Luftbildtechnik im Bereich des sichtbaren Lichtes wurde in den letzten Jahren die *Infrarottechnik* als wesentlichste Fernwirkmethode für den Einsatz in Flugzeugen verschiedenster Typen und in Satelliten stark vervollkommnet. Bereits im ersten Weltkrieg wurden Infrarotdetektoren zur „thermischen Ortung" eingesetzt. Die verschiedenen Methoden wurden vor dem und im Verlauf des 2. Weltkrieges für militärische Zwecke stark weiterentwickelt. Seit etwa 10 Jahren werden zivile Anwendungsmöglichkeiten für geologische, hydrologische, land-, forst- und fischereiwirtschaftliche Zwecke sowie für die Ozeanographie und den Umweltschutz systematisch erschlossen. Diese Entwicklung wurde durch die Satelliten und Raumfahrtprogramme der Sowjetunion und der USA wesentlich vorangetrieben.

Entsprechend der Durchlässigkeit der Atmosphäre kann in den Wellenlängenbereichen 3—5 μm und 8—14 μm gearbeitet werden (vergl. Abb. 14). Zur Aufnahme der IR-Strahlung werden überwiegend photoelektrische Empfänger (Photodetektoren) benutzt, mit denen noch Strahlungsleistungen von $10^{-11}$ W nachgewiesen werden können. Daneben sind auch thermische Empfänger (Thermoelemente, Bolometer) im Einsatz, deren Empfindlichkeitsgrenze 1—2 Zehnerpotenzen niedriger liegt.

Das Schema einer IR-Abtastapparatur zeigt Abb. 15. Die von einer Optik aufgefangene Energie trifft auf einen Spiegel, der mit konstanter Geschwindigkeit rotiert, von da wird sie auf den Empfänger reflektiert und steuert nach Verstärkung die Intensität einer Lichtquelle, deren Licht von einem mit gleicher Geschwindigkeit rotierenden Spiegel auf den Registrierstreifen geworfen wird. Besitzt der Spiegel nur eine Fläche, erfolgt die Abtastung diskontinuierlich. Im allgemeinen Fall besitzt er $n$ Flächen. Wenn die Abtastbreite $2\Theta$, das momentane Gesichtsfeld $\alpha$ und die Flughöhe $h$ ist, muß die Flugzeuggeschwindigkeit $v$, damit beim Abtasten keine Lücken auftreten, sein:

$$v = \alpha h \frac{\omega}{2\pi} pn$$

($\omega$ Winkelgeschwindigkeit des Spiegels, $n$ Anzahl der Spiegelflächen, $p$ Anzahl der Empfänger).

Die Registriergeschwindigkeit $w$ muß der Fluggeschwindigkeit proportional sein

$$w = \frac{1}{\mathrm{SK}} v \quad \text{mit SK Skalenwert.}$$

Der Skahlenwert muß, um keine Verzerrungen zu erhalten, in Flugrichtung und senkrecht dazu gleich sein. Wenn $d$ die Breite des Bildstreifens ist, muß gelten

$$\mathrm{SK} = \frac{v}{w} = \frac{2h \tan \Theta}{d}.$$

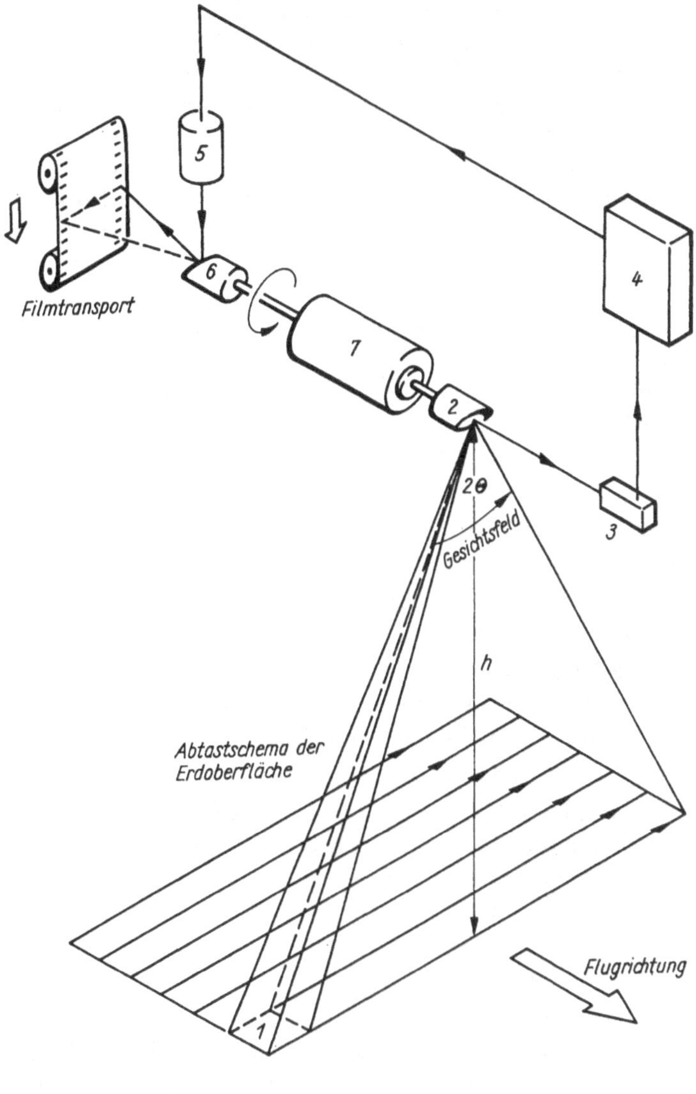


*Abb. 15. Schematische Darstellung einer IR-Abtastapparatur („Scanner“). Erläuterungen im Text*

Die Öffnungsweite der benutzten Optik bestimmt die Empfindlichkeit und das Auflösungsvermögen der Apparatur. Je größer die Öffnungsweite, um so größer ist die Empfindlichkeit, aber um so kleiner ist das Auflösungsvermögen. Das größte bisher erreichte Auflösungsvermögen für Infrarot-Abtastsysteme beträgt 1 Millisteradiant (1 mrad), d. h., bei einer Flughöhe von 1000 m hat der Meßfleck eine Fläche von 1 m². Die bei diesem sehr großen Auflösungsvermögen mögliche Empfindlichkeit liegt jedoch nur bei 0,5—1,0 °C.

Immer mehr rücken multispektrale Abtastsysteme in den Mittelpunkt des Interesses, um mit einem Meßflug eine maximale Datenausbeute zu erzielen (Zaitzeff u. a., 1971). Für die Ozeanographie ist die spektrale Verteilung im Bereich des sichtbaren Lichtes von Interesse, um z. B. Aussagen über den Chlorophyllgehalt des Wassers machen zu können.

Für landwirtschaftliche Anwendungen interessiert der sichtbare Spektralbereich und das nahe Infrarot, während das thermische Infrarot (8—10 µm) der für geologische Anwendungen wichtigste Spektralbereich ist.

### 3.3.1. Infrarotmessungen für Geologie und Landwirtschaft

Die mit oben erläuterten Abtastsystemem möglichen *IR-Oberflächentemperaturkartierungen* wurden im Bereich der Geologie bisher mit Erfolg eingesetzt bei

a) *Untersuchung von Vulkangebieten*

Wegen der sehr hohen Oberflächentemperaturen ist der Erfolg einer IR-Messung von vornherein gesichert. Zur Überwachung von aktiven Vulkanen genügen bereits Systeme mit relativ niedriger Empfindlichkeit. Zahlreiche Berichte liegen über Untersuchungen auf Hawaii, von Kamschatka und dem Yellowstone-Gebiet vor.

b) *Grundwassererkundung*

Wie die Mikrowellenradiometrie ist auch die IR-Oberflächentemperaturaufnahme für die Grundwassererkundung in ariden Gebieten gut geeignet. In Gebieten mit humidem Klima hängt der Erfolg von der Art und der Stärke des Bewuchses ab.

c) *Nachweis tektonischer Störungen*

Auf tektonische Störungen im Untergrund weisen sog. „lineare Elemente“ auf den IR-Luftbildaufnahmen hin. Darunter sind thermische Anomalien linearer Erstreckung zu verstehen. Sie können durch einen Grundwasserstau an tektonischen Störungen im Untergrund, durch Austritt von Grundwasser entlang von Störungszonen sowie durch Veränderung der Wärmeleitfähigkeiten im Untergrund senkrecht zur Störung bedingt sein.

d) *Strukturnachweis*

Der Nachweis von Untergrundstrukturen (Mulden, Sättel, Salzstöcke usw.) ist möglich, wenn die Strukturen Wärmeleitfähigkeitsanomalien darstellen, durch die Temperaturstörungen erzeugt werden, die an der Erdoberfläche nachweisbar sind.

Teilweise kann aus dem Oberflächentemperaturbild auf die Oberflächengeologie und von dieser indirekt auf Untergrundstrukturen geschlossen werden.

In der Land- und Forstwirtschaft werden Infrarotbilder benutzt, um einen Überblick über die Art und den Zustand der angebauten Kulturen zu erhalten. Solche Unterscheidungen können wegen des unterschiedlichen Reflexionsvermögens verschiedener Kulturen vorgenommen werden. Laubgehölze besitzen z. B. ein größeres

Reflexionsvermögen als Nadelgehölze, weshalb sie auf IR-Bildern heller erscheinen. Da bei Pflanzen bereits sofort nach einem Krankheitsausbruch das Reflexionsvermögen sinkt, können kranke Kulturen auf Infrarotbildern erkannt werden, auch wenn im Sichtbaren dafür noch keine Anzeichen vorhanden sind. Für diesen Aufgabenbereich wird mit besonders gutem Erfolg die sog. Falschfarbenphotographie benutzt, bei der die Blau-Empfindlichkeit der Emulsion entfällt. Während ein normaler Farbfilm sensibilisiert ist für Blau: 0,4—0,5 μm, Grün: 0,5—0,6 μm und Rot: 0,6—0,7 μm, ist der Falschfarbenfilm empfindlich für Grün: 0,5—0,6 μm, Rot 0,6—0,7 μm und Infrarot 0,7—0,9 μm. Das bedeutet folgende Farbfälschungen: Grün wird Blau, Rot wird Grün und Infrarot erscheint als Rot.

Mit Hilfe von speziellen Satelliten (EROS = Earth Resources Observational System) ist von der NASA u. a. eine weltweite Überwachung der Landwirtschaft geplant. Mit Hilfe dieser Satelliten soll ein spezielles Informationssystem NARIS (= National Resources Information System) aufgebaut werden. Eine erste Anwendung ist im östlichen Arizona geplant.

Eine ziemlich breite Anwendung der Infrarotoberflächentemperaturkartierung ist seit längerer Zeit in der Ozeanographie bekannt. (Rasche Aufnahme und periodische Überwachung der Ozeanoberflächentemperaturen.)

### 3.3.2. Spektralanalytische Methoden

Außer der integralen Messung der Infrarotstrahlung der Erdoberfläche bei der Infrarotoberflächenkartierung wurden auch bemerkenswerte Ergebnisse zur *Infrarotspektralanalyse* bekannt.

Die *Infrarotemissionsspektralanalyse* wird von Lyon und Patterson (1969) zur geologischen Kartierung aus der Luft benutzt. Es wurde gefunden, daß bei den meisten gesteinsbildenden Mineralen (Silikate, Karbonate, Sulfate u. a.) starke Absorptionsspitzen im Bereich zwischen 7 μm und 12 μm auftreten, wenn die Wellenlängen der Gittergrundschwingungen der wirkenden Anionengruppen in dem Kristall den Wellenlängen der einfallenden Infrarotstrahlung entsprechen. Bei den Silikaten treten Si-O-Absorptionsbänder zwischen 8,5 und 9,0 μm auf, die bis 11,5 μm reichen, wenn die Frequenzen der Schwingungsbänder durch Sekundärkoordination von $Fe^{++}$ und $Mg^{++}$ mit den Si-O-Gruppen herabgesetzt werden. Es wurde festgestellt, daß Quarz ($SiO_2$) stark bei 9,0 μm und Olivin ($(Mg,Fe)_2\,SiO_4$) bei 11,5 μm absorbiert. Entsprechend absorbieren Granite zwischen 8,5 μm und 9,5 μm und Basalte bei 10,1 μm. In den entsprechenden Bereichen treten Minima in der Infrarotemission auf. Für Untersuchungen aus der Luft wurde ein spezielles Spektrometer entwickelt, von dem ein stark vereinfachter Schnitt auf Abb. 16 wiedergegeben ist. Das Gesichtsfeld beträgt $(0{,}4°)^2$, d. h. 7 mrad $\triangleq$ Meßfleck von $7 \times 7\ m^2$ bei 1000 m Flughöhe.

Als Sensor wird ein Ge:Hg-Photodetektor in flüssigem Helium benutzt (*1*). Wesentlichstes Element außer der Elektronik (*2*) ist ein optisches Kreisfilter (*3*), das in den Strahlengang eingeschaltet ist. Das Filter rotiert mit 6 Hz, d. h., es werden pro Sekunde 6 Spektren gewonnen. Die Grenzwellenlängen des Filters sind 6,7 und 13,4 μm. Das spektrale Auflösungsvermögen beträgt 1% der momentanen Wellenlänge. Die Registrierung kann in analoger und bzw. oder digitaler Form erfolgen. Das Digitalisierungsintervall beträgt 1/90 der Gesamtbreite. Die Verarbeitung der Spektren erfolgt auf einer EDVA. Auf Abb. 17 sind 2 mittlere Spektren von Andesit und Granit dargestellt. Im Gebiet *A* (8,0—10,5 μm), dem der Si-O-Bänder, weichen die Kurven in der o. g. Art voneinander ab, d. h., das Emissionsminimum bei Granit liegt bei kürzerer Wellenlänge. Zusätzlich ist die Emission von Granit in diesem Bereich geringer als die von Andesit. Entsprechendes gilt für den Bereich *B* (12,6 bis 12,8 μm). Grund der Abweichung könnten die Peaks im Quarzspektrum (*Q*) bei diesen Wellenlängen sein.

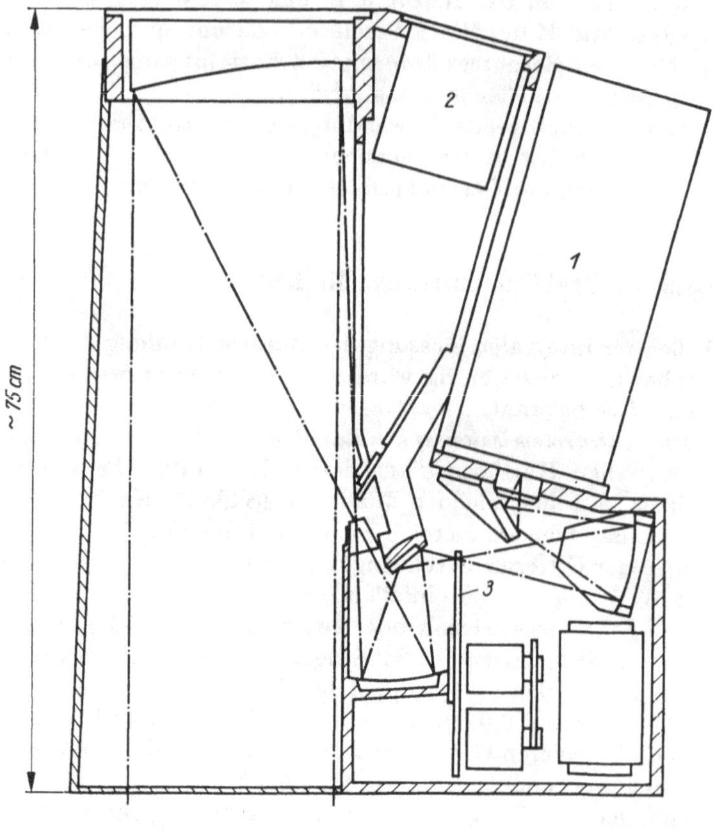


*Abb. 16. Vereinfachtes Schema eines Aero-Infrarotemissionsspektrometers. Umgezeichnet nach* Lyon *und* Patterson.

*1* — Ge:Hg-*Detektor in flüssigem Helium,*
*2 — Elektronik,*
*3 — Filterscheibe*

Zur Auswertung werden die Spektren bekannter Gesteine in die EDVA eingegeben und die gemessenen Spektren automatisch bestimmt. Ein einfaches Korrelationsprogramm erwies sich als ungenügend. In dem zur Unterscheidung benutzten Programm „Stufenweise Unterscheidung" werden zur Selektion verschiedene Wellenlängen-

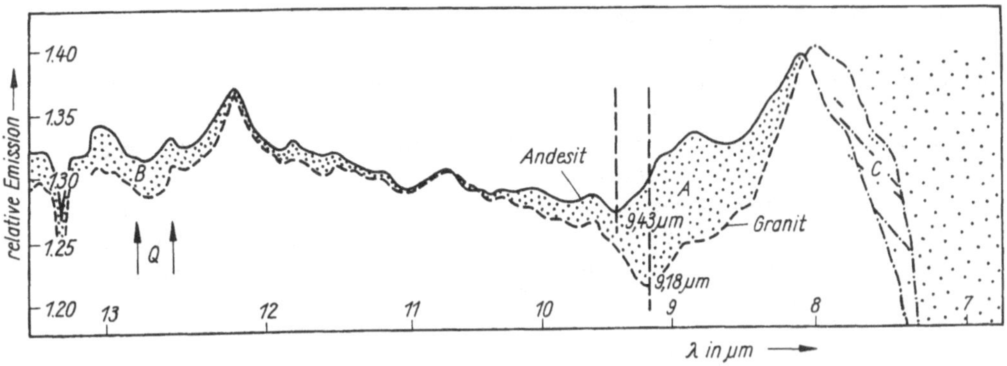


*Abb. 17. Mittlere IR-Emissionsspektren von einem Granit und einem Andesit. Umgezeichnet nach* Lyon *und* Patterson

gruppen benutzt. Die Anzahl der Gruppen kann theoretisch 89 betragen; praktisch werden bis 5 oder 8 benutzt. Die Varianz zwischen den Gruppen wird maximiert, die innerhalb der Gruppen minimiert.

Abb. 18 zeigt ein praktisches Beispiel. Die vorhandenen tektonischen Störungen, die hier alle mit Gesteinsgrenzen identisch sind, wurden alle richtig erfaßt. Der Fehler bei der Unterscheidung der anstehenden Gesteinsarten Granit und Andesit ist kleiner als 10%.

Eine Aeroanwendung der *Absorptionsspektralanalyse* geht auf Barringer (1966) zurück. Verschiedene Gase und Dämpfe weisen starke Absorptionsbänder im ultravioletten, sichtbaren oder infraroten Teil des Spektrums aus. Sie liegen z. B. bei $SO_2$ im Bereich von 0,3 µm, bei Jod zwischen 0,5 und 0,6 µm. Ein Nachweis von $SO_2$ bzw. Jod gelingt mit großer Empfindlichkeit mit einem konventionellen Spektrometer, bei dem lediglich der Ausgangsspalt durch eine sog. „Spektrum-Korrelationsmaske“ ersetzt wird. Diese Korrelationsmaske ist das Absorptionsspektrum des zu untersuchenden Gases. Der Ausgang eines solchen Spektrometers liefert ein Signal, dessen

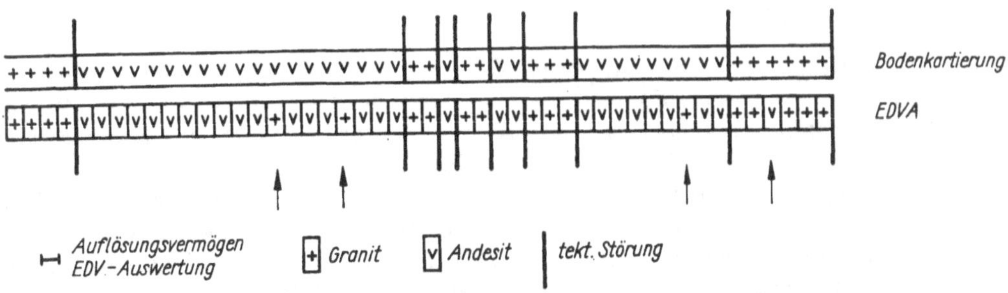


*Abb. 18. Vergleich einer geologischen Bodenkartierung mit einer Kartierung aus der Luft. Umgezeichnet nach* Lyon *und* Patterson

Amplitude dem Gehalt des Gases proportional ist, aus dem die Korrelationsmaske hergestellt wurde. Die Korrelationsmasken können im Labor oder erst im Untersuchungsgebiet hergestellt werden. Wichtigste Anwendung der $SO_2$-Bestimmungen ist die Luftverunreinigungskontrolle. Mit Hilfe des Jodnachweises ist eine Prospektion submariner Erdöllagerstätten möglich. Der Jodnachweis ermöglicht weiterhin die Feststellung von Ansammlungen mariner Pflanzen und Lebewesen, die sich durch starke Jodgehalte auszeichnen, deren Nachweis für die Fischereiwirtschaft wichtig ist. Es wurde festgestellt, daß Filme verschiedener Fischöle von ca. 10 μm Dicke sich markant in ihrer UV-Absorption unterscheiden. Danach sollte es möglich sein, vom Flugzeug aus oberflächennahe Fischschwärme nach ihrer Spezies zu unterscheiden.

## 3.4. Aeroelektrische Verfahren

Die größte Rolle bei den *aktiven Fernwirkmethoden* spielen seit langem die *elektromagnetischen Verfahren* im engeren Sinne. In der Vergangenheit wurden zahlreiche elektromagnetische Prospektionsverfahren in der Sowjetunion sowie in Kanada und Schweden entwickelt. Wegen der induktiven Energieübertragung eignen sie sich besonders für Aeromessungen, die seit 1950 international in umfassendem Maße durchgeführt werden. Bei den elektromagnetischen Verfahren mit künstlichen Quellen muß man, wie aus Abb. 14 zu entnehmen ist, zwischen periodischer und impulsförmiger Erregung unterscheiden. Bei beiden Erregungsarten wird die laterale Veränderung der gegenseitigen Impedanz eines Induktionsspulenpaares bestimmt, das über die Erdoberfläche bewegt wird.

Bezeichnet man mit $Z$ die gegenseitige Impedanz von Sende- und Empfangsspule ohne eine störende (leitfähige) Einlagerung im Untergrund, mit $\Delta Z$ die durch einen Leiter im Untergrund bewirkte Zusatzimpedanz, mit $U$ die in der Empfangsspule ohne Einlagerung induzierte Spannung und mit $\Delta U$ die durch den Stromfluß im Leiter der Empfangsspule induzierte Zusatzspannung, so ist die relative komplexe Impedanzänderung

$$\frac{\Delta Z}{Z} = \frac{\Delta U}{U}.$$

Bei den Verfahren mit *kontinuierlicher Erregung* ist es üblich, im *Frequenzbereich* zu arbeiten. Die benutzten Frequenzen schwanken je nach Verfahren von 140 bis 4000 Hz. Die benutzten Spulenabstände reichen von ca. 6—25 m (bei Montage am Flugzeug) bis zu etwa 250 m (Empfangsspule im Schleppkörper).

Bei Messungen im *Zeitbereich* wird die Sendespule mit einer *Serie von Impulsen* gespeist. Mit der Empfangsspule werden die durch Wirbelströme in den Einlagerungen aufgebauten Sekundärfelder während der Ruhezeit des Senders aufgenommen. Da auch höhere Harmonische als die Impulsfolgefrequenz erfaßt werden, umfassen die Zeitbereichssysteme einen breiten Frequenzumfang. Im Moskauer Institut für geologische Erkundung (MGRI) wurde eine Aerovariante der Methode der Übergangsprozesse des Feldaufbaus (Metod perechodnych prozessov-MPP) entwickelt. Bei dieser werden in die Primärspule Rechteckimpulse eingespeist. Die aufgebauten Sekundärfelder werden mit Hilfe der Empfangsspule aufgenommen und ihr zeitlicher Ablauf wird registriert.

Im kapitalistischen Wirtschaftsgebiet findet das 1959 von BARRINGER eingeführte INPUT® (**IN**duced **Pulse** **T**ransient) Verfahren immer stärkere Verbreitung. Bei diesem Verfahren werden in die Sendespule Kosinusimpulse der Frequenz 500 Hz eingespeist.

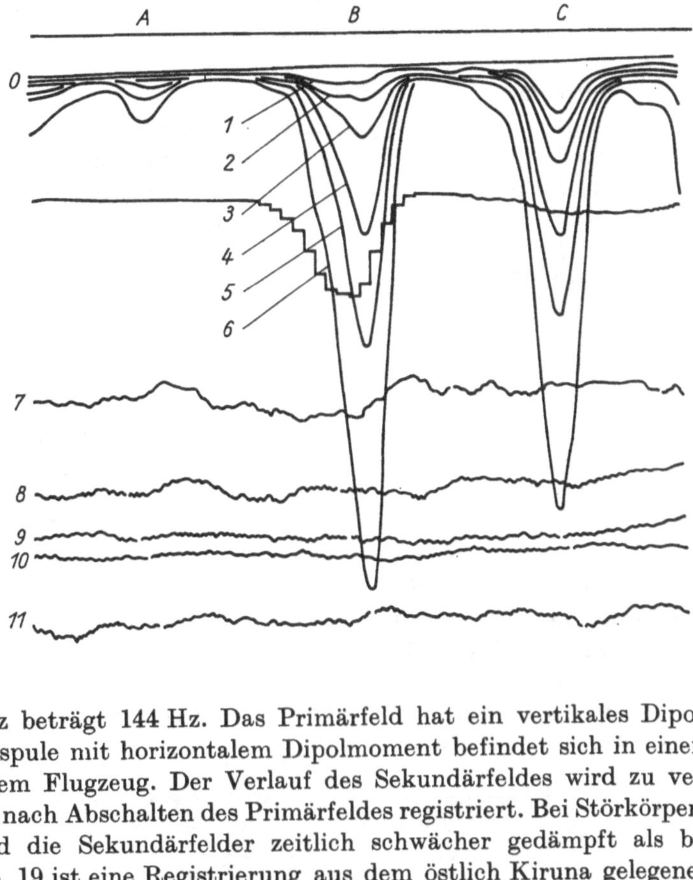


*Abb. 19. Ausschnitt aus einer INPUT®-Registrierung mit 6 Zeitkanälen (0 – Grundlinie, 1 –* 300 µs, 2– 500 µs, *3 – 700* µs, *4 – 1100* µs, *5 – 1500* µs, *6 – 1900* µs*) der Analogdarstellung eines Digitalmagnetometers, 7 –* Flughöhe; *8–11: γ-Spektrometer. Umgezeichnet nach* BONIWELL

Die Impulsfolgefrequenz beträgt 144 Hz. Das Primärfeld hat ein vertikales Dipolmoment. Die Empfangsspule mit horizontalem Dipolmoment befindet sich in einem Schleppkörper hinter dem Flugzeug. Der Verlauf des Sekundärfeldes wird zu verschiedenen festen Zeiten nach Abschalten des Primärfeldes registriert. Bei Störkörpern guter Leitfähigkeit sind die Sekundärfelder zeitlich schwächer gedämpft als bei schlechten Leitern. Abb. 19 ist eine Registrierung aus dem östlich Kiruna gelegenen Gebiet von Levaniemi. Anomalie *A* ist der Erzkörper von Levaniemi (48% Fe). Der unmagnetische Sulfiderzkörper *C* besitzt eine größere Leitfähigkeit als der Magnetiterzkörper *B*. Die INPUT®-Grundlinie wurde mit 0 bezeichnet, *1–6* sind die INPUT®-Kanäle mit den Zeiten 300, 500, 700, 1100, 1500 und 1900 µsec. Auf die 6 INPUT®-Kanäle folgt die Analogdarstellung des Ausganges eines Digitalmagnetometers. Spur *7* gibt die Flughöhe (Radio-Höhenmesser) an; die Spuren *8, 9, 10, 11* sind die Registrierungen eines Gamma-Spektrometers (*7* — integrale Zählung, *8*- Thorium-, *9*- Uran-, *11*-Kaliumkanal).

Im Gegensatz zu anderen aeroelektrischen Methoden eignet sich das INPUT-Verfahren auch besonders gut zur Erkundung von Grundwasser.

Um die Anwendungsmöglichkeit von INPUT® für die geologische Kartierung zu verbessern, war es notwendig, die Zeitauflösung für kurze Feldaufbauzeiten zu erhöhen, da sich in diesem Bereich die Wirkung der Bedeckung am stärksten niederschlägt. Deshalb wurde neuerdings das Standardsystem auf 12 Kanäle erweitert und eine Magnetbandregistrierung eingeführt, um eine automatisierte Reduktion und Weiterverarbeitung der Daten zu sichern.

Mit den Zeitbereichsverfahren sind wegen der auftretenden höheren Harmonischen der Grundfrequenz sehr gut Schichtungseffekte nachzuweisen, d. h., sie sind für eine Oberflächenkartierung gut geeignet. Die benutzte Flughöhe beträgt normalerweise 150 m. Die Tiefenreichweite hängt von der Form und der Leitfähigkeit der Einlagerungen ab und reicht bei gutleitenden flachen Platten bis ca. 500 m unter Flughöhe.

## 3.5. Radar

Als eine der jüngsten, für die Geowissenschaften eingesetzten Fernwirkmethoden kann das *Bildradar* bezeichnet werden. Wie die Infrarottechnik wurde auch die Radartechnik ursprünglich für rein militärische Zwecke entwickelt und diente dem Auffinden entfernter Objekte („Ziele") von einem Standort aus sowie dem Festlegen des genauen Zielortes (Radar = **RA**dio **D**etection **A**nd **R**anging). Anwendungen des Bildradars für Geowissenschaften sind zwar seit dem zweiten Weltkrieg bekannt, jedoch setzte ein breiterer Einsatz erst seit etwa 1965 ein. Die Ursache dafür dürfte der erst relativ spät möglich gewordene Einsatz des Seitenradars (SLAR) für zivile Zwecke sein (SLAR = **S**ide **L**ooking **A**irborne **R**adar). Durch die bildaufzeichnenden Abtasteinrichtungen war eine bessere Auflösung und differenziertere Grauskala möglich, als es bei dem älteren PPI (= **P**lan **P**osition **I**ndicator, d. h. kartenähnliche Darstellung in der Anzeigebildröhre) der Fall war.

Folgende Frequenzbänder sind bei Seitenradaruntersuchungen für geowissenschaftliche Zwecke in Verwendung:

| | Frequenz GHz | Wellenlänge cm | |
|---|---|---|---|
| K-Band | 10,9 ··· 36,0 | 2,75 ··· 0,38 | |
| X-Band | 5,2 ··· 10,9 | 5,77 ··· 2,75 | |
| S-Band | 1,55 ··· 5,2 | 19,3 ··· 5,77 | (Diese Bezeichnungen |
| L-Band | 0,39 ··· 1,55 | 76,9 ··· 19,3 | sind international |
| P-Band | 0,23 ··· 0,39 | 133,3 ··· 76,9 | nicht ganz einheitlich.) |

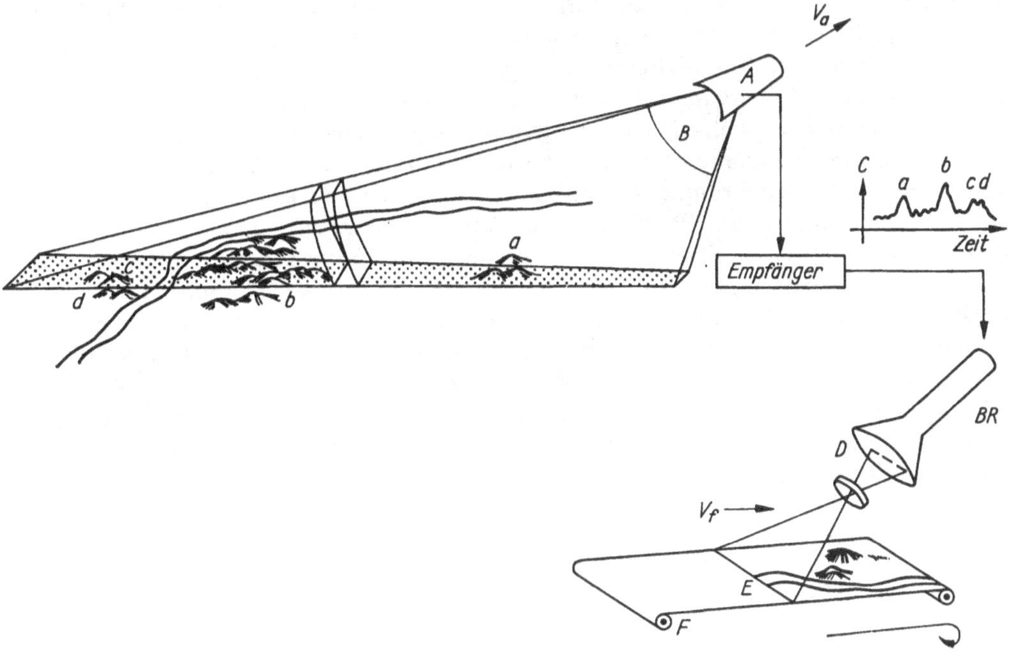


*Abb. 20a. Schema eines Seitenradars. Umgezeichnet nach* MACDONALD

Die Wirkungsweise des Seitenradars ist in Abb. 20a schematisch dargestellt. Die Antenne $A$ ist senkrecht zur Flugrichtung (Fluggeschwindigkeit $v_a$) montiert. Entsprechend der horizontalen und vertikalen Bündelung der Antenne wird von den Radarimpulsen $B$ ein bestimmter Bereich der Erdoberfläche, dessen Größe selbstverständlich noch von der Flughöhe $H$ abhängt, überstrichen. Die z. B. durch Geländeerhebungen verursachten Echos werden mit der Antenne wieder empfangen und im Empfänger in Amplituden-Zeit-Videosignale umgewandelt. Die durch die Geländeerhebungen $a$, $b$, $c$, $d$ verursachten Echos unterschiedlicher Intensität werden auf der Bildröhre ($BR$) mit unterschiedlicher Helligkeit wiedergegeben. Jede zu einem Radarimpuls gehörende Echofolge ($C$) erscheint auf dem Bildschirm als Linie. Die einzelnen Linien werden auf dem Film $F$ wieder als solche abgebildet, wodurch ein zeilenweise zusammengesetztes Geländebild entsteht. Die Filmtransportgeschwindigkeit $v_f$ muß der Fluggeschwindigkeit proportional sein.

Die geometrischen Verhältnisse innerhalb eines Radarstrahlenbündels sind Abb. 20b zu entnehmen. Die charakteristischen Radarschatten entstehen, wenn das Gefälle des Geländes auf der der Antenne abgewandten Seite größer ist als der Senkungswinkel $\alpha$. Ein besonderes Merkmal des Seitenradars sind die durch den Schnitt des Radarstrahlenbündels mit der Erdoberfläche entstehenden unterschiedlichen Einfallswinkel. Dadurch treten bei SLARs, die im sog. „slant-range" arbeiten, beträchtliche Verzerrungen aller Richtungen auf, die nicht parallel oder senkrecht zur Flugrichtung liegen. Die Verzerrungen sind im Nahbereich am größten. Eine Korrektur dieser Verzerrungen ist bei der Aufzeichnung möglich („ground-range"-Systeme).

Die Erkennungsmöglichkeit eines Objektes hängt von seiner Orientierung bezüglich des Radarstrahles (Azimut) ab. Es hat sich herausgestellt, daß eine Aufnahme mit verschiedenen Blickrichtungen nötig ist, um geologisch interessierende Merkmale aus einer Seitenradaraufnahme bestimmen zu können. Am günstigsten erwiesen sich vier orthogonale Aufnahmerichtungen. *Wenn mehrere Aufnahmerichtungen realisiert werden können, sind SLAR-Aufnahmen bedeutend aussageintensiver als normale Luftbilder.*

Die Stärke eines Radarechos hängt ab vom Einfallswinkel, von der Oberflächenrauhigkeit, von der Frequenz und der Dielektrizitätskonstante des Reflektors.

Vom Einfallswinkel, der Geländeneigung und der Höhe einer Geländeerhebung hängt die Ausdehnung des Radarschattens ab. Aus der Länge des Schattenstrahles ($L_s$), der Länge des Strahles bis zum Schatten ($L$) und der Flughöhe ($H$) läßt sich die Höhe der Geländeerhebung leicht bestimmen (vergl. Abb. 20b).

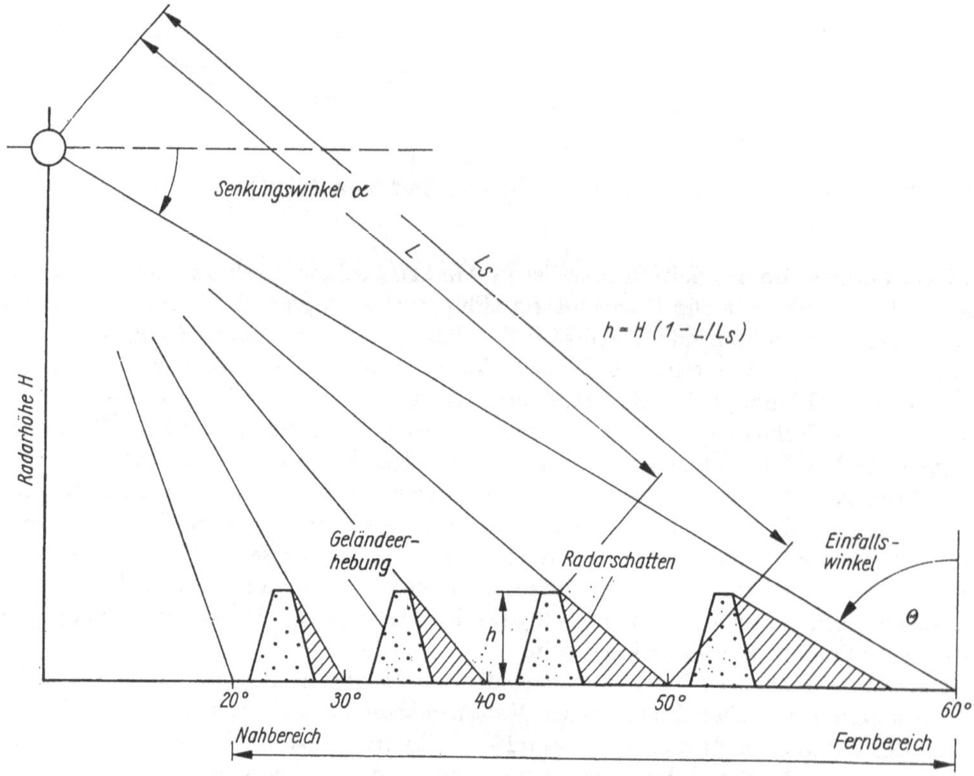


*Abb. 20b. Geometrie des Seitenradars. Umgezeichnet nach* MacDonald

Wenn die Rauhigkeit der Oberfläche kleiner als $\lambda/10$ ist, ist die Oberfläche für den Radarstrahl optisch glatt. Liegt die Oberflächenrauhigkeit im Bereich der Wellenlänge, so wirkt die Oberfläche rauh und der einfallende Radarstrahl wird isotrop gestreut.

Von der Frequenz hängen einmal entsprechend dem Skineffekt die mögliche Eindringtiefe und die effektive Oberflächenrauhigkeit ab. Im X-Band wirken beispielsweise Flächen mit dichter Vegetation als außerordentlich stark diffus streuende Oberflächen. Die Vegetation kann mit Radar größerer Wellenlänge (P- und L-Band) durchdrungen werden. Multispektrale Aufnahmen werden deshalb als günstig erachtet.

Die Dielektrizitätskonstante des Bodens wird von seiner Porosität und Durchfeuchtung mit bestimmt, d. h., man kann unter bestimmten Bedingungen aus der Stärke der Radarechos auf die Bodenfeuchtigkeit Rückschlüsse ziehen. In der Literatur sind verschiedene Testanwendungen der beschriebenen Methode veröffentlicht. Das bisher größte bekannt gewordene Radarerkundungsobjekt dürfte die Kartierung der Provinz Darien (Panama) sein, eines etwa 17000 km² großen Gebietes, von dem wenig geologische Informationen und, wie Radarauswertung ergab, nur ungenaue topographische Karten vorlagen. Die Radaraufnahmen wurden zur Ableitung von geologischen Karten (MAC DONALD, 1969), zur Gewinnung geomorphologischer Daten, für strukturgeologische Aussagen und für Vegetationskarten benutzt.

*Die bisher mit dem Seitenradar für geowissenschaftliche Zwecke erhaltenen Resultate lassen den Schluß zu, daß diese Methode* wegen der Quantität und Qualität der möglichen oberflächengeologischen Aussagen *in Zukunft* trotz des großen technischen Aufwandes und der gegenüber anderen Fernwirkmethoden höheren Untersuchungskosten *sicher rasch noch breitere Anwendung findet.*

Allen genannten Aero- und Satellitenmethoden gingen gerätetechnische Entwicklungen und methodische Untersuchungen der entsprechenden Bodenverfahren voran. Auf der anderen Seite trugen auch die Aerovarianten der verschiedenen Meßverfahren in nicht geringem Maße zur Weiterentwicklung der Bodenmethoden bei. Zwei Beispiele seien dazu genannt.

## 3.6. Infrarot-Kartierung

An der Sektion Geowissenschaften der Bergakademie Freiberg wurde eine Meßmethode zur *Kartierung der Infrarot-Strahlungstemperatur der Erdoberfläche* entwikkelt (OELSNER, 1970).

Als Detektor dient ein Thermoelement nach KORTUM mit KRS5-Eintrittsfenster. Die Messungen werden vom fahrenden Kraftfahrzeug aus vorgenommen. Die Registrierung erfolgt entweder mit einem Kompensationsschreiber oder digital auf Lochstreifen. Die Wirkungen von Meßgeschwindigkeit, Meßzeit und Oberflächenbedingungen wurden untersucht und werden in geeigneter Weise berücksichtigt. Gute Ergebnisse wurden bei der Prospektion hypothermer Wässer, von Sulfiderzgängen und beim Nachweis tektonischer Störungen erzielt.

## 3.7. „Pseudo-Radar“

Die Erfahrungen des Seitenradars machte man sich bei einer interessanten Variante der Morphostrukturanalyse, dem *Pseudo-Radar*, zu eigen (Wise, 1969). Reliefkarten wurden bei flacher Beleuchtung und unterschiedlichen Beleuchtungsrichtungen photographiert. Vergleiche mit Seitenradarbildern ergaben praktisch Identität. Es wurden ca. 500 Karten der unterschiedlichsten Maßstäbe untersucht. Auf allen Karten konnten mehrere Linearstrukturen festgestellt werden, deren Längen zwischen 15 und 150 km schwankten. Ihre Interpretation als tektonische Störungen wurde als besonders gesichert angesehen, wenn sich ein Element auf einem Nachbarblatt weiter verfolgen ließ.

## 3.8. Bedeutung der remote-sensing-Technik

Die Notwendigkeit, die kartographisch-geologische Erkundung weiter Teile des Globus mit größter Effektivität durchzuführen, führte in den letzten Jahren zur immer breiteren Anwendung von Erkundungsmethoden, die vom Flugzeug oder Satelliten aus eingesetzt werden.

Zur Zeit liegen topographische Karten vom Maßstab 1:250000 nur von 40% der Erdoberfläche vor, von denen wiederum 50% verbesserungsbedürftig sind. Detaillierte geologische Karten gibt es nur von einem Bruchteil der Landfläche des Globus, von den Ozeangründen ganz zu schweigen.

Ein sehr rascher Informationszuwachs wird mit den Fernwirkmethoden (remote sensing) erhalten, die in zwei Gruppen eingeteilt werden können.

1. Passive Systeme — Magnetik, Gravimetrie, Mikrowellentechnik, Infrarottechnik, sowie konventionelle Luftbildaufnahmen und Fernsehsysteme im sichtbaren und ultravioletten Teil des Spektrums.
2. Aktive Systeme — konventionelle elektromagnetische Verfahren (NF- und HF-Bereich) und Radarmethoden.

Besonders Infrarot- und Radartechnik haben bereits einen hohen Entwicklungsstand erreicht, durch den die Aufnahme detaillierter geologischer, morphologischer und Vegetationskarten vom Flugzeug oder aus dem Weltraum möglich ist.

Die Vorteile dieser Methoden liegen besonders auch darin, daß die Informationen synoptisch im regionalen oder globalen Maßstab erhalten werden, daß durch wiederholte Untersuchungen in diesen Maßstäben Aussagen über evtl. zeitliche Veränderungen der betrachteten Größen oder Eigenschaften gewonnen werden können und daß nicht zuletzt die Datengewinnung, Reduktion und Interpretation bedeutend ökonomischer ist als bei konventionellen Methoden.

## Literatur

BARRINGER, A. R. und SCHOCK, I. P.: Progress in the remote sensing of vapours for air pollution, geologic and oceanographic applications. Proc. 4-th Symp. Rem. Sensing of Environment, Ann. Arbor Mich. (1966) 779—791.

BARRINGER, A. E. und MC NEIL, J. D.: Recent developments in remote sensing for geophysical applications. Proc. 6-th Symp. Rem. Sensing of Environment, (1969) Ann. Arbor, Mich., S. 617 bis 636.

BONIWELL, J. B.: Some recent results with the INPUT Airborne EM System. Trans. Can. Inst. Min. Met. 52 (1967) 60—67.

HOOD, P. und WARD, S. H.: Airborne geophysical methods. Advances in Geophysics **13** (1969) 2—102.

LYON, R. P. J. und PATTERSON, J.: Airborne geological mapping using infrared emission spectra. Proc. 6-th Symp. Remote Sensing of Environment Ann. Arbor, Mich. (1969) 527—552.

MAC DONALD, H.: Geologic evaluation of radar imagery from Davien province. Panama, Modern Geology **1** (1969) 1—63.

MAC DONALD, H. C. u. a.: The influence of Radar look-direction on the detection of selected geologic flatures. Proc. 6-th Symp. Rem. Sensing of Environment, Ann. Arbor Mich. (1969) 637 bis 650.

OELSNER, CHR.: Verfahren und Anordnung zur geothermischen Prospektion, insbesondere an der Erdoberfläche. DDR WP 75584 (1970).

OELSNER, CHR.: Apparative und methodische Grundlagen sowie erste Ergebnisse zum Nachweis tektonischer Störungen durch kontinuierliche Messungen der Temperatur der Erdoberfläche. Vortrag KAPG-Tagung, Leningrad, 18.—21. 11. 1970.

WISE, D. U.: Pseudo-Radar topographic shadowing for detection of sub-continental sized fracture systems. P. oc. 6-th Symp. Remote Sensing of Environment, Ann. Arbor Mich (1969) 603—615.

ZAITZEFF, E. M. u. a.: MSDS: An experimental 24 channel multispectral scanner system. IEEE Transactions on Geoscience Electronics. Ge — 9 (1971) 3, 114—120.

# 4.

# Fortschritte geothermischer Forschungen[1]

## 4.1. Zur Problematik geothermischer Untersuchungen

Im letzten Jahrzehnt — insbesondere im Rahmen der Arbeiten zum Upper-Mantle-Project — sind die thermischen Verhältnisse der Erde intensiv untersucht worden. Trotzdem bestehen bei der Geothermie im Vergleich zu anderen geophysikalischen Methoden (z. B. Gravimetrie oder Magnetik) noch große Lücken; die Kenntnisse in vielen Gebieten der Erde sind noch zu mangelhaft, um gesicherte Aussagen über das thermische Feld und damit über die Prozesse zu machen, die die regionale Verteilung von Temperatur und Wärmefluß beeinflussen. Verschiedene Faktoren sind hierfür verantwortlich.

Das thermische Feld der Erde kann nicht — wie etwa das geomagnetische Feld — durch Beobachtungen an einem lockeren Netz von Observatorien sicher erfaßt werden.

Ein geothermisches Normalfeld der Erde kann nicht definiert werden; der Wert von ca. 1,5 $\mu$cal/cm$^2$s gibt zwar den durchschnittlichen Wärmefluß der Gesamterde, kann aber nicht als „Normalwert“ angesehen werden.

Während bei den Potentialverfahren (Gravimetrie und Magnetik) die auftretenden Anomalien durch laterale bzw. vertikale Inhomogenitäten petrophysikalischer Grundparameter (der Dichte und der Suszeptibilität) verursacht werden, wird das thermische Feld an der Erdoberfläche durch einen Energiestrom aus dem Innern der Erde bestimmt. Die Größe dieses Energiestromes unterliegt starken regionalen Variationen und wird durch sehr vielfältige Faktoren beeinflußt:

- Neuere Untersuchungen zeigen, daß der *Wärmestrom* aus dem *oberen Erdmantel* regional unterschiedlich ist. Die Größe dieser Variationen ist allerdings noch weitgehend ungeklärt.
  Auf Grund einiger Abschätzungen kann angenommen werden, daß der Wärmestrom, der aus dem oberen Mantel kommt, zwischen 0 und 2 $\mu$cal/cm$^2$s schwanken kann. Im Bereich der Kontinente dürfte dieser Anteil des Gesamtwärmestromes im Mittel zwischen 0,4 und 0,8 $\mu$cal/cm$^2$s liegen.
- In der Kruste und im oberen Erdmantel treten *Wärmequellen und Wärmesenken* auf. Innerhalb der kontinentalen Kruste wird ein Anteil von 50 bis 80% des Gesamtwärmestromes erzeugt. Der Wärmestrom in der Nähe der Erdoberfläche hängt somit von der horizontalen Verteilung der Wärmequellen (insbesondere der radioaktiven Wärmequellen) in der Erdkruste ab. Die Konzentration an radioaktiven Elementen in den die Erdkruste aufbauenden Haupt-

1 Von E. Hurtig. Mitteilung aus dem Zentralinstitut für Physik der Erde Nr. 381.

gesteinstypen (Sedimente, saure und basische Magmatite) ist zwar im Prinzip bekannt, doch bestehen nur sehr grobe Vorstellungen über deren laterale und vertikale Variationen.

- Der *Energietransport* kann ganz unterschiedlich erfolgen: als reine Wärmeleitung, in großen Tiefen — d. h. bei hohen Temperaturen — als Temperaturstrahlung und schließlich durch einen konvektiven Transport.
  Der Anteil des konvektiven Wärmetransportes ist regional sehr unterschiedlich und in vielen Fällen schwer abschätzbar.
- Das *geothermische Feld in der Nähe der Erdoberfläche* wird weiterhin durch eine Reihe von Größen beeinflußt, die sich zwar prinzipiell korrigieren lassen (z. B. Topographie, Sedimentationsrate, Hebungsvorgänge, klimatische Effekte). Das Ergebnis solcher Korrekturen kann jedoch problematisch sein, wenn nicht eindeutig geklärt ist, daß die Anbringung der einzelnen Korrekturen überhaupt gerechtfertigt ist.
- Der *Wärmestrom ist nicht stationär.* Es treten in der Vertikalen (z. B. innerhalb einer Bohrung) z. T. starke Änderungen im Wärmestrom auf (s. Abb. 21). Vertikale Änderungen sind bisher vor allem aus kontinentalen Gebieten bekannt geworden und hängen in vielen Fällen mit klimatischen Effekten zusammen (s. z. B. BIRCH, 1948; ČERMAK, 1971; CRAIN, 1968).
  Aber auch in ozeanen Gebieten können derartige Effekte auftreten, so daß die bisher bekannten Wärmeflußwerte aus dem ozeanen Bereich durchaus nicht die tatsächlichen thermischen Verhältnisse wiederzugeben brauchen.
- Das *geothermische Regime der Erde* — insbesondere die Temperaturverteilung in großen Tiefen — hängt auch von den thermischen Anfangsbedingungen bei der Bildung der Erde ab.

Damit sind einige Probleme angedeutet, die die Behandlung des geothermischen Feldes der Erde in so hohem Maße komplizieren.

Da das geothermische Datenmaterial in weiten Gebieten der Erde sehr lückenhaft ist, wird weiterhin die Gewinnung von gesicherten thermischen Primärdaten (Temperatur und Wärmeleitfähigkeit) von vorrangiger Bedeutung sein. Dabei zeigen die Erfahrungen, daß die Temperaturmessungen möglichst kontinuierlich in Bohrungen erfolgen sollten. Alle Messungen in beschränkten Teufenintervallen (z. B. in Bergwerken) oder Einzelmessungen in Tiefbohrungen sind kritisch zu bewerten.

In der Meßtechnik haben sich in den letzten Jahren keine prinzipiellen Änderungen ergeben. Die *Temperaturmessungen* erfolgen mit Hilfe von Widerstandsthermometern, Thermistoren oder Quecksilbermaximumthermometern. Dabei wird angestrebt, eine Genauigkeit von 1/1000 °C zu erreichen. Allerdings ist damit eine Verlängerung der Zeitkonstante erforderlich.

In den letzten Jahren ist die *IR-Strahlungsmessung* bei geothermischen Untersuchungen an der Erdoberfläche häufiger angewendet worden. Der Vorteil von IR-Strahlungsmessungen gegenüber normalen Temperaturmessungen sind die kleinen Zeitkonstanten (Millisekundenbereich), die Untersuchungen von bewegten Systemen aus ermöglichen, und die hohe Empfindlichkeit ($10^{-3}$). Als Detektoren werden bevorzugt Thermoelemente, aber auch Bolometer und pneumatische Empfänger (Golay-Zelle) benutzt, die alle über einen breiten Wellenlängenbereich gleiche Empfindlichkeiten zeigen.

Ein besonderes Problem bildet die *Bestimmung der Wärmeleitfähigkeit.* In marinen Gebieten treten nur relativ geringe Variationen auf. Auf den Kontinenten sind die

Gesteinsfolgen (besonders im sedimentären Deckgebirge) aber sehr heterogen aufgebaut, die Wärmeleitfähigkeit schwankt daher stark.

Wärmeleitfähigkeitsmessungen im Labor – wie sie fast durchweg für die Berechnung des Wärmestromes benutzt werden – sind unsicher, die in-situ-Bedingungen (Druck, Temperatur, Wassersättigung) sind in der Regel nicht gegeben, ferner ist die Auswahl der Meßproben nicht immer repräsentativ für die durchbohrten Gesteinsschichten.

Es gibt daher Versuche, die Wärmeleitfähigkeit kontinuierlich im Bohrloch zu bestimmen. Spezielle In-situ-Sonden sind mehrfach entwickelt worden, haben aber niemals zu durchgreifenden Erfolgen bei der Vermessung tiefer Bohrungen geführt.

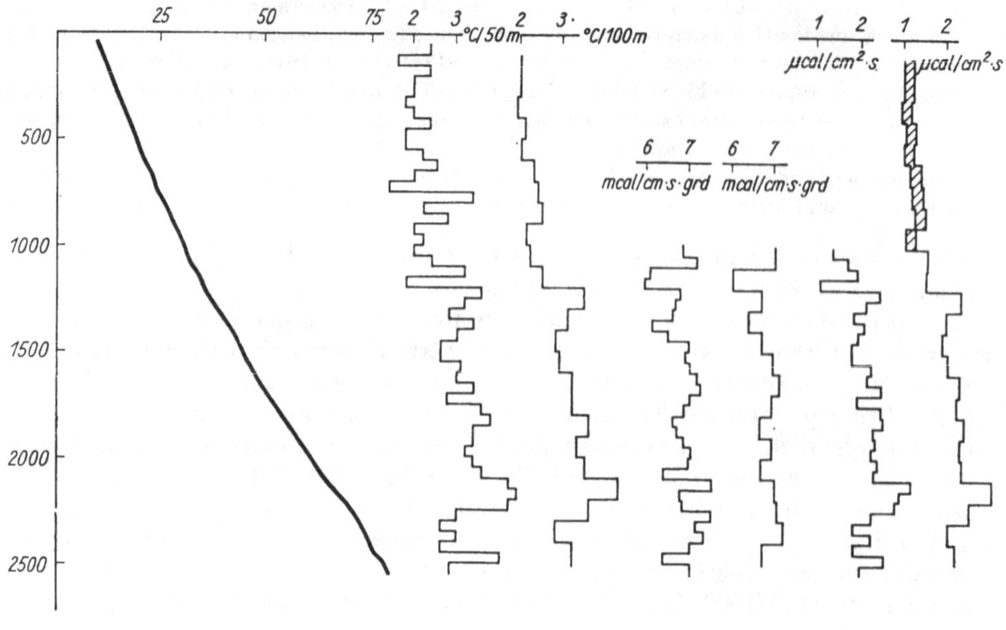


*Abb. 21. Berechnung der Wärmeleitfähigkeit aus geophysikalischen Bohrlochmeßergebnissen.*
*Vertikale Änderung des Wärmestromes in einer Bohrung im Norden der DDR.*
*Kurve 1: Temperaturverlauf; Kurve 2 und 3: geothermischer Gradient;*
*Kurve 4 und 5: berechnete Wärmeleitfähigkeit; Kurve 6 und 7: Wärmestrom*

In neuerer Zeit wurde daher versucht, aus geophysikalischen Bohrlochmeßergebnissen (elektrischen, akustischen, radiometrischen) die Wärmeleitfähigkeit kontinuierlich auf indirektem Wege zu berechnen (s. Abb. 21).

Auf diesem Wege können die thermischen Verhältnisse in einer Bohrung geklärt und die Berechtigung für die Anbringung bestimmter Korrekturen nachgewiesen werden.

Die *wesentlichen Ergebnisse* der intensiven geothermischen Untersuchungen der letzten Jahre können wie folgt charakterisiert werden:

- die *regionale Verteilung der Wärmeflußwerte* im Bereich der Ozeane und der Kontinente ist *sehr differenziert* und läßt eine enge Beziehung zu der geologisch-tektonischen Felderung der Kruste erkennen. Ein Vergleich zwischen der zusammenfassenden Darstellung des Wärmeflusses für Europa von SCHEFFER (1964) und dem heutigen Kenntnisstand zeigt diese Entwicklung sehr deutlich.
- Der Wärmefluß ist unmittelbar mit bestimmten *Prozessen in der Kruste und dem oberen Mantel* gekoppelt. Diese Prozesse betreffen den Vorgang des Wärmetransportes (Wärmeleitung, konvektiver Wärmetransport) und die Art der Wärmeproduktion.
- Der Wärmefluß ist abhängig vom *Alter des jeweiligen Krusten- (Lithosphären-) bereiches.*
- Die Untersuchungen führten zu neuen Ergebnissen und Einschätzungen im Hinblick auf die *geothermische Energiegewinnung*, deren Perspektiven auch heute noch nicht voll übersehen werden können.

## 4.2. Beziehungen zwischen Wärmefluß und geologischen Strukturen, tektonischen Prozessen und Fragen der Magmenbildung

Die Fortschritte geothermischer Untersuchungen und die sich dabei ergebenden neuen Fragestellungen sollen am Beispiel der Ergebnisse im Bereich der Japanischen Inselbögen, des Nordatlantik und Zentraleuropas dargestellt werden.

### 4.2.1. Geothermische Untersuchungen im Bereich der Japanischen Inselbögen

Die Inselbögen stellen neben den mittelozeanen Rücken die tektonisch aktivsten Gebiete der Erde dar. Die Japanischen Inselbögen und die sie umgebenden Meeresgebiete sind in den letzten Jahren sehr intensiv untersucht worden, so daß sie als Modell für die Erscheinungen und Prozesse im Bereich von Inselbögen überhaupt dienen können (s. z. B. SUGIMURA und UYEDA, 1973).

Die Verteilung des Wärmeflusses und der Temperatur deutet auf sehr anomale Verhältnisse in diesem Raum hin. In den Abbildungen 22 und 23 sind der Wärmefluß an der Erdoberfläche und an der MOHOROVIČIĆ-Diskontinuität dargestellt, die Temperaturverteilung in 10 km Tiefe ist der Abb. 24 zu entnehmen (Abbildungen aus SUGIMURA und UYEDA, 1973).

### 4.2.1.1. Untersuchungsergebnisse

Aus diesen Darstellungen ergeben sich einige wichtige Erkenntnisse:

- Der *Wärmefluß* zeigt eine deutliche *Zonierung,* diese kann nicht auf laterale Variationen der radioaktiven Wärmeproduktion oder andere Faktoren zurückgeführt werden. Die *Ursache muß im oberen Mantel liegen.*
- Die Zone niedrigen Wärmeflusses liegt auf der ozeanen Seite des Inselbogens.
- Der Wärmefluß im Bereich der MOHOROVIČIĆ-Diskontinuität erreicht auf der ozeanen Seite des Inselbogens extrem niedrige Werte (es treten sogar negative Wärmeflußwerte auf, die jedoch z. T. auch auf die Berechnungsmethode zurückgeführt werden können).
- Hohe Wärmeflußwerte treten auf der kontinentalen Seite des Inselbogens auf und sind für die gesamte Japansee typisch.
- *Auffällig ist, daß die Temperatur unter dem Ozean niedriger ist als in der gleichen Tiefe unter den Kontinenten.*

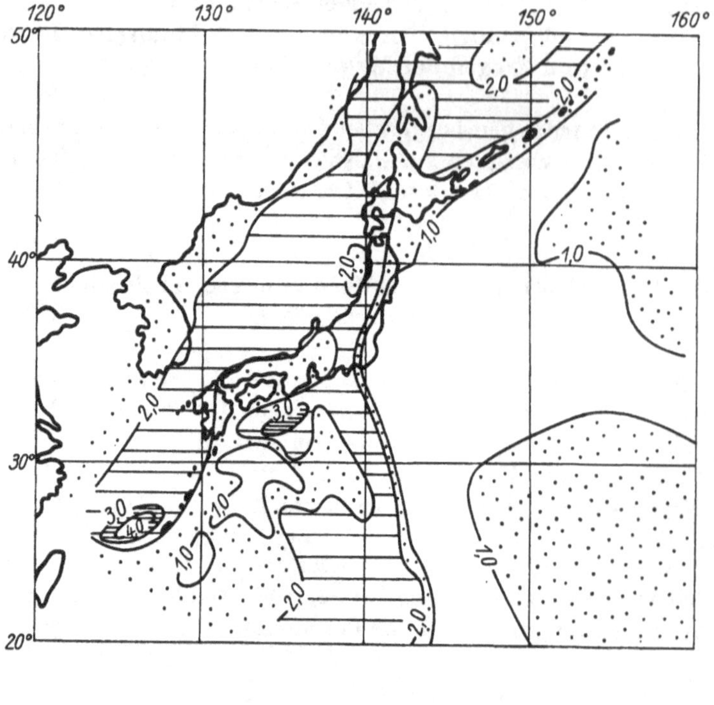


*Abb. 22. Japanische Inselbögen: Wärmefluß an der Erdoberfläche (aus* SUGIMURA *und* UYEDA, *1973)*

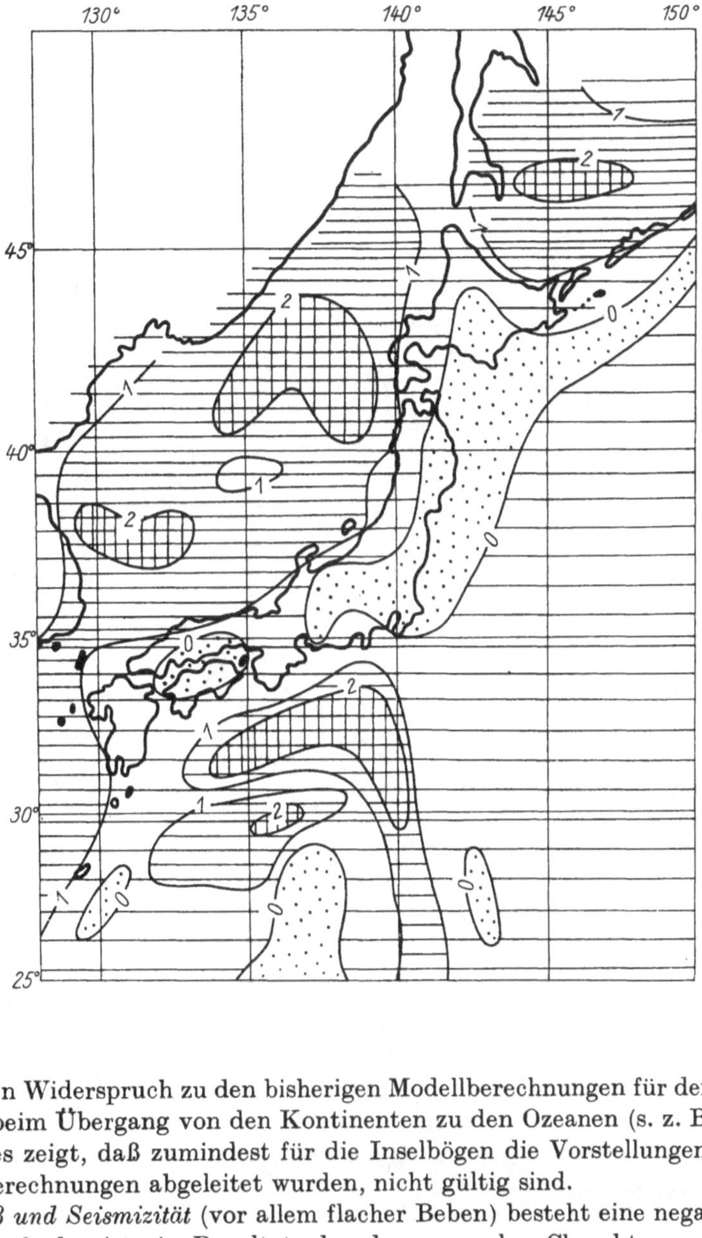


*Abb. 23. Japanische Inselbögen: Wärmefluß an der Mohorovičić-Diskontinuität (aus* SUGIMURA *und* UYEDA, *1973)*

Dies Ergebnis steht in Widerspruch zu den bisherigen Modellberechnungen für den Temperaturverlauf beim Übergang von den Kontinenten zu den Ozeanen (s. z. B. McDONALD, 1965), es zeigt, daß zumindest für die Inselbögen die Vorstellungen, die aus den Modellberechnungen abgeleitet wurden, nicht gültig sind.

- Zwischen *Wärmefluß und Seismizität* (vor allem flacher Beben) besteht eine negative Korrelation. Auch das ist ein Resultat, das den anomalen Charakter von Inselbögen unterstreicht.
- Ferner fällt auf, daß die stark positiven Wärmeflußwerte im Bereich der Japansee in *keiner offensichtlichen Beziehung zu aktivem vulkanischem Geschehen* stehen.

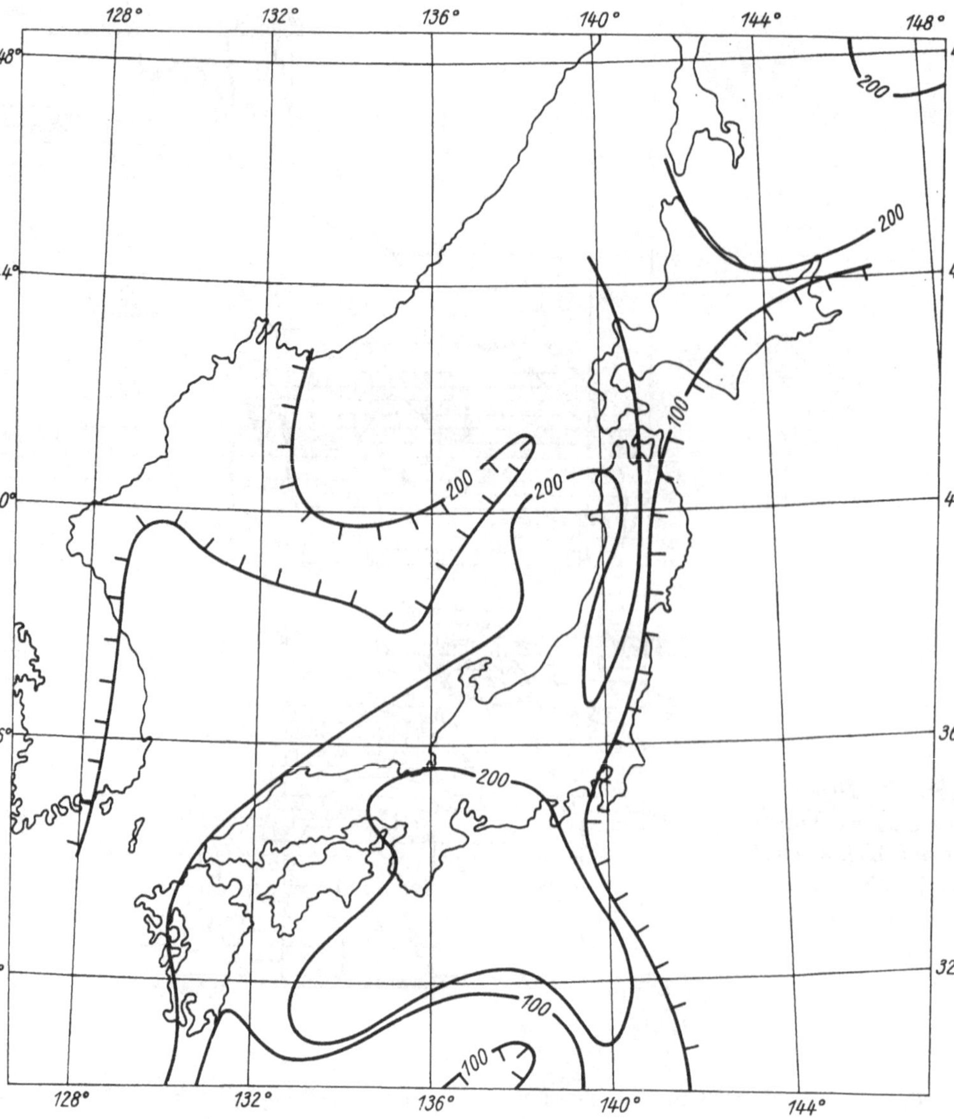


*Abb. 24. Japanische Inselbögen: Temperatur in 10 km Tiefe (aus* SUGIMURA *und* UYEDA, *1973)*

#### 4.2.1.2. Zur Deutung der geothermischen Anomalien

Die offensichtliche zonale Anordnung von Wärmefluß und Temperatur kann nicht zufällig sein, sie ist zurückzuführen auf Unterschiede in der Art und der Größe der Wärmeproduktion und des Wärmetransportes.

Zunächst ergibt sich die Frage nach dem Zusammenhang zwischen beobachtetem Wärmefluß, der Wärmeproduktion (d. h. den Wärmequellen) und den tektonischen und magmatischen Prozessen in diesem Raum.

Für eine Wärmeproduktion, die von signifikantem Einfluß auf die Wärmeverteilung sein kann, kommen folgende Wärmequellen in Frage: radioaktive Wärmeproduktion, Wärmeproduktion durch adiabatische Kompression, Wärmeproduktion durch Phasentransformationen und Wärmeproduktion durch Reibung.

*Radioaktive Wärmeproduktion*

Für die Erdkruste gilt im Mittel folgendes Modell der radioaktiven Wärmeproduktion:

| | |
|---|---|
| Sedimente | $0{,}18 \times 10^{-12}$ cal/cm$^3$s |
| granitische Gesteine | $0{,}64 \times 10^{-12}$ cal/cm$^3$s |
| Obere Kruste ($^2/_3$ Sediment; $^1/_3$ Granit) | $0{,}35 \times 10^{-12}$ cal/cm$^3$s |
| Untere Kruste (basische Gesteine) | $0{,}16 \times 10^{-12}$ cal/cm$^3$s |

Unter der Voraussetzung, daß die radioaktive Wärmeproduktion die einzige Wärmequelle darstellt und der Wärmetransport als Wärmeleitung erfolgt, können mit Hilfe von Modellen der radioaktiven Wärmeproduktion in der Kruste Abschätzungen gemacht werden über die Temperatur-Tiefenverteilung zumindest bis zur Kruste-Mantel-Grenze (steady-conduction temperature). Abb. 24 zeigt das Ergebnis derartiger Berechnungen für den japanischen Inselbogen. Gleichzeitig kann die Größe des Wärmeflusses, der aus dem oberen Mantel in die Kruste einströmt, berechnet werden (s. z. B. Abb. 23). Umgekehrt läßt sich auch die Wirkung der granitischen Schicht auf den Gesamtwärmefluß abschätzen. Für einen Mantel mit peridotitischer Zusammensetzung nimmt der Zusammenhang zwischen Wärmefluß $q$ und der Mächtigkeit $h$ der Granitschicht folgende Form an (s. Ljubimova, 1970):

$$q = 0{,}47 + 0{,}05\,h \text{ (HFU).}^1$$

Das bedeutet, daß bei einem geringen Gehalt an radioaktiven Elementen im oberen Erdmantel die Variationen in der Mächtigkeit der granitischen Schicht die Änderungen des Wärmeflusses maßgeblich bestimmen. Wichtig ist allerdings, daß der Wärmefluß einen Maximalwert von 1,5 HFU nicht überschreiten dürfte. Bei einer pyrolitischen Zusammensetzung des oberen Mantels (entsprechend den Modellen von Ringwood) könnte der Wärmefluß bis 2,13 HFU ansteigen.

1 HFU = Heat flow units = 1/μcal/cm$^2$s. Neuerdings wird als Einheit des Wärmestromes verwandt: mW/m$^2$.

Daraus wird deutlich, daß *gebietsweise der Wärmefluß durch die Mächtigkeit der Granitschicht kontrolliert* wird, wenn keine anderen Wärmequellen vorhanden sind (s. z. B. ROY u. a., 1968).

Die Berechnungsergebnisse für den Bereich der japanischen Inselbögen zeigen, daß auch noch an der Kruste-Mantel-Grenze sehr starke horizontale Änderungen von Temperatur und Wärmefluß auftreten. Die *radioaktive Wärmeproduktion kann demnach nicht die einzige Wärmequelle sein.*

*Wärmeproduktion durch adiabatische Kompression*

Die Japanischen Inselbögen stehen in enger Beziehung zu einer Subduktionszone entlang der gesamten Westküste des Pazifik, an der die ozeanische Lithosphäre bis tief in den oberen Mantel absinkt. Der Absenkvorgang bewirkt eine Temperaturerhöhung durch adiabatische Kompression

$$\frac{dT}{dz} = \frac{\alpha g}{c_p} T .$$

Bei Einsetzen folgender Werte (s. z. B. HASEBE, FUJII und UYEDA, 1970) für: $\alpha \sim 2$ bis $3 \times 10^{-5}/°C$, $g = 10^3$ cm/s², $c_p \sim 0{,}3$ cal/g, führt die Temperaturerhöhung durch adiabatische Kompression zu einer äquivalenten Wärmeproduktion, die einer Erhöhung des Wärmeflusses um

$$q_{ad} = c_p \cdot \Delta T \cdot D/\Delta t = 0{,}5 \text{ HFU}$$

entspricht. Dabei sind $\Delta T$ die Temperaturerhöhung durch adiabatische Kompression, $D$ die Mächtigkeit der absinkenden Lithosphärenplatte und $\Delta t$ die Zeit für einen Absinkvorgang um 300 km (in diesen Berechnungen von HASEBE, FUJII und UYEDA (1970) mit 30 Mill. Jahren angesetzt).

*Wärmeproduktion durch Phasentransformationen*

Parallel zur *Wärmeproduktion durch adiabatische Kompression* beim Absinken ozeanischer Lithosphärenplatten können endo- und exotherme *Reaktionen im Rahmen von Phasenumwandlungen und Metamorphose* ablaufen.

Folgende Beziehungen sind bekannt:

- Bei der *Dehydratation* wird Wärme verbraucht. Auf Grund der Wärmeabsorption von 20 bis 30 kcal/Mol Wasser werden bei der Dehydratation von Serpentin ca. 400 cal/cm³ Wärme verbraucht. HASEBE, FUJII und UYEDA schätzen, daß durch diesen Effekt ein negativer Wärmestrom von — 0,2 HFU erzeugt wird. Die Dehydratation von Amphibol und Phlogopit könnte nochmals eine gewissen Beitrag bringen.
- Umgekehrt wird bei *Hydratationsvorgängen* Wärme freigesetzt, die zu positiven Wärmeflußanomalien führen kann (s. z. B. HESS, 1965).

- Beim *Übergang von Basalt zu Eklogit* wird nach MINEAR und TOKSÖZ (1970) eine Wärmemenge von ca. 15 cal/g freigesetzt, nach den gleichen Autoren ist beim Übergang von Olivin zu Spinell mit einer Wärmeabgabe von ca. 80 cal/g zu rechnen.

Im Bereich absinkender Lithosphärenplatten ist mit einer insgesamt positiven Wärmebilanz zu rechnen, die zu einem Wärmestrom von ca. 1,4 HFU führt.

*Wärmeproduktion durch Reibung*

Diese Wärmequellen reichen aber noch nicht aus, um die beobachteten Wärmeflußwerte vor allem im Bereich der Japansee zu erklären. Als zusätzliche Wärmequelle bietet sich in tektonisch aktiven Gebieten die Wärmeproduktion durch Reibung insbesondere längs der Scherfläche an der Oberkante abtauchender Lithosphärenplatten an. Die quantitative Abschätzung der dabei entstehenden Wärmemenge ist sehr kompliziert. So geben verschiedene Autoren auch ganz unterschiedliche Beträge an. MCKENZIE und SCLATER (1968) schätzen, daß die Wärmeproduktion durch Reibung zu einer Vergrößerung des Wärmeflusses um ca. 0,5 HFU führt. HASEBE, FUJII und UYEDA fordern dagegen, daß der Wärmestrom durch Reibungseffekte um mindestens 3,9 HFU ansteigen muß, um die hohen Werte über den japanischen Inselbögen und im Bereich des Japanischen Meeres erklären zu können.

### 4.2.1.3. Das thermische Modell im Bereich von Inselbögen

Aus den vorliegenden Untersuchungen und den Abschätzungen über die Wärmeproduktion kann folgendes Modell der Prozesse abgeleitet werden, die zu der Verteilung des Wärmeflusses im Bereich von Inselbögen (Subduktionszonen) führen (s. Abb. 25):

- Der Verlauf der Isothermen unter Inselbögen wird durch das Absinken relativ kalter ozeanischer Lithosphärenplatten verursacht. Die *Platte stellt eine Wärmesenke dar*, aus der Umgebung wird Wärme verbraucht, um die Platte aufzuheizen.
- Durch *Dehydratation* von Serpentin und anderen Gesteinen wird zusätzlich Wärme verbraucht.
  Das *Wärmeflußminimum*, das im Bereich der MOHOROVIČIĆ-*Diskontinuität* besonders deutlich auftritt (s. Abb. 23) kann durch diese Effekte erklärt werden.
- Nach den Modellberechnungen von HASEBE, FUJII und UYEDA (1970) kann abgeschätzt werden, daß die Wärmesenke der abtauchenden Lithosphärenplatte zu einem *negativen Wärmestrom* von ca. −4,4 HFU führt.
- Durch *Reibungseffekte* in der Scherungszone zwischen absinkender ozeanischer Lithosphärenplatte und darüber liegender kontinentaler Lithosphäre wird Wärme produziert.
  Zusätzlich nehmen SUGIMURA und UYEDA (1973) an, daß auch *Erdbeben* einen exothermen Prozeß darstellen, der zu einer vor allem lokalen Aufheizung führen kann.

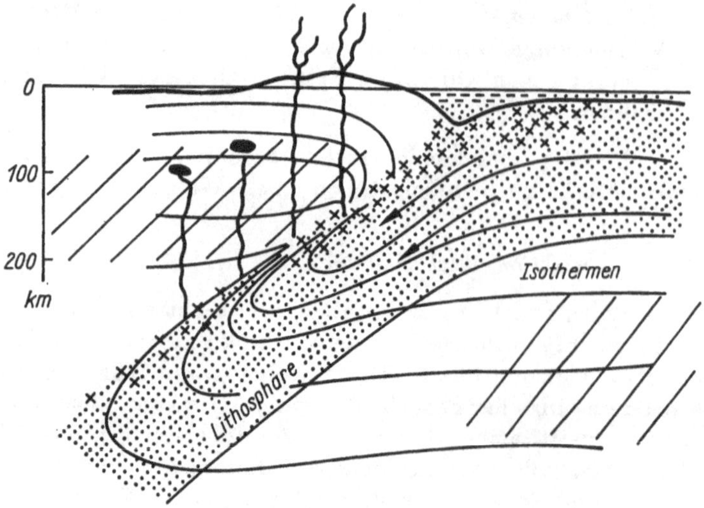


*Abb. 25. Thermisches Modell für Inselbögen (aus* SUGIMURA *und* UYEDA, *1973)*

- Die durch Reibungseffekte entstehende Wärme wird im oberen Teil der abtauchenden Lithosphärenplatte fast vollständig zur Kompensierung des Wärmeverbrauchs (Aufheizung, Wärmeverbrauch für Dehydratation u. ä.) benötigt.
- In größeren Tiefen wird jedoch ein – wahrscheinliches partielles – Aufschmelzen der Materie und damit die *Bildung von Magmenherden* ermöglicht.
- Diese Schmelzen (Teilschmelzen bzw. Teillösungen) steigen auf und erhöhen die effektive Wärmeleitfähigkeit $k_e$ (Wärmeleitung + konvektiver Wärmetransport). Allerdings dringt nur ein kleiner Teil (wenige Prozent) der erzeugten Schmelzen bzw. Lösungen zur Erdoberfläche durch.
- Nach den Abschätzungen von HASEBE, FUJII und UYEDA (1970) liegt die Aufstiegsgeschwindigkeit der Lösungen (Schmelzen) zwischen 0,14 und 0,6 cm/Jahr.
- Im Bereich der *aufsteigenden Schmelzen* (japanische Inselbögen und Japansee) wird der *Wärmestrom stark erhöht.*

### 4.2.2. Der Wärmefluß im Nordatlantik

In Abb. 26 ist ein Ausschnitt des Nordatlantik zwischen dem 52. und dem 70. Breitengrad dargestellt. Folgende strukturelle bzw. morphologische Elemente gliedern diesen Teil des Nordatlantik:

- Das beherrschende strukturelle Element ist der *mittelatlantische Rücken*, wobei besonders das Teilstück des Reykjanes-Rückens von Bedeutung ist (s. u. a. TALWANI u. a., 1971; de BOER u. a., 1970; GODBY u. a., 1968; HORAI u. a., 1970; MATTHEWS und BATH, 1967; MCKENZIE, 1967; LEPICHON und LANGSETH, 1969; VACQIER und VON HERZEN, 1964).
- Eine besondere Stellung nimmt innerhalb des mittelatlantischen Rückens *Island* ein. Die Struktur der Kruste und des oberen Mantels weicht deutlich von dem Normaltyp ozeanischer

Rücken ab. Diese unterschiedliche Ausbildung von Kruste und oberem Mantel war bestimmend für die Ableitung der *Hypothese der „hot spots“*. Nähere Einzelheiten zur Stellung Islands finden sich u. a. bei PALMASON und SOEMUNGSSON (1973), PALMASON (1967), EINARSSON (1967), GUDMUNDSSON (1967) und RUTTEN (1971).

- Der *Island-Faeroer-Rücken* bildet ein Übergangsglied zwischen einer kontinentalen Kruste und einer Kruste ozeanischen Typs. Sein Bau weicht sowohl von dem Islands als auch von dem normaler ozeaner Rücken ab. Das besondere Charakteristikum liegt im Fehlen jeglicher Seismizität und randlicher linearer magnetischer Anomalien. Nähere Darstellungen finden sich u. a. bei BOTT u. a. (1971) und FLEISCHER (1971).
- Ein weiteres wichtiges Element ist das *Rockall-Plateau* (s. u. a. MATTHEWS und SMITH, 1971; SCRUTTON, 1972; SCRUTTON und ROBERTS, 1971). Auf Grund der vorliegenden geophysikalischen Messungen wird das Rockall-Plateau als Mikrokontinent angesprochen.

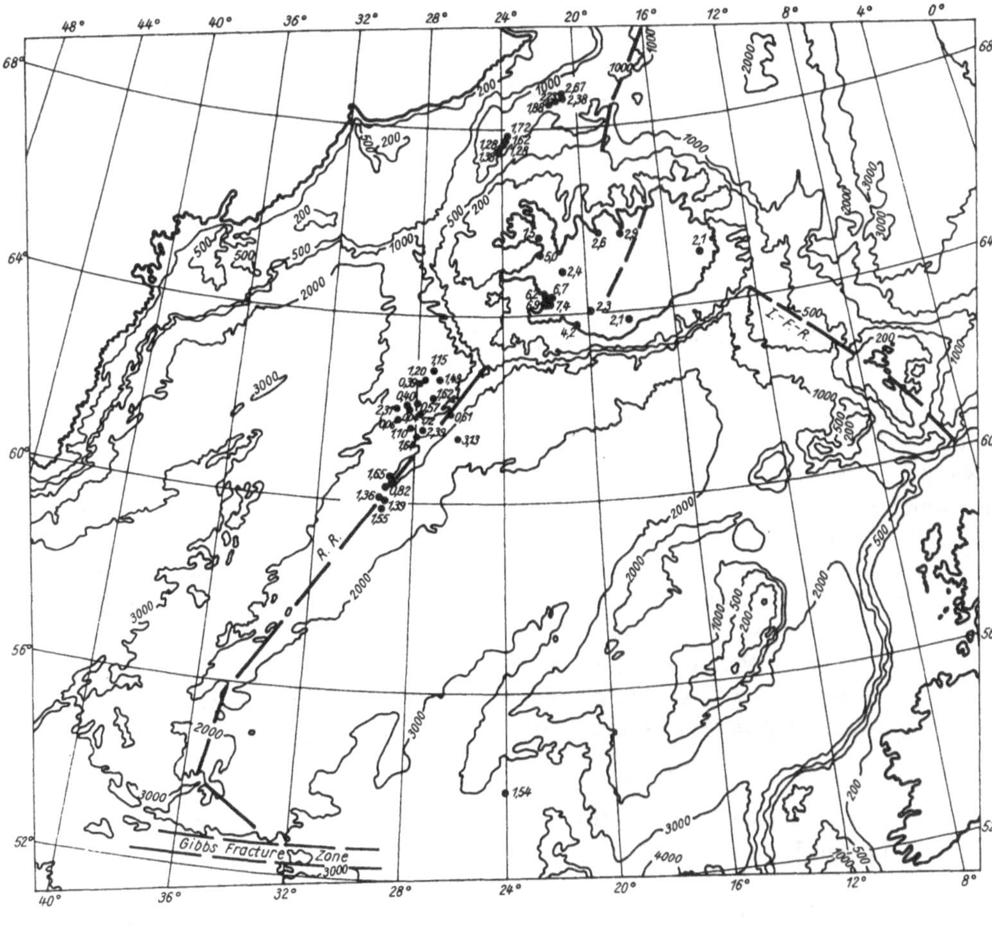


*Abb. 26. Wärmeflußverteilung im Nordatlantik*

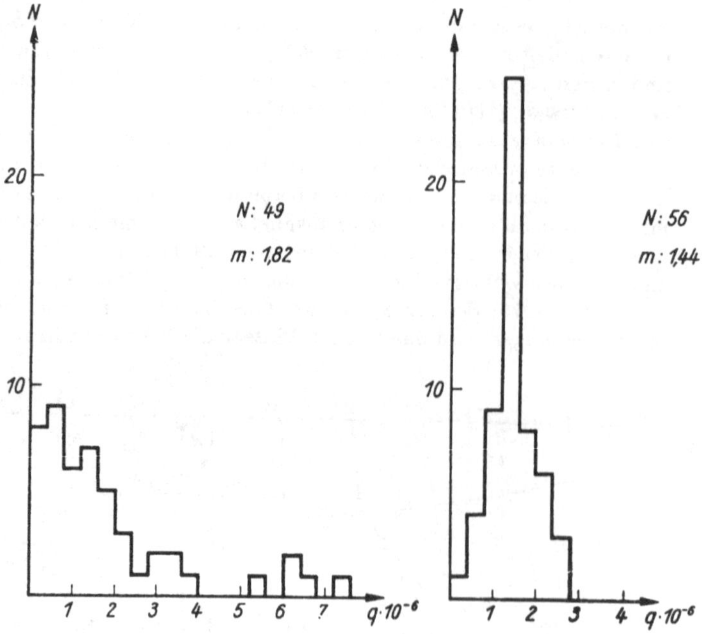


*Abb. 27. Histogramme der Wärmeflußwerte im Nordatlantik. Links: Mittelatlantischer Rücken, rechts: Ozeane Becken des Nordatlantik*

– Im Nordatlantik sind Transform-Faults selten. Wichtig ist vor allem die „*Gibbs-Fracture-Zone*" (s. u. a. Fleming u. a., 1970; Johnson, 1967).

*Die Wärmeflußwerte schwanken im Nordatlantik sehr stark* (s. Abb. 27). In Abb. 27 sind die Wärmeflußwerte für den Nordatlantik zwischen dem 40. und 70. Breitengrad sowie zwischen dem 58. Längengrad im Westen und der Küste Europas im Osten zusammengefaßt.

Die Wärmeflußwerte sind vor allem im Bereich des mittelatlantischen Rückens sehr gestreut. Dabei ist auffällig, daß das Maximum eindeutig bei Werten unter 1,2 $\mu$cal/$cm^2$s liegt. Durch die Untersuchungen der letzten Jahre wurde deutlich, daß gerade im Bereich des Rückens gehäuft extrem niedrige Wärmeflußwerte auftreten. Die Häufigkeitsverteilung für Werte aus den Beckengebieten hat einen grundsätzlich anderen Verlauf. 25 von 56 Werten liegen im Intervall zwischen 1,2 und 1,6 $\mu$cal/$cm^2$s. Extrem niedrige Werte fehlen fast vollständig, auch Werte über 2,0 $\mu$cal/$cm^2$s sind selten.

### 4.2.2.1. Zur Deutung der Variationen des Wärmeflusses im Nordatlantik

Für die ursächliche Deutung der Wärmeflußanomalien im Bereich von mittelozeanen Rücken und den benachbarten ozeanischen Becken gibt es zwei prinzipielle Wege:

- Der Wärmefluß ist allein eine Funktion des Alters des betreffenden Krustenabschnittes. Entsprechend dem Spreadingvorgang ergäbe sich damit eine Abhängigkeit des Wärmeflusses von der Entfernung zum Spreadingzentrum.
- Die Wärmeflußverteilung im Bereich des Rückens wird entscheidend durch mineralogisch-petrologische Prozesse innerhalb der neu entstandenen Kruste bestimmt.

Sleep (1969), Kasemeyer u. a. (1972) und andere gehen davon aus, daß sich die Lithosphärenplatten vom Rückenzentrum mit einer bestimmten Geschwindigkeit entfernen. Dabei wird angenommen, daß die Temperatur im Zentrum des Rückens etwa die gleiche ist, wie an der Unterkante der Lithosphäre. Im Intrusionsbereich steigt die Temperatur demnach stark an, wodurch sich ein deutliches *Wärmemaximum über dem Zentrum des Rückens* ausbildet.

Entsprechend der Lösung der Wärmeleitungsgleichung für eine sich abkühlende Platte nehmen Temperatur und Wärmefluß mit zunehmender Entfernung (d. h. zunehmendem Alter der neu entstandenen Kruste) vom Spreading-Zentrum ab (s. auch Abb. 28, theoretische Kurve). Neuere Messungen über verschiedenen ozeanen Rücken und auch über dem Nordteil des mittelatlantischen Rückens (Reykjanes-Rücken: s. Talwani u. a., 1972; mittelatlantischer Rücken bei 45° n. B.: Hyndman und Rankin, 1972) zeigen, daß die Wärmeflußverteilung deutlich vom Idealmodell, das Sleep für eine sich abkühlende Platte abgeleitet hat, abweicht.

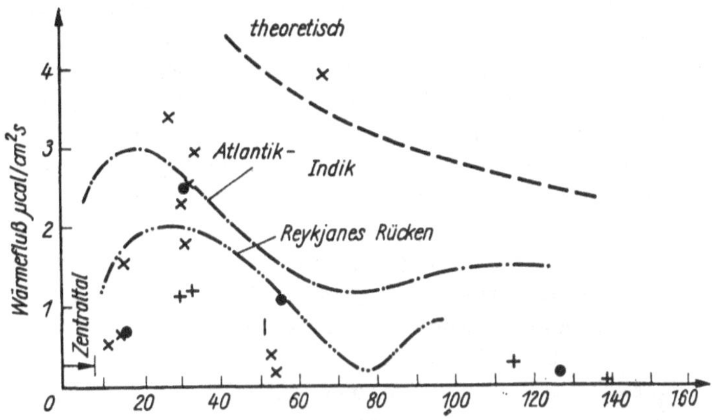


*Abb. 28. Beziehung zwischen Wärmefluß und Entfernung (in km) von der Achse mittelozeaner Rücken*

Es lassen sich vier Bereiche erkennen (s. Abb. 28):

- Das Rückenzentrum (Riftgraben) mit gehäuft sehr niedrigen Wärmeflußwerten.
- In einer Entfernung zwischen 20 und 40 km vom Rückenzentrum ist der Wärmefluß fast durchweg hoch bis sehr hoch.
- An der Rückenflanke zwischen ca. 60 und 90 km Entfernung vom Spreadingzentrum treten wieder sehr niedrige Wärmeflußwerte auf.

- Über 100 km Entfernung steigt der Wärmefluß allmählich auf das allgemeine Niveau ozeaner Becken an.

Eine zusammenfassende Diskussion der möglichen Ursachen dieser lateralen Änderungen des Wärmeflusses geben HYNDMAN und RANKIN (1972):

- Die *niedrigen Wärmeflußwerte im Bereich des Rückenzentrums* werden gedeutet als Folge starker Wasserzirkulation im frisch intrudierten Gestein und hohem konvektivem Wärmetransport. Dabei findet ein Lösungsaustausch zwischen Gestein und Ozean statt. Das frisch intrudierte Gesteinsmaterial wird als extrem porös und klüftig angenommen mit entsprechend hoher Permeabilität.
  Wichtig sind die Hinweise von CORLISS (1971), daß eine solche Wasserzirkulation innerhalb der obersten Kruste und die damit in Verbindung stehenden *heißen Quellen am Meeresboden* die Ursache für die metallführenden submarinen Lösungen sein können, die zu erheblichen *Lagerstättenbildungen am Meeresboden* führen.
- Sobald sich die neu entstandene Lithosphärenplatte vom Spreading-Zentrum entfernt, wird durch eine zunehmende Sedimentbedeckung die Verbindung zwischen Meerwasser und den in den porösen Gesteinen zirkulierenden Wässern abgeschnitten. Dennoch bleibt zunächst in den Gesteinen die konvektive Wasserzirkulation erhalten, so daß weiterhin ein starker Wärmetransport nach oben erfolgt. Da die *konvektiv geförderte Wärme* durch reine Wärmeleitung über das frisch abgelagerte Sediment nicht so rasch an das Meerwasser abgegeben werden kann, kommt es zu einem Wärmestau und damit zu einem Ansteigen des Wärmeflusses etwa im Bereich zwischen 20 und 40 km Entfernung von der Rückenachse.
- Im Bereich der Rückenflanke wird der Konvektionsprozeß innerhalb des frisch intrudierten Gesteinsmaterials durch zunehmende Reduzierung des Porenraumes unterbunden. Der Wärmetransport erfolgt jetzt fast ausschließlich nur noch durch *Wärmeleitung*. Der konvektive Wärmetransport hatte aber bereits die Krustenplatte tiefgründig ausgekühlt, so wird ein Teil der aus dem oberen Mantel bzw. der unteren Kruste nachströmenden Wärme dazu verbraucht, das Krustenmaterial wieder zu erwärmen und einen *annähernd stationären Wärmefluß* aufzubauen. Dehydratationsvorgänge in diesem Stadium der Krustenentwicklung könnte zu einem weiteren Wärmeentzug führen. Dadurch werden die niedrigen Wärmeflußwerte an der Rückenflanke gedeutet.
- Je weiter sich die abkühlende Platte von dem Spreading-Zentrum entfernt, desto mehr stellen sich stationäre thermische Verhältnisse ein, schließlich wird das Niveau des Wärmeflusses im Bereich ozeaner Becken erreicht.

Dieses Konzept ist weitgehend spekulativ. Doch deuten die grundsätzlich verschiedenen Häufigkeitsverteilungen über ozeanen Becken und ozeanen Rücken darauf hin, daß im *Bereich der Becken mit annähernd stationären thermischen Bedingungen* gerechnet werden muß, über dem *mittelatlantischen Rücken aber stark gestörte thermische Verhältnisse* vorliegen müssen.

### 4.2.2.2. Der Wärmefluß auf Island

Island zeigt zwar eine abweichende Struktur der Kruste und des oberen Mantel gegenüber dem mittelatlantischen Rücken (hot spot). Trotzdem lassen sich in der zentralen Grabenzone von Island, die ein Teilstück des zentralen Riftgrabens des mittelatlantischen Rückens ist, bestimmte Fragen der Wärmeflußverteilung gut studieren (s. z. B. PALMASON, 1967; PALMASON u. a., 1973). Dabei wird deutlich, daß im Bereich der *isländischen Grabenbruchzone* mit ihrer hohen Klüftigkeit und auch Porosität der Gesteine z. T. *extrem niedrige thermische Gradienten* (und damit auch Wärmeflußwerte) auftreten. So zeigt die Bohrung Kaldarsel bis 750 m Tiefe überhaupt kein Ansteigen der Temperatur.

Außerhalb der Bruchzone steigen die Gradienten stark an. In Extremfällen können sie Werte von 0,5 °C/m erreichen.

Die intensiven Erschließungsarbeiten für Heißwasservorkommen auf Island konnten eindeutig klären, daß Höhe und regionale Variationen des Wärmeflusses durch *konvektive Wasserbewegungen* bestimmt werden.

### 4.2.3. Der Wärmefluß in Zentraleuropa und angrenzenden Gebieten

Seit den ersten Übersichtsdarstellungen des Wärmeflusses von Europa (s. z. B. SCHEFFER, 1964; LEE und UYEDA, 1965) sind in vielen europäischen Ländern weitere geothermische Untersuchungen durchgeführt worden (s. z. B. ČERMAK, 1968; DELATTRE, HENTINGER und LAUER, 1970; HÄNEL, 1970, 1971, 1973; HENTINGER und JOLIVET, 1970; HURTIG und SCHLOSSER, 1973; KUTAS und GORDIENKO, 1971; MAJOROWICZ, 1973; MEINCKE, HURTIG und WEINER, 1967; NEGOIȚA, 1970; PEIVE, 1970; PLEWA, 1969; PURANEN, u. a., 1968; STEGENA, 1972; WEȘIERSKA, 1973). Mit Ausnahme von Temperaturmessungen in den Seen der Alpen und Voralpen (s. z. B. HÄNEL, 1970, 1971, 1973) wurden die *Untersuchungen fast ausschließlich in Tiefbohrungen* durchgeführt.

Da Bohrteufen von 6 bis 7 km keine Seltenheit mehr sind, konnten vor allem neue Erkenntnisse über vertikale Schwankungen des Wärmeflusses gewonnen werden. Generell zeigt sich, daß — besonders in Bohrungen im Bereich sedimentärer Abfolgen — der *Wärmefluß z. T. erheblich schwanken* kann.

Zwei Effekte wurden beobachtet: *Zufällige Schwankungen*, die durch Materialinhomogenitäten und Wasserzirkulation hervorgerufen werden. Der Wärmefluß kann innerhalb einer Bohrung zwischen 0 und über 6 $\mu$cal/cm²s variieren. Solche Bohrungen bzw. die entsprechenden Teufenintervalle sind für eine regionale Analyse des Wärmeflusses nicht geeignet.

Es wurden jedoch auch *systematische Änderungen des Wärmeflusses* beobachtet (s. Abb. 21). Diese treten gehäuft in Bohrungen im nördlichen Mitteleuropa (DDR, aber auch VR Polen und BRD) auf. Die Wärmeflußwerte sind in diesen Bohrungen oberflächennah (bis etwa 1000 m Tiefe) relativ niedrig, steigen im Teufenbereich zwischen

1000 und 1500 m deutlich an und bleiben dann in größeren Tiefen im Mittel konstant. Eine signifikante Abnahme des Wärmeflusses, wie man sie auf Grund der radioaktiven Wärmeproduktion innerhalb sedimentärer Schichtpakete vermuten sollte, konnte bisher auch in übertiefen Bohrungen (z. B. TB Parchim 1) nicht beobachtet werden. Das bedeutet, daß die *sedimentären Schichten als praktisch quellenfrei* angesehen werden müssen.

Somit wird auch verständlich, daß die *lateralen Temperaturvariationen* mit zunehmender Tiefe größer werden. In Abb. 29 sind alle erreichbaren Temperaturwerte für den Nordteil der DDR zusammengestellt. Die beiden Linien geben den Bereich an, in dem diese Werte schwanken. In 6 km Tiefe betragen die beobachteten lateralen

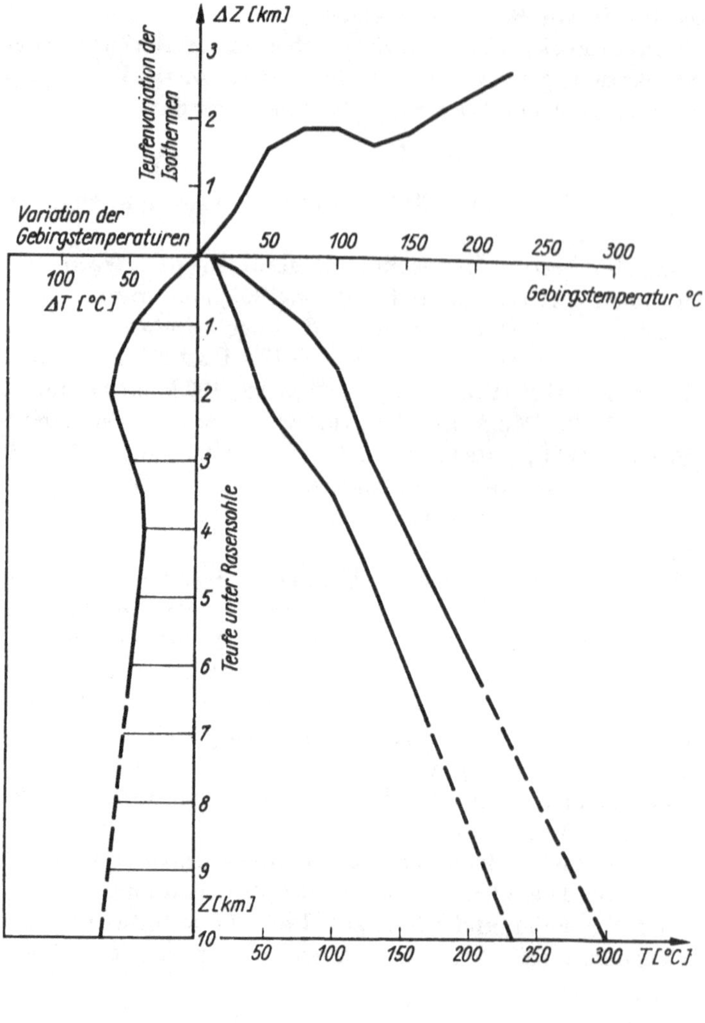


*Abb. 29. Schematischer Verlauf der Gebirgstemperaturen im Nordteil der DDR nach Bohrlochmessungen*

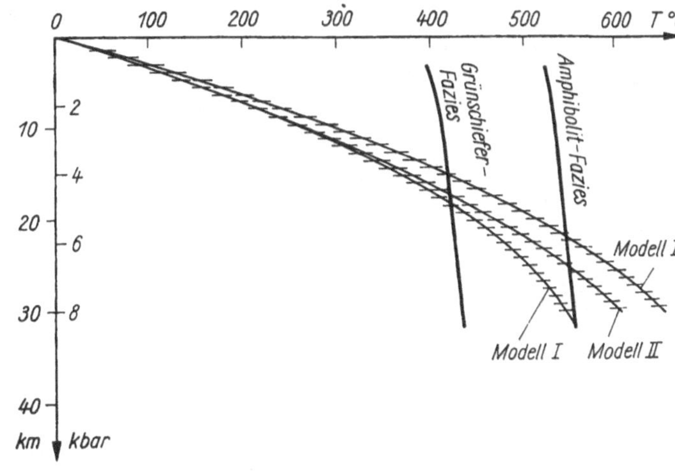


*Abb. 30. Temperatur-Tiefenverteilung für die Bereiche der Norddeutsch-Polnischen Senke (Modell I und II) und der Varisziden (Modell III)*

Temperaturdifferenzen im Bereich des Norddeutsch-Polnischen Beckens bereits mindestens 60 °C mit dem Trend zu größeren Variationen bei zunehmender Tiefe. Im Bereich der mittleren und unteren Erdkruste muß daher mit sehr erheblichen lateralen Änderungen der Temperatur auch auf kurze Entfernungen hin gerechnet werden. die Berechnung der „steady conduction temperature“ führt je nach den Modellparametern für die radioaktive Wärmeproduktion innerhalb der Erdkruste und die Mächtigkeit der *„Granitschicht“ als dem Hauptträger radioaktiver Wärmequellen* zu *Temperaturwerten in 30 km Tiefe zwischen 500 und 800 °C* (s. Abb. 30).

Der Wärmefluß, der aus dem oberen Erdmantel in die Erdkruste einströmt, liegt nach diesen Abschätzungen zwischen 0,4 und 0,8 μcal/cm²s.

Aus der regionalen Zusammenstellung der (in der Regel unkorrigierten) Wärmeflußwerte (s. Abb. 31) lassen sich folgende Hauptelemente erkennen:

- Die *Oberrheintalgraben-Altmark*-Zone ist eine langgestreckte, rheinisch streichende, relativ schmale Anomalie. Die Wärmeflußwerte innerhalb dieser Zone sind nicht gleichmäßig hoch. Charakteristisch ist, daß lokal engbegrenzte, z. T. stark positive Wärmeflußanomalien perlschnurartig aneinandergereiht sind und damit Verlauf und Gesamtcharakter dieser Zone bestimmen. Zwischen den Wärmeflußmaxima können normale oder sogar niedrige Werte auftreten.
- Die *Holland-Altmark-Vorsudeten*-Zone quert Mitteleuropa in W–E-Richtung. Nach den vorliegenden Ergebnissen handelt es sich um eine breiter angelegte Anomalie mit z. T. nur leicht, aber generell erhöhten Wärmeflußwerten.
  Im Osten läßt sich diese Zone bis in die äußere Karpatenvorsenke auf dem Gebiet der UdSSR verfolgen.
- Das *Pannonische Becken* ist durchweg durch hohe Wärmeflußwerte (z. T. erheblich über 2 μcal/cm²s) charakterisiert.
- Das *Zentralalpengebiet* und ein Teil der Molasse- und Flyschzone zeigen erhöhte Wärmeflußwerte.

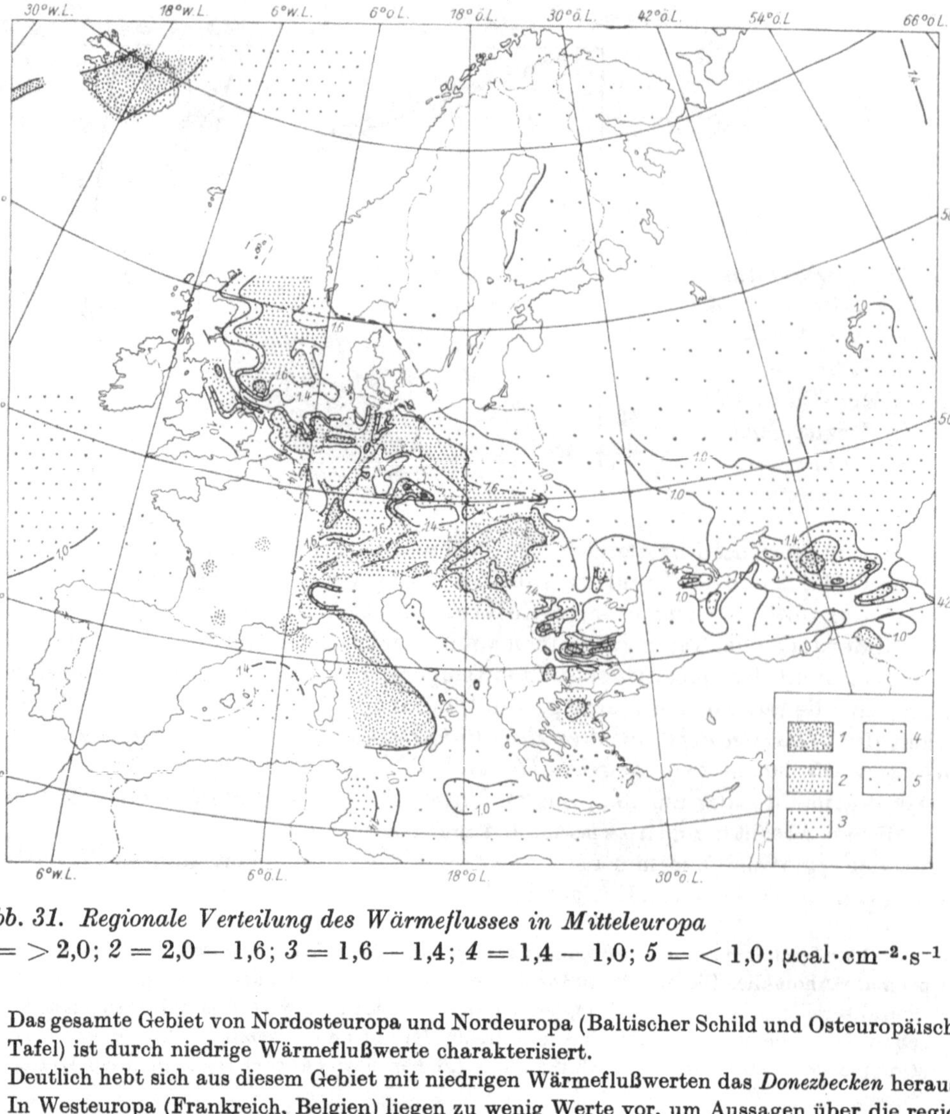


*Abb. 31. Regionale Verteilung des Wärmeflusses in Mitteleuropa*
*1* = > 2,0; *2* = 2,0 – 1,6; *3* = 1,6 – 1,4; *4* = 1,4 – 1,0; *5* = < 1,0; $\mu cal \cdot cm^{-2} \cdot s^{-1}$

- Das gesamte Gebiet von Nordosteuropa und Nordeuropa (Baltischer Schild und Osteuropäische Tafel) ist durch niedrige Wärmeflußwerte charakterisiert.
- Deutlich hebt sich aus diesem Gebiet mit niedrigen Wärmeflußwerten das *Donezbecken* heraus.
- In Westeuropa (Frankreich, Belgien) liegen zu wenig Werte vor, um Aussagen über die regionale Verteilung des Wärmeflusses machen zu können.

### 4.2.3.1. Zur Deutung der Variationen des Wärmeflusses in Zentraleuropa

Als wesentliches Ergebnis der Messungen der letzten Jahre ergab sich, daß der *Wärmefluß in sehr enger Beziehung zur geologisch-tektonischen Felderung der Erdkruste* in Europa steht,

Für die Entstehung der Wärmeflußanomalien können folgende Faktoren von Bedeutung sein:

- Regionale Unterschiede des Wärmestromes aus dem oberen Mantel.
- Konvektiver Wärmetransport entlang tiefreichender Störungen aus der tiefen Erdkruste oder dem oberen Erdmantel.
- Konvektiver Wärmetransport insbesondere durch laterale Wasserbewegungen in porösen Sedimenten.
- Laterale Unterschiede der radioaktiven Wärmeproduktion.
- Laterale Änderungen der Wärmeleitfähigkeit.

Die *Ursachen für die einzelnen Wärmeflußanomalien* in Mitteleuropa sind stets komplexer Natur, für die langgestreckten, schmalen Anomalien (Oberrheintalgraben-Altmark-Zone) ist ein konvektiver Wärmetransport entlang tiefreichender Brüche sehr wahrscheinlich.

## 4.3. Die zeitliche Entwicklung des Wärmeflusses

Die Ergebnisse der geothermischen Untersuchungen im Bereich der Ozeane und Kontinente zeigen, daß deutliche Beziehungen zwischen dem geologischen Alter einzelner Krustenfelder und der Größe des Wärmeflusses bestehen (s. z. B. LEE und UYEDA, 1965; POLJAK und SMIRNOV, 1968; SCLATER und FRANCHETEAU, 1970).

Die zeitliche Änderung des Wärmeflusses ist jedoch nicht einheitlich.

- Die *thermische Entwicklung der Gesamterde* umfaßt einen Zeitraum von ca. $5 \times 10^9$ Jahren. Verschiedene Autoren geben Abschätzungen über die zeitliche Ände-

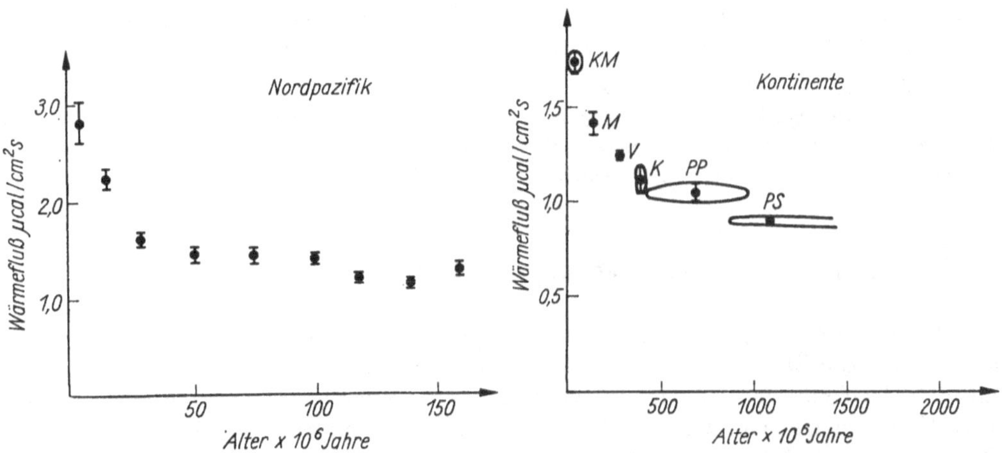


*Abb. 32. Beziehungen zwischen dem Wärmefluß und dem geologischen Alter ozeaner und kontinentaler Krustenfelder (nach* SCLATER *und* FRANCHETEAU, *1970)*

rung des geothermischen Regimes der Erde. Das Problem bei derartigen Modellberechnungen besteht darin, daß die thermischen Anfangsbedingungen, die Art und die Verteilung der Wärmequellen innerhalb der Erde sowie der Anteil der einzelnen Wärmetransportmechanismen am Gesamtwärmetransport nicht bekannt sind oder nur sehr grob abgeschätzt werden können.

– Die *thermische Entwicklung kontinentaler Krustenfelder* umfaßt einen Zeitraum von $5 \times 10^8$ bis ca. $2 \times 10^9$ Jahren. Die Beziehungen zwischen dem geologischen Alter (bzw. der Zeit seit dem letzten wirksamen thermischen Ereignis) und dem Wärmefluß sind in Abb. 32 dargestellt (nach POLJAK und SMIRNOV, 1968, aus SCLATER und FRANCHETEAU, 1970). In jungen Orogenbereichen ist der Wärmefluß am höchsten. Nach ca. 500 Mill. Jahren (alte Schild- und Plattformgebiete) ist ein annähernder Gleichgewichtszustand mit Wärmeflußwerten um 1 $\mu$cal/cm$^2$s erreicht. VERMA u. a. (1970) zeigen, daß sich aus den beobachteten Werten eine exponentielle Korrelation zwischen Wärmefluß und geologischem Alter ableiten läßt. Es kann eine „Zerfallsrate" des terrestrischen Wärmeflusses von $4{,}31 \pm 0{,}71 \times 10^{-10}$ berechnet werden. Dieser Wert liegt recht nahe an der Zerfallskonstante für $^{40}$K mit ca. $5{,}5 \times 10^{-10}$. Zwei Effekte dürften nach dem gegenwärtigen Kenntnisstand für die Abhängigkeit des Wärmeflusses vom geologischen Alter bestimmend sein:

1. Die *Abnahme der Wärmeproduktion* in der Erdkruste mit zunehmendem geologischen Alter (s. die Ergebnisse von VERMA u. a., 1970 sowie von ARSHAVSKAYA, BERZINA und LUBIMOVA, 1972).
2. Die *Abnahme des Anteils der konvektiv transportierten Wärme* im Laufe der geologischen Entwicklung im Anschluß an ein tektogenes Ereignis. Im kratonen Zustand erfolgt der Wärmetransport praktisch nur noch durch Wärmeleitung. Daher eignen sich Wärmeflußwerte aus alten Schildgebieten (und auch aus alten ozeanen Krusteneinheiten) am besten für die Berechnung der aus dem Erdmantel zuströmenden Wärme.

– *In der ozeanen Kruste* nimmt der Wärmefluß sehr rasch ab. Schon nach ca. 50 Mill. Jahren wird der Mittelwert für ozeane Becken von ca. 1,4 $\mu$cal/cm$^2$s erreicht (s. Abb. 32). Zwei Prozesse dürften hierfür verantwortlich sein:

Die Abkühlung der entlang der mittelozeanen Rücken neu entstandenen Kruste.

Umwandlungsvorgänge im Gestein der jungen Kruste (Reduktion des Porenvolumens, Dehydratation, Metamorphose u. ä.), die zu einer Unterbindung des konvektiven Wärmetransportes und zur Absorption von Wärme (endotherme Prozesse) führen (s. HYNDMAN und RANKIN, 1970).

## 4.4. Die wirtschaftliche Nutzung der geothermischen Energie

Die *Prospektion auf geothermische Energiequellen* (Heißwasser und Dampf) *steht erst am Anfang*. Die Reserven scheinen jedoch sehr groß zu sein. So gibt BOLDISZAR (1970) an, daß die Heißwasservorräte im Bereich der Ungarischen Tiefebene eine gewinnbare Wärmemenge von $2{,}3 \times 10^{19}$ cal besitzen. Das sind ca. 50% des Wärmewertes der bekannten Erdölreserven der Erde. TICHONOV und DVOROV (1970) unterstreichen, daß im Untergrund von 50 bis 60% des Territoriums der UdSSR Thermalwässer auftreten, die ökonomisch nutzbar sind (s. Abb. 33).

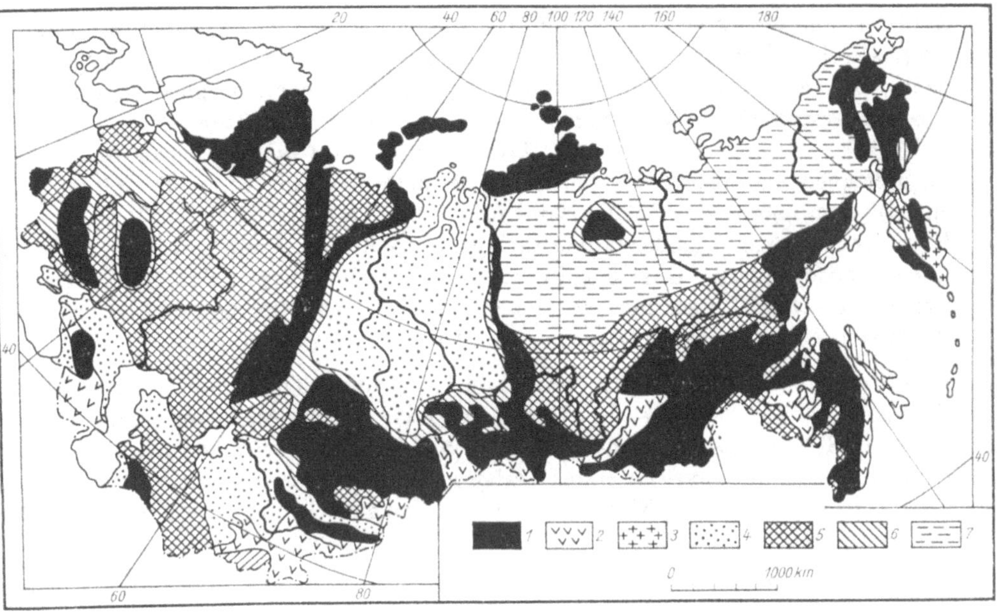


*Abb. 33. Perspektivische Karte für die Nutzung von Thermalwässern in der UdSSR (nach* DVOROV, *1972).*

*1: Perspektivische Gebiete für die Erkundung von Thermalwässern.*
*2: Lokale Vorkommen von Thermalwasser, geeignet für Wärmeversorgung und Balneologie.*
*3: Vulkangebiete mit lokalen Vorkommen von Heißwasser und Dampf, geeignet für Elektroenergieerzeugung, Wärmeversorgung und Balneologie.*
*4: Verbreitet Vorkommen und Thermalwasser für Wärmeversorgung und Balneologie.*
*5: Thermalwasservorkommen, geeignet für balneologische Verwendung.*
*6: Keine Vorkommen von Thermalwasser*
*7: Bisher weitgehend unerkundete Gebiete*

### 4.4.1. Das Grundmodell hypergeothermer Gebiete

Die physikalischen Prozesse und die Mechanismen, die zur Entstehung hyperthermer Zonen führen, sind in den letzten Jahren vielfach untersucht worden (s. z. B. ELDER, 1965; FACCA, 1973). Wenn auch die Verhältnisse im einzelnen sehr kompliziert sein können, läßt sich jedoch folgendes Grundschema angeben:

— Voraussetzung ist eine genügend große *Wärmequelle innerhalb der Kruste*. Die natürlichen Heißwasser- und Dampfvorkommen liegen in den meisten Fällen in

Gebieten mit rezentem oder zumindest jungem Vulkanismus. Eine Bindung an magmatische Körper ist daher anzunehmen. Zwei Krustentypen sind infolgedessen nach Bullard (1973) für die Erkundung geothermischer Energievorkommen besonders perspektiv: die kontinentalen (und ozeanischen) *Riftzonen* sowie die Krustenbereiche über abtauchenden Lithosphärenplatten (*Subduktionszonen*).
Es gibt allerdings auch hypergeotherme Gebiete, in denen keine Beziehungen zu einer jungen magmatischen Aktivität erkennbar sind.

– Es muß ein genügend großer *Wasserzufluß von der Erdoberfläche her* erfolgen. Neuere isotopengeochemische Untersuchungen haben nachgewiesen, daß das Wasser in hypergeothermen Zonen meteoritischer Herkunft ist. Nur ein sehr kleiner Teil (höchstens einige Prozent) können juvenilen Ursprungs sein.

Das kalte meteoritische Oberflächenwasser dringt in die Tiefe, nimmt entsprechend der Wärmekapazität des Wassers Wärme aus dem Nebengestein auf und steigt als Dampf oder Heißwasser bevorzugt entlang von Bruchzonen wieder auf.

Derartige *Zirkulationssysteme* sind in allen hypergeothermen Gebieten ausgebildet, nicht immer jedoch sind die Einzugsgebiete für das einsickernde meteoritische Oberflächenwasser deutlich erkennbar.

– Es muß ein genügend mächtiges poröses oder stark klüftiges Speichergestein vorhanden sein.

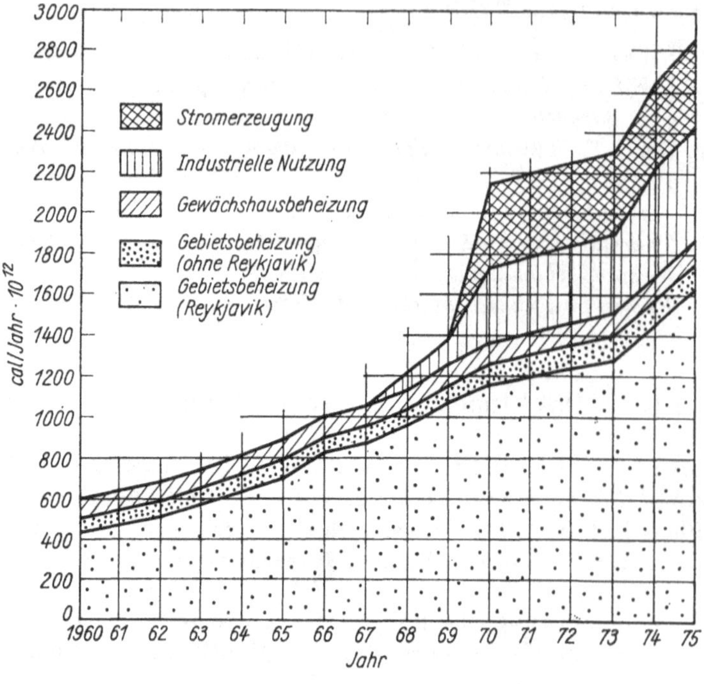


*Abb. 34. Gesamtproduktion geothermischer Energie auf Island (nach* Wood*, 1973)*

### 4.4.2. Die Anwendung geothermischer Energie

Natürliche Heißwasser- und Dampfvorkommen können in allen Anwendungsbereichen die konventionellen festen oder flüssigen Brennstoffe ersetzen.

Tabelle 1 gibt einen Überblick über die wichtigsten *geothermischen Kraftwerke* und deren installierte Leistung (nach WOOD, 1973).

Für die Raum- und Gebietsbeheizung gewinnt die geothermische Energie immer größere Bedeutung. Dabei ist von Vorteil, daß auch relativ kühle Thermalwässer (ca. 50 °C) noch Verwendung finden können.

In der Industrie werden Heißwasser und Dampf aus geothermischen Vorkommen vorwiegend zur Raumbeheizung, zum Trocknen, Enteisen, Destillieren, Temperieren und schließlich zur Gewinnung von Rohstoffen wie Brom oder Jod verwendet.

*Tabelle 1. Wichtige geothermische Kraftwerke und deren installierte Leistung (nach* WOOD, *1973).*

| Kraftwerk | Land | im Einsatz seit | Gesamtleistung (MW) | Größte Turbineneinheit (MW) |
|---|---|---|---|---|
| Larderello | Italien | 1930 | 330 | 26 |
| Wairakai | Neuseeland | 1958 | 198 | 30 |
| Kawerau | Neuseeland | 1961 | 10 | 6 |
| The Geysers | USA (Kalifornien) | 1960 | 192 | 55 |
| Salton Sea | USA (Kalifornien) | 1966 | 3 | 1,5 |
| Paužetka | UdSSR (Kamtschatka) | 1967 | 5 | 2,5 |
| Paratunka | UdSSR (Kamtschatka) | 1970 | 0,5 | 0,5 |
| Matsukawa | Japan | 1966 | 20 | 20 |
| Otake | Japan | 1967 | 11 | 11 |
| Pathé | Mexiko | 1958 | 3,5 | 3,5 |
| Mexicali | Mexiko | 1972 (?) | 75 | 37,5 |
| Akureyri | Island | 1969 | 2,5 | 2,5 |

In großem Umfang wird natürliches *Heißwasser in der Landwirtschaft* angewandt. Für die Beheizung von Gewächshäusern genügt 60° warmes Wasser. Für die Temperierung von Böden reichen bereits Thermalwässer von 40 °C aus. In den Ländern mit geothermischen Energiequellen sind in den letzten Jahren große Gewächshauskulturen entstanden: auf Island waren es 1970 110000 m$^2$. in Ungarn 1969 bereits über 400000 m$^2$.

Abb. 34 gibt einen Überblick über die Gesamtproduktion geothermischer Energie auf Island und deren Aufteilung auf die verschiedenen Verbraucher.

Die Verwendung *geothermischer Energie bietet eine Reihe von Vorteilen*: geothermische Energie ist im Vergleich zu festen und flüssigen Brennstoffen billig, die konventionellen Brennstoffe (Kohle, Erdöl, Erdgas) können eingespart werden und als Rohstoffe insbesondere für die chemische Industrie konserviert werden, die Verwendung geothermischer Energie führt zu keiner nennenswerten Umweltverschmutzung, geothermische Energievorkommen können sich in gewissem Umfang erneuern.

Der Nachteil besteht allerdings darin, daß geothermische Energiequellen nicht ohne weiteres an jedem beliebigen Ort zur Verfügung stehen. Die Folge wird sein, daß Standortsverlegungen oder Neugründungen von Industriebetrieben in hypothermischen Gebieten erfolgen werden.

Die weitere Erkundung und Erschließung geothermischer Energiereserven wird eine immer größere Bedeutung erhalten. Viele Projekte, wie z. B. die Nutzung der Vulkane oder der Entzug von Wärme aus tieferen Schichten der Erde durch tiefe und übertiefe Bohrungen und die Schaffung großer Kavernen, werden gegenwärtig diskutiert, sind aber wirtschaftlich noch nicht realisierbar.

## Literatur


ARMSTEAD, H. CH. H. (Edit.): Geothermal Energy. Series Earth Sciences, UNESCO Paris 1973, 186 S.

ARSHAVSKAYA, N.; BERZINA, I. und LUBIMOVA, E. A.: Geochemical and geothermal parameters for the Pechenga and Ricolatva regions, Baltic shield. Geothermics **1** (1972) 1.

BIRCH, F.: The effect of Pleistocene climatic variations upon geothermal gradients. Amer. J. Sci. **246** (1948) 729—760.

DE BOER, J., SCHILLING, G. und KRAUSE, D. C.: Reykjanes ridge: implications of magnetic properties of dredged rock. Earth Planet. Science Lett. **9** (1970) 55—60.

BOLDISZAR, T.: Geothermal energy production from porous sediments in Hungary. U. N. Symp. on geothermal energy, Pisa 1970.

BOTT, M. H. P., BROWITT, C.W. A. und STACEY, A. P.: The deep structure of the Iceland—Faeroer ridge. Marine Geophys. Res. **1** (1971) 3, 328—351.

BULLARD, E.: Basic Theories. In: ARMSTEAD, H. (Edit.): Geothermal energy. UNESCO, Paris 1973, S. 19—29.

ČERMAK, V.: Terrestrial heat flow in Czechoslovakia and its relation to some geological features. XXIII Internat. Geol. Congr. **5** (1968) 75—85.

ČERMAK, V.: Underground temperature and inferred climatic temperature of the past millennium. Palaeogeogr., Palaeoclimat., Palaeooecol. **10** (1971) 1—19.

CORLISS, J. B.: The origin of metal-bearing submarine hydrothermal solutions. J. Geophys. Res. **76** (1971) 8128—8138.

CRAIN, I. K.: The glacial effect and the significance of continental terrestrial heat flow measurements. Earth Planet. Science Letters **4** (1968) 69—72.

DELATTRE, J. N., HENTINGER, R. und LAUER, J. P.: A provisional geothermal map of the Rhinegraben (Alsatian part). In: Graben Problems. Internat. Upper Mantle Project Scient., Rep. 27. S. 107—110. Stuttgart: Schweizerbart 1970.

DVOROV, I. M.: Glubinnoe teplo zemli. Izdatel'stvo Nauka, Moskva 1972.

EINARSSON, T.: Early history of the scandic area and some chapters of the Geology of Iceland. In: Iceland and mid-ocean-ridges (S. BJÖRNSSON Edit.), Soc. Scient. Island. Reykjavik 1967, 13–28.

EINARSSON, S. S.: Geothermal district heating. In: ARMSTEAD, H. (Edit.): Geothermal energy. UNESCO, Paris 1973, 123–134.

ELDER, J. W.: Physical processes in geothermal areas. In: LEE, W. H. K. (Edit.): Terrestrial heat flow. Geophys. Monogr. Ser. AGU, Nr. 8 (1965) 211–239.

FACCA, G.: The structure and behaviour of geothermal fields. In: ARMSTEAD, H. (Edit.): Geothermal energy. UNESCO Paris 1973, 61–69.

FLEISCHER, U.: Gravity surve yover the Reykjanes ridge and between Iceland and the Faeroer islands. Marine Geophys. Res. **1** (1971) 3, 314–327.

FLEMING, H. S., CHERKIS, N. Z. und HEIRTZLER, J. R.: The Gibbs fracture Zone: a double fracture zone at 52° 30′ N in the Atlantic Ocean. Marine Geophys. Res. **1** (1970) 1, 37–45.

GODBY, E. A., HOOD, P. J. und BOWER, M. E.: Aeromagnetic profiles across the Reykjanes ridge southwest of Iceland. J. Geophys. Res. **73** (1968) 7637–7649.

GUDMUNDSSON, G.: Magnetic anomalies. In: Iceland and mid-ocean ridges. Soc. Scient. Island. Reykjavik 1967, 97–108.

HÄNEL, R.: Eine neue Methode zur Bestimmung der terrestrischen Wärmestromdichte in Binnenseen. Z. Geophys. **36** (1970) 6, 725–742.

HÄNEL, R.: Heat flow measurements and a first heat flow map of Germany. Z. Geophys. **37** (1971) 975–992.

HÄNEL, R. und ZOTH, G.: Heat flow measurements in Austria and heat flow maps of Central Europe. Z. Geophys. **39** (1973) 425–439.

HASEBE, K., FUJII, N. und UYEDA, S.: Thermal processes under island arcs. Tectonophysics **10** (1970) 335–355.

HENTINGER, R. und JOLIVET, J.: Nouvelles déterminations du flux géothermique en France. Tectonophysics **10** (1970) 127–146.

HESS, H. H.: Mid-oceanic ridges and tectonics of the sea floor. In: WHITTARD, W. F. und R. BRADSHAW (Edts.) Submarine Geology and geophysics. London 1965, 317–332.

HORAI, K., CHESSMAN, M. und SIMMONS, G.: Heat flow measurements on the Reykjanes ridge. Nature **225** (1970) 264–265.

HURTIG, E. und SCHLOSSER, P.: Der Wärmefluß in Mitteleuropa. Z. geol. Wiss, **1** (1973) 4, 461 bis 466.

JOHNSON, G. L.: North atlantic fracture zones near 53°. Earth Planet. Sci. Lett. **2** (1967) 445–448.

HYNDMAN, R. D. und RANKIN, D. S.: The mid-atlantic ridge near 45° N. XVIII. Heat flow measurements. Canadian J. Earth Science **9** (1972) 664–670.

KASAMEYER, P. W., VON HERZEN, R. P. und SIMMONS, G.: Heat flow, bathymetry, and the Mid-Atlantic ridge at 43° N. J. Geophys. Res. 77 (1972) 14, 2535–2542.

KUTAS, R. I. und GORDIENKO, V. V.: Teplovoe pole Ukrainy. Naukova Dumka, Kiev 1971.

LEE, W. H. K. und UYEDA, S.: Review of heat flow data. In: LEE, W. H. K. (Ed.) Terrestrial heat flow. Geophys. Monogr. Ser. Nr. 8 (1965) 87–190.

LEPICHON, X. und LANGSETH, M. G.: Heat flow from the mid-ocean ridges and sea-floor spreading. Tectonophysics 8 (1969) 319–344.

LINDAL, B.: Industrial and other applications of geothermal energy. In: ARMSTEAD, H. (Edit.): Geothermal energy. UNESCO, Paris 1973, 135–148.

LUBIMOVA, E. A. und FELDMAN, I. S.: Heat flow, temperature, and electrical conductivity of the crust and upper mantle in the U.S.S.R. Tectonophysics **10** (1970) 245–281.

MAJOROWICZ, J. A.: Heat flow in Poland and its relation to the geological structure. Geothermics **2** (1973) 1, 24–28.

MATTHEWS, D. und BATH, J.: Formation of magnetic anomaly pattern of mid-Atlantic ridge. Geophys. J. **13** (1967) 349–357.

MATTEWS, D. und SMITH, S. G.: The sinking of Rockall Plateau. Geophys. J. **23** (1971) 491–498.

MCKENZIE, D. P.: Some remarks on heat flow and gravity anomalies. J. Geophys. Res. **72** (1967) 6261–6273.

MCKENZIE, D. P. und SCLATER, J. G.: Heat flow inside the island arcs of the northwestern Pacific. J. Geophys. Res. **73** (1968) 3173–3179.

MACDONALD, G. J. F.: Geophysical deductions from observations of heat flow. In: LEE, W. H. K. (Edit.): Terrestrial heat flow. Geophys. Monogr. Ser. AGU, Nr. 8 (1965) 191–210.

MEINCKE, W., HURTIG, E. und WEINER, J.: Temperaturverteilung, Wärmeleitfähigkeit und Wärmefluß im Thüringer Becken. – Geophysik und Geologie **11** (1967) 40–71.

MINEAR, J. W. und TOKSÖZ, M. N.: Thermal regime of a downgoing slab. Tectonophysics **10** (1970) 367–390.

NEGOIȚA, V.: Etude sur la distribution des températures en Roumanie. Rev. Roum. Geol. Geophys. Geogr. Ser. Geophys. **14** (1970) 1, 25–30.

PALMASON, G.: On heat flow in Iceland in relation to the mid-atlantic ridge. In: Iceland and mid-ocean ridges. Soc. Scient. Island. Reykjavik 1967, 111–127.

PALMASON, G. und SOEMUNDSSON, K.: Iceland in relation to the mid-atlantic ridge. Annual Rev. Earth and Planet. Science **2** (1974) (Vorabdruck 1973).

PEIVE, A. V. (Edit.): Teplovi režim nedr SSSR. Izdat. Nauka, Moskva 1970.

PLEWA, S.: Present state and developmental trends in geothermal research in Poland. Materialy i Prace **34** (1970) 21–24.

PURANEN, M., JÄRVIKÄKI, P., HÄMÄLÄINEN, U. und LEHTINEN, S.: Terrestrial heat flow in Finland. Geoexploration **6** (1968) 151–162.

POLJAK, B. G. und SMIRNOV, JA. B.: Svjaz' glubinnogo teplovogo potoka s tektoničeskim stroeniem kontinentov. Geotektonika **4** (1968) 3–19.

ROY, R. F., BLACKWELL, D. D. und BIRCH, F.: Heat generation of plutonic rocks and continental heat flow provinces. Earth and Planet. Sci. Lett. **5** (1968) 1–12.

RUTTEN, M. G.: Iceland and mid-ocean ridges. Marine Geophys. Res. **1** (1971) 3, 235–247.

SCHEFFER, V.: The european values of terrestrial heat flow. Geof. e Meterol. **13** (1964) 5–6, 99–103.

SCLATER, J. G. und FRANCHETEAU, J.: The implications of terrestrial heat flow observations on current tectonic and geochemical models of the crust and upper mantle of the earth. Geophys. J. **20** (1970) 509–542.

SCRUTTON, R. A.: The crustal structure of Rockall Plateau microcontinent. Geophys. J. **27** (1972) 3, 259–275.

SCRUTTON, R. A. und ROBERTS, D. G.: The structure of Rockall Plateau and trough, North East Atlantic. Rep. No. 70/14, Inst. Geol. Science, Geology of the East Atlantic Continental Margin, SCOR Sympos. Cambridge 1970.

SLEEP, N. H.: Sensitivity of heat flow and gravity to the mechanism of sea-floor spreading. J. Geophys. Res. **74** (1969) 542.

SUGIMURA, A. und UYEDA, S.: Island Arcs, Japan and its environs. Developments in Geotectonics 3, Elsevier Publ. Comp. Amsterdam-London-New York 1973.

STEGENA, L.: Geothermal map of eastern Europe. Geothermics 1 (1972) 4, 140.

TALWANI, M., WINDISCH, CH. C. und LANGSETH, M. G.: Reykjanes ridge crest: a detailed geophysical study. J. Geophys. Res. 76 (1971) 2, 473–517.

TICHONOV, A. N. und DVOROV, I. M.: Development of research and utilization of geothermal resources in the U.S.S.R. U. N. Symp. on geothermal energy, Pisa 1970.

VACQUIER, V. und VON HERZEN, R. P.: Evidence for connection between heat flow and the mid-atlantic ridge magnetic anomaly. J. Geophys. Res. 69 (1964) 1093–1101.

VERMA, R. K., HAMZA, V. M., und PANDA, P. K.: Further study of the correlation of heat flow with age of basement rocks. Tectonophysivs 10 (1970) 301–320.

WĘSIERSKA, M.: A study of terrestrial heat flux density in Poland. Materialy i Prace 60 (1973) 135–144.

WOOD, B.: Geothermal power. In: ARMSTEAD, H. (Edit.) Geothermal energy. UNESCO Paris 1973, 109–121.

# 5.

# Abbildungen des geotektonischen Baues im Erscheinungsbild natürlicher geoelektromagnetischer Variationen[1]

Das Ziel regional-geotektonischer Untersuchungen ist die *Gliederung von Erdkruste und Erdmantel* in der Horizontalen (Großfelder) bzw. Vertikalen (Stockwerke). Elektromagnetische Verfahren großer Eindringtiefe können dabei eine Hilfsstellung leisten, wenn mit dieser Gliederung deutliche Änderungen der elektrischen Leitfähigkeit in der Horizontalen und Vertikalen verbunden sind. Im Sedimentbereich ist dabei der spezifische Widerstand ein empfindlicher Indikator für Änderungen der Porosität, wenn die Mineralisation der Wässer konstant bleibt. Im oberen Erdmantel gelten Leitungsmechanismen, die eine direkte Verbindung des spezifischen Widerstandes mit der Temperatur gestatten, was den spezifischen Widerstand zum Indikator für Temperaturanomalien macht. Schließlich zeigen Versuche unter hohen Drücken und Temperaturen, daß auch Dehydratations- und Schmelzprozesse zu einer anomalen Er-

*Abb. 35. Umströmung der Erde und ihres Magnetfeldes durch den Sonnenwind, umgezeichnet nach* Matsushita *und* Campbell *(1967)*

*1 = Sonnenwind*
*R = 6370 km = Erdradius*
*2 = Stoßwellenfronten*
*3 = Magnetfeldlinien*
*4 = Plasma der Magnetosphäre*
*5 = Strahlungsgürtel*
*6 = Erde*

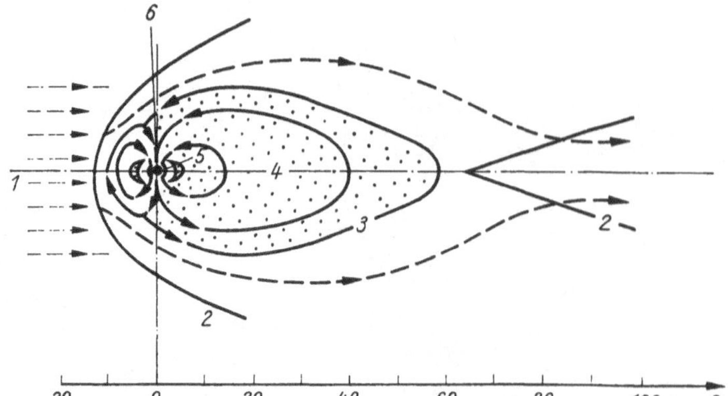


1 Von G. Porstendorfer. Als Manuskript gedruckt in Veröff. Zentr. Inst. Phys. d. Erde der AdW der DDR Nr. 14/3 („Stockwerksbau und Felderteilung") Potsdam, 1973.

niedrigung des spezifischen Widerstandes führen, so daß elektromagnetische Methoden Hinweise über Prozesse der Metamorphose, Magmatisierung und Granitisierung in der Tektonosphäre liefern können.

Die zur Sondierung und Kartierung der Erdkruste und des oberen Erdmantels benötigten Primärfelder werden nach Abb. 35 durch den sogenannten „Sonnenwind" (Sonnenplasmawolken mit elektrisch geladenen Teilchen) erzeugt, der mit dem Erdmagnetfeld zusammenstößt und zu hydromagnetischen Wellenausbreitungen längs der magnetischen Feldlinien führt. Ausgleichsstromsysteme in der Ionosphäre strahlen elektromagnetische Wellen unterschiedlicher Periode auf die Erdoberfläche ab, und dem Geophysiker ist es vorbehalten, die *Reaktion des „geotektonischen Filters" auf dieses weitestgehend homogene großräumige Primärfeld* zu studieren und zu entziffern.

Das Primärfeld wird nach Abb. 36 durch einen linear polarisierten magnetischen Vektor $H$ charakterisiert, den wir in seine zwei Komponenten $H_{x'}$ und $H_{y'}$ zerlegen. Beide Wellen betrachten wir getrennt (linke und rechte Seite der Abb. 36). Sie werden

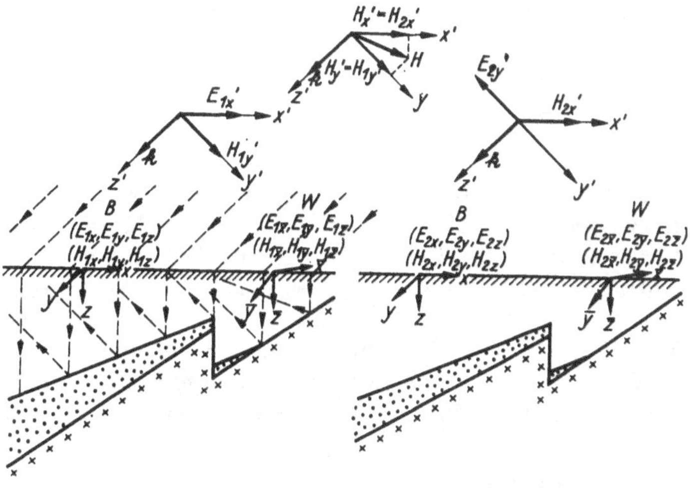

*Abb. 36. Zusammenhänge der an der Erdoberfläche oder im Untergrund meßbaren elektrischen und magnetischen Feldkomponenten mit dem Magnetfeld in der Atmosphäre*

*B = Basisstation*
*W = Wanderstation*
*E = elektrisches Feld*
*H = magnetisches Feld*

imUntergrund gebrochen und reflektiert, wobei die Komponenten der entstehenden überlagerten Teilfelder jeweils linear von $H_{x'}$ bzw. $H_{y'}$ abhängen. Schließlich setzen wir diese Komponenten wieder zum beobachtbaren Gesamtfeld zusammen, wobei wir finden

$$F_n = a_n \cdot H_{x'} + b_n \cdot H_{y'} \,. \tag{1}$$

$F_n$ entspricht dabei nach Wahl den elektrischen bzw. magnetischen Komponenten $E_x$, $E_y$, $E_z$, $H_x$, $H_y$, $H_z$ an der Basis-Station ($B$) bzw. $E_{\bar{x}}$, $E_{\bar{y}}$, $E_{\bar{z}}$, $H_{\bar{x}}$, $H_{\bar{y}}$, $H_{\bar{z}}$ an der Wander-Station ($W$),

$a_n$, $b_n$ = komplexe Koeffizienten.

Aus zwei Gleichungen für zwei beliebige magnetische oder elektrische Feldkomponenten am selben oder unterschiedlichen Ort kann man $H'_x$ und $H'_y$ eliminieren, und es entstehen Zusammenhänge der Form

$$F_i = f_{ij}F_j + f_{ik}F_k \,. \tag{2}$$

Die $F_i$, $F_j$, $F_k$ entsprechen dabei nach Wahl den Komponenten $F_n$, wobei jeweils $F_i \neq F_j$, $F_i \neq F_k$, $F_j \neq F_k$ gilt.

Die komplexen Koeffizienten $f_{ij}$ und $f_{ik}$ hängen außer vom Untergrund vom gewählten Koordinatensystem ab. Sie gewinnen nur eine eigenständige Bedeutung für geologisch einfache Strukturen, wie z. B. lineare Tektonik (zylindrische Strukturen). Ein Beispiel dafür liefert die sogenannte „erdmagnetische Tiefensondierung", die über die Formel (2) $H_x$, $H_y$ und $H_z$ miteinander verknüpft:

$$H_z = X_{zx} \cdot H_x + X_{zy} \cdot H_y \,. \tag{3}$$

*Eine vom Koordinatensystem unabhängige Bodenkenngröße* ergibt sich in diesem Fall in Gebieten mit Strukturen, deren Streichrichtung mit der $y$-Achse zusammenfällt. Dann ist

$$X_{zy} = 0 \quad \text{und}$$

$$X_{zx} = \frac{H_z}{H_x} \,. \tag{4}$$

Diese Bodenkenngröße bildet die Grundlage des sogenannten „Wiese-*Pfeiles*", dessen Größe ein empfindliches Maß für tiefliegende Leitfähigkeitsanomalien senkrecht zum Streichen darstellt. Der „Neigungswinkel der magnetischen Polarisationsebene" von Blitzstörungen (atmospherics) ist dieser Bodenkenngröße proportional. Er wird im sogenannten „AFMAG"-Verfahren heute bereits vom Flugzeug aus gemessen und mit Vorteil für die oberflächennahe Erzerkundung genutzt.

Weitere, vom Koordinatensystem unabhängige Bodenkenngrößen für beliebig aufgebauten Untergrund erhält man, wenn man aus (2) ableitbare Kombinationen der Art

$$E_x = Z_{xx} \cdot H_x + Z_{xy}H_y \,, \quad E_y = Z_{yx} \cdot H_x + Z_{yy} \cdot H_y \tag{5}$$

oder

$$E_{\bar{x}} = A_{\bar{x}x}E_x + A_{\bar{x}y}E_y \,, \quad E_{\bar{y}} = A_{\bar{y}x}E_x + A_{\bar{y}y}E_y \tag{6}$$

benutzt. Die Gleichungen (5) und (6) vermitteln tensorielle Zusammenhänge zwischen den Horizontalvektoren des elektrischen und magnetischen Feldes an einer Basis-Station (Gl. 5) bzw. zwischen den Horizontalvektoren der elektrischen Felder von

*Abb. 37. Katalog der in der internationalen Literatur bearbeiteten Modelle für zwei- und dreidimensionalen, inhomogenen und anisotropen Untergrund*

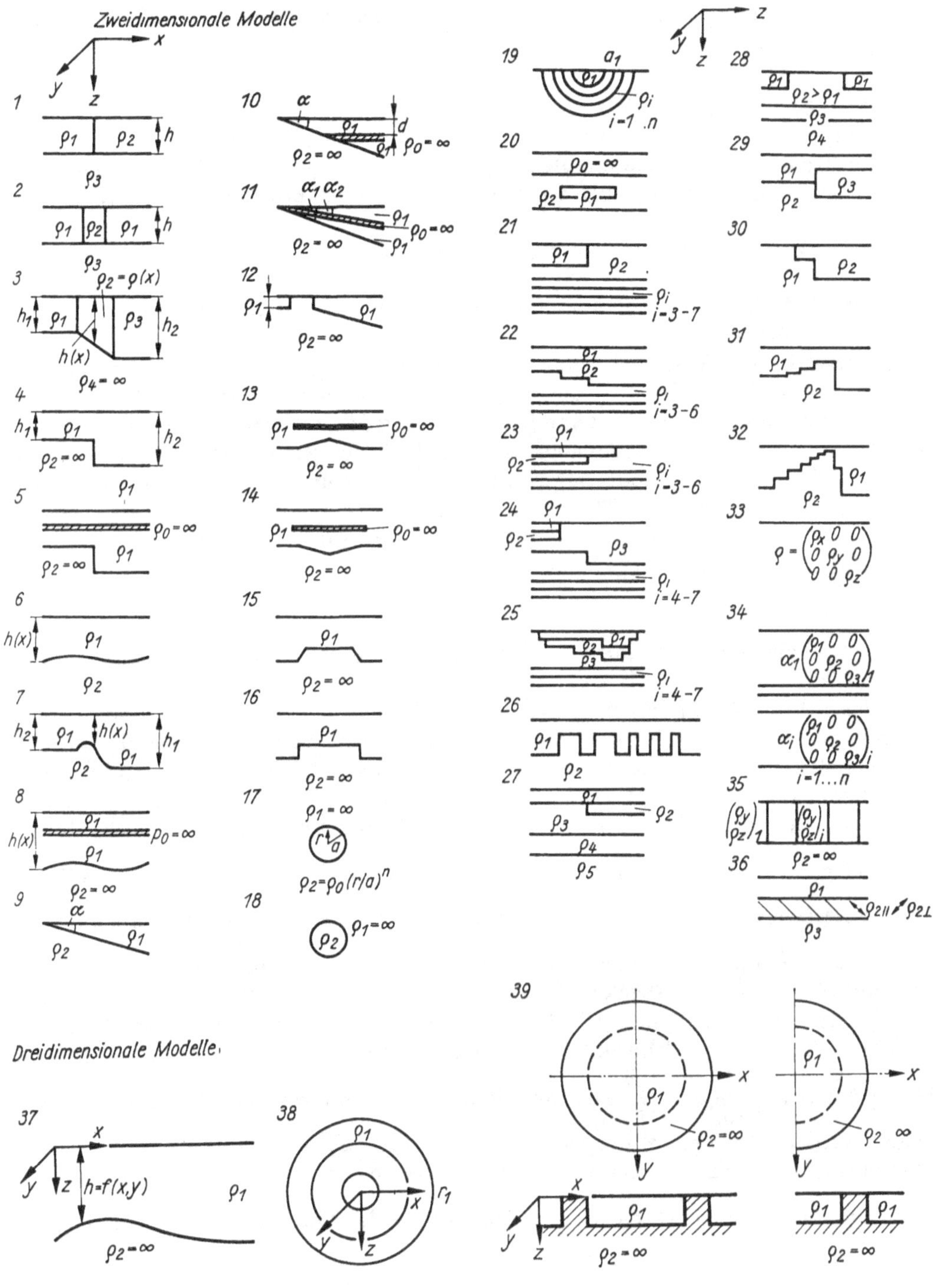
Zweidimensionale Modelle
Dreidimensionale Modelle

Basis- und Wanderstation (Gl. 6). Gl. 5 bildet dabei die Grundlage der sogenannten „Magneto-Tellurik" mit der Tensorinvariante

$$Z_{\text{eff}} = \sqrt{Z_{xx} \cdot Z_{yy} - Z_{yx} \cdot Z_{xy}} \tag{7}$$

als vom Koordinatensystem unabhängige Bodenkenngröße „*effektive Impedanz*".

Gl. 6 bildet die Grundlage der sogenannten „Tellurik" mit der Tensorinvariante

$$A^2 = A_{\bar{x}x} \cdot A_{\bar{y}y} - A_{\bar{x}y} \cdot A_{\bar{y}x} \tag{8}$$

als vom Koordinatensystem unabhängige Bodenkenngröße „*Flächeninhalt der relativen tellurischen Ellipse*".

Darüber hinaus bestehen zahlreiche weitere Kombinationsmöglichkeiten nach Gl. (2), wobei insbesondere bei Messungen im Meer auch die elektrische Vertikalkomponente mit einbezogen werden kann. Zur Deutung der invarianten Bodenkenngrößen benutzt man Modelle, wobei zunächst analytische Lösungen versucht wurden, die aber zunehmend von Analog-Modellversuchen oder Lösungen für Gitternetze auf Computern abgelöst werden. Abb. 37 vermittelt einen Katalog von Modellen inhomogener Medien, für die im Augenblick Lösungen vorliegen. Aus diesem Katalog wollen wir zwei einfache Fälle besonders diskutieren.

## 5.1. Feldverzerrung über einer zweidimensionalen vertikalen Grenzfläche

Das einfachste Modell inhomogener Medien besteht im Aneinandergrenzen zweier Medien verschiedener spezifischer Widerstände. Die in Abb. 38 dargestellten Ergebnisse analytischer Berechnungen sind den Arbeiten von D'Erceville/Kunetz (1962) und Matsushita/Campbell (1967) entnommen. Die vertikale Grenzfläche wird am schärfsten durch das elektrische Feld $E_x$ bei $H$-Polarisation abgebildet, wobei bereits bei Entfernungen $\frac{x}{\lambda_1} > 0{,}2$ der Effekt weitestgehend abgeklungen ist. Im Falle der $E$-Polarisation fehlt die scharfe Indikation der vertikalen Grenzfläche in allen Feldkomponenten und die Indikationen sind auch bei Entfernungen $\frac{x}{\lambda_1} > 1$ von der Trennfläche noch nicht abgeklungen.

Abb. 38 unterstreicht deutlich die untrennbare Einheit der klassischen Verfahren „Tellurik", „Magneto-Tellurik" und „Geomagnetische Tiefensondierung". Die Feldkomponenten $\frac{E_x}{(E_{0x})_1}$ und $\frac{E_y}{(E_{0y})_1}$ zeigen die Indikation, die bei rein tellurischer Vermessung auftritt. Der Verlauf der Impedanzhauptwerte $Z_{xy}$ und $Z_{yx}$ vermittelt die Indikationen, die bei einer Vermessung in der Variante der „magneto-tellurischen Profilierung" zu erwarten wären. Schließlich spiegelt der Verlauf des Quotienten $\frac{H_z}{H_x}$ die

Verhältnisse bei der sogenannten „geomagnetischen Tiefensondierung“ wider. Dabei ist dieser Fall gekennzeichnet durch äußerst starke Phasenvariation und relativ langsame Abnahme der $H_z$-Komponente auf der schlechter leitenden Scholle.

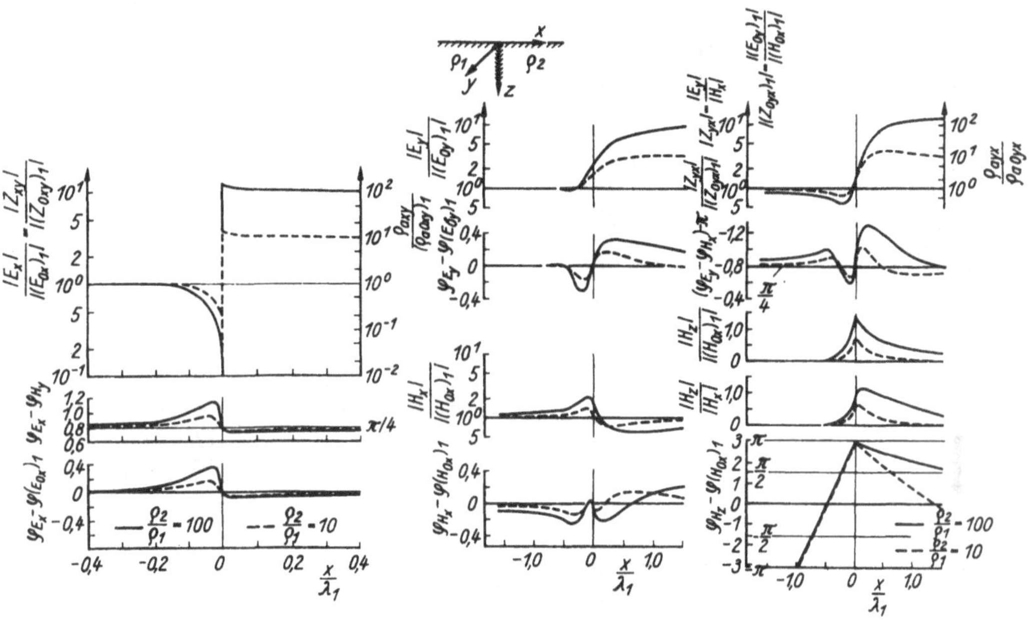


*Abb. 38. Feldverzerrungen über einer zweidimensionalen vertikalen Grenzfläche, Umgezeichnet nach* D'ERCEVILLE/KUNETZ *(1962) und* MATSUSHITA/CAMPBELL *(1967)*

$\lambda$ = *Wellenlänge,* $\varphi$ = *Phase*

## 5.2. Feldverzerrung über einem zweidimensionalen gutleitenden Becken oder Graben

In Abb. 39 wird, zurückgehend auf numerische Computerlösungen (WRIGHT, 1969) die Feldverzerrung über einem engbegrenzten Sedimentbecken untersucht. Wegen der Symmetrie sind dabei nur die Meßwerte über einer Hälfte des Modells dargestellt. Wir finden wieder besonders scharfe Indikationen des Beckenrandes bei $H$-Polarisation. Wir erkennen aber auch, daß sich diese Struktur bei unterschiedlicher Eindringtiefe einmal als besonders „phasenwirksam“ und einmal als besonders „amplitudenwirksam“ herausstellt.

Diese hier diskutierten und viele andere Modelle zeigen, daß horizontale Inhomogenitäten und Anisotropie zu bedeutenden Verzerrungen der Felder gegenüber dem Horizontalschichtfall führen können. Die klassische Interpretation magneto-telluri-

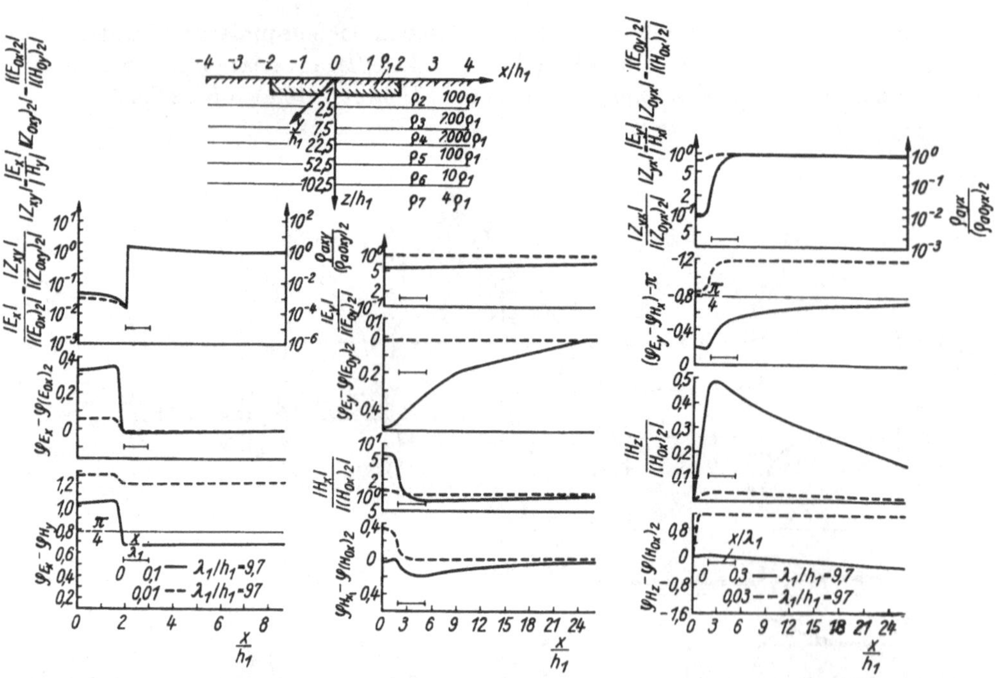

*Abb. 39. Feldverzerrung über einem zweidimensionalen gutleitenden Becken, Umgezeichnet nach* Wright *(1969)*

scher Sondierungen durch Sondierungs-Musterkurven wird dann sehr in Frage gestellt. Sie ist überhaupt erst nach flächenhaften Untersuchungen über den Grad der Feldverzerrung erlaubt. Ein erstes Anzeichen für das Vorliegen einer horizontalen Inhomogenität ist die Nichtübereinstimmung der Impedanzen für $E$- und $H$-Polarisation oder das Auftreten einer $H_z$-Komponente. Unter diesen Bedingungen ist es z. B. für zweidimensionale Strukturen günstiger, zur profilmäßigen Darstellung der Meßergebnisse etwa in der Form

$E_x(x, T)$ und $E_y(x, T)$ in bezug auf eine Basisstation

$H_x(x, T)$ in bezug auf eine Basisstation

$$\frac{H_z}{H_x}(x, T), \qquad \frac{E_x}{H_y} = Z_{xy}(x, T), \qquad \frac{E_y}{H_x} = Z_{xy}(x, T)$$

überzugehen. Dabei kann man sowohl die jeweiligen Feldkomponenten oder Feldverhältnisse über $x$ darstellen und $T$ bzw. $f$ als Parameter führen (Abb. 40) als auch $T$ über $x$ darstellen und die jeweiligen Feldkomponenten oder Feldverhältnisse als Parameter führen. Erstere Darstellungsmöglichkeit entspricht dabei der in der Vierpunkt-

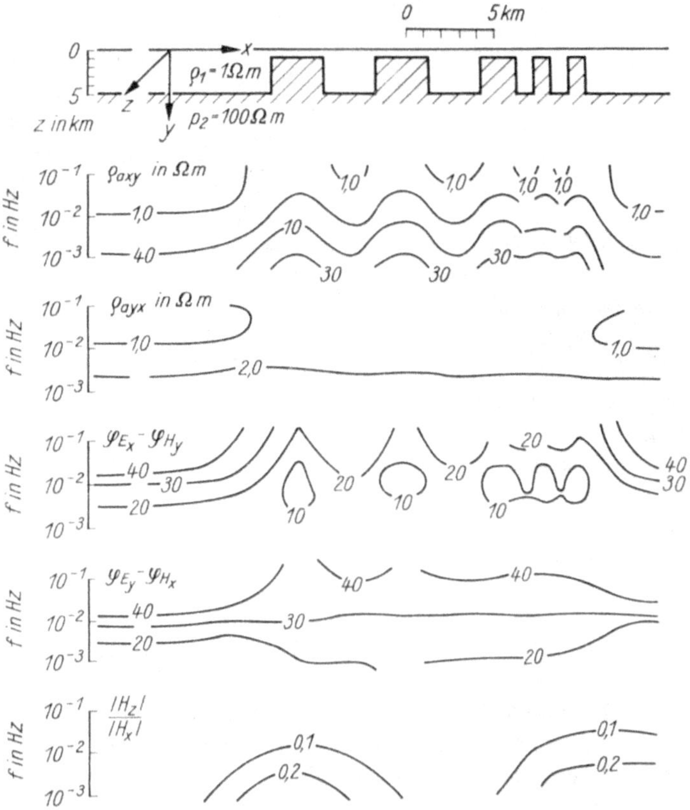


*Abb. 40. Beispiel für die Wirkung einer komplizierten zweidimensionalen Inhomogenität auf das natürliche elektromagnetische Erdfeld für verschiedene Frequenzen. Umgezeichnet nach* VOZOFF *und* SWIFT *(1968)*

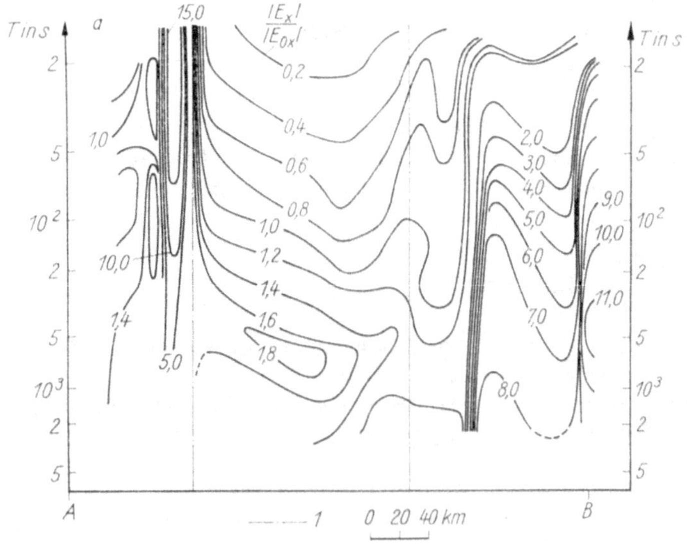


*Abb. 41a. Amplitudenverhältnisse der zu einem zylinderischen Graben parallelen elektrischen Feldkomponenten, bezogen auf die Station A, in einer Perioden-Entfernungsgraphik. Umgezeichnet nach* HAAK *(1970), 1 = Grabenrand*

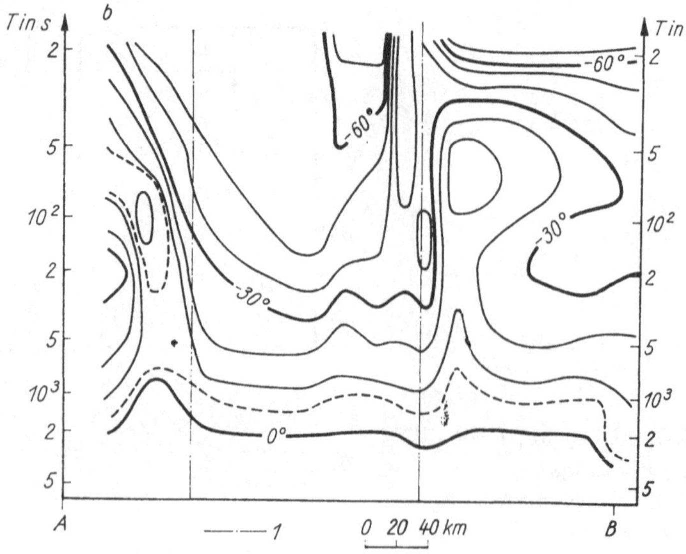


*Abb. 41b. Phasendifferenz der zu einem zylindrischen Graben parallelen elektrischen Feldkomponenten, bezogen auf die Station A, in einer Perioden-Entfernungsgraphik. Umgezeichnet nach* HAAK *(1970), 1 = Grabenrand*

Elektrik geübten Praxis der Kartierung mit konstanter Elektroden-Sonden-Kombination, während die zweite Darstellungsmöglichkeit anomale Widerstandsverhältnisse für bestimmte Perioden (≙ Tiefen) qualitativ herausmodelliert.

Ein praktisches Meßbeispiel einer solchen Darstellungsweise zeigt Abb. 41. Hierbei entpuppt sich das elektrische Feld in seiner Periodenabhängigkeit als scharfer Indikator für ein geotektonisches Element (Rheintal-Graben).

*Flächenhafte Aufnahmen bei verschiedenen Perioden* und von den üblichen Sondierungskurven abgehende Darstellungsweisen der elektromagnetischen Feldkomponenten werden in Zukunft die klassischen und leicht zu Fehldeutungen führenden Sondierungskurven ablösen. Damit werden magneto-tellurische Verfahren in zunehmendem Maßen neben der geotektonischen Stockwerksgliederung Beiträge zur horizontalen Felderung von Kruste und Mantel liefern. Richtungsweisend für derartige Untersuchungsrichtungen dürfte eine Notiz von ADAM u. a. (1971) sein.

## Literatur


ADAM, A., HORVATH, F. und STEGENA, L.: Spreading tectonics investigated by magneto-telluric anisotropy. Nature 231 (1971) 18.

BERDICEVSKY, M. N.: Elektriceskaja razvedka metodom magnitotelluričeskovo profilirovanja (Elektrische Erkundung mit der Methode der magneto-tellurischen Profilierung) Nedra, Moskva (1968).

D'ERCEVILLE, S. und KUNETZ, G.: Some observations regarding naturally occuring electromagnetic fields in applied geophysics. Geophysics 27 (1962) S. 651.

HAAK, V.: Das zeitlich sich ändernde, erdelektrische Feld, beobachtet auf einem Profil über den Rheingraben; eine hiervon abgeleitete Methode der Auswertung mit dem Ziel, die elektrische Leitfähigkeit im Untergrund zu bestimmen. Dissertation an der Ludwig-Maximilian-Universität München (1970) 141 S.

MATSUSHITA, S. und CAMPBELL, W. H.: Physics of geomagnetic phenomena. Acad. Press, New York and London (1967) 1398 S.

THOMSON, D. I. und WEAVER, I. T.: A solution of the „Coastline-effect". Vortrag auf der XV. Generalversammlung der IUGG, Moskau (1971).

VOZOFF, K. und SWIFT, C. M.: Magnetotelluric measurements in the north german basin. Geophys. Prosp. **16** (1968) **4**, S. 454–473.

WRIGHT, I. A.: The magnetotelluric and geomagnetic response of two-dimensional structures. Gamma 7 (1969) 102 S.

# 6.

# Geophysikalische Potentialfelder und deren Anomalien[1]

## 6.1. Quellen und Struktur der Potentialfelder

Unter der Bezeichnung „Geophysikalische Potentialfelder" werden im folgenden Kapitel das magnetische Feld und das Schwerefeld der Erde verstanden.

### 6.1.1. Potentialfeldquellen

Auf der Potentialtheorie beruhende Analysen geomagnetischer Beobachtungsdaten haben gezeigt, daß die *Quellen des Magnetfeldes der Erde* zu über 98% im Innern des Erdkörpers zu suchen sind. Der weitaus größte Teil der inneren Quellen befindet sich im Erdkern, in welchem durch magnetohydrodynamische Prozesse elektrische Ströme erzeugt werden („Dynamotheorie"). Das in seiner Struktur relativ einfache Kernfeld wird durch die unregelmäßige Verteilung magnetischer Minerale in den Erdkrustengesteinen unterhalb der CURIE-Isotherme modifiziert, da diese eine entsprechend unregelmäßige induzierte Magnetisierung erhalten.

Die für die Detailstruktur maßgeblichen *Quellen des Schwerefeldes* werden durch die Massenverteilung im Erdkörper repräsentiert. Da der Erdkörper in der Erdkruste und im Erdmantel bedeutende Massenunregelmäßigkeiten aufweist, ist die Struktur des Schwerefeldes ebenfalls äußerst mannigfaltig.

In der Erforschung der Quellenverteilung und der Struktur der geophysikalischen Potentialfelder wurden in der jüngsten Vergangenheit beträchtliche Fortschritte erzielt. Sie basieren auf der Entwicklung hochempfindlicher Meßinstrumente, auf systematischen Vermessungen der Kontinente und Ozeane sowie auf neuen, objektiven Verfahren der Darstellung und Interpretation der Meßdaten.

### 6.1.2. Moderne Meßinstrumente

Die Vermessung der geophysikalischen Potentialfelder erfolgt auf den Kontinenten auch heute noch zum großen Teil durch Bodenvermessungen, auf den Ozeanen durch

1 Von W. MUNDT.

Messungen vom Schiff aus oder mittels Schleppkörpern. Die Meßgenauigkeit konnte in den letzten Jahren durch den Einsatz moderner Instrumente wesentlich gesteigert werden. Revolutionierend auf die Potentialfeldmessungen wirkte der Einsatz von Hubschraubern, Flugzeugen und Erdsatelliten, der durch die Entwicklung dieser neuen Meßinstrumente möglich war.

An den meisten *geomagnetischen Observatorien,* an denen das magnetische Feld absolut und in seiner zeitlichen Änderung erfaßt wird, sind noch die klassischen Observatoriumsinstrumente wie magnetischer Theodolit und Erdinduktor im Einsatz. Ergänzend, teilweise auch ersetzend, werden aber immer mehr Observatorien mit Protonenmagnetometern oder Rubidium-, Helium- und Caesiumdampfmagnetometern ausgestattet. *Große Erfolge wurden in der letzten Zeit bei der Entwicklung und Erprobung moderner geomagnetischer Datenerfassungsanlagen mit digitaler Datenausgabe erzielt, die mit Prozeßrechnern ausgestattet sind und die Meßdaten automatisch weiterverarbeiten* (Schmidt und Lenners, 1969).

Die *relative Vermessung des magnetischen Feldes* auf den Kontinenten und Ozeanen wurde in den sechziger Jahren während der Periode der magnetischen Weltvermessung außerordentlich intensiviert. Fluxgatemagnetometer, Protonenmagnetometer sowie die auf dem Prinzip des optischen Pumpens basierenden Instrumente wurden sowohl auf dem Lande, in Hubschraubern und Flugzeugen, auf Schiffen, in Schleppkörpern und in Satelliten eingesetzt. Die Empfindlichkeit dieser Instrumente liegt bei Landeinsätzen zwischen 1 und $10\gamma$, bei Messungen vom Flugzeug aus zwischen 0,1 und $1\gamma$. Bei Ozeanmessungen mit Hilfe von Schleppkörpern wurden Genauigkeiten von $\sim 1\gamma$ erreicht, so daß die Detailanomalien des Ozeanbodens erfaßt werden konnten.

Bei der *Vermessung des Schwerefeldes* der Erde unterscheidet man analog zu der Vermessung des Erdmagnetfeldes absolute Bestimmungen der vertikalen Komponente der Schwerebeschleunigung sowie relative Messungen. Die sehr aufwendigen *absoluten Schweremessungen* beruhen entweder auf dem Einsatz von Reversionspendeln oder auf der Methode des freien Falles. Bisher wurden erst ungefähr 10 absolute Schweremessungen vorgenommen, die eine Genauigkeit von etwa 1 mGal erreichten. *Die 1970 abgeschlossene 2. Potsdamer Schweremessung ergab*

$$g = (981{,}2601 \pm 0{,}0003)\ \mathrm{cm\ s^{-2}} \qquad (1)$$

*und stellt im Rahmen der Reversionspendelmessungen eine Spitzenleistung dar* (Schüler u. a., 1970).

*Relative Schweremessungen* werden mit Pendeln oder Gravimetern durchgeführt. Bei Messungen auf dem Festland erreichten sorgfältig ausgeführte Pendelmessungen eine Genauigkeit von 0,01 bis 0,05 mGal. Die Genauigkeit von Gravimetermessungen liegt zwischen 0,001 und 0,01 mGal.

Schweremessungen auf See sind wegen der ständig vorhandenen Beschleunigungskräfte weitaus komplizierter als Messungen auf dem Festland und daher auch weniger genau. In Flachwasserbereichen arbeitet man mit Spezialstativen, so daß sich das Meßinstrument über der Wasseroberfläche befindet. In Bereichen mit Wassertiefen bis etwa 300 m werden die genauesten Messungen mit Gravimetern erreicht, die auf dem Seeboden aufsetzen. Die reine Meßgenauigkeit beträgt bei diesen Messungen etwa 0,2 bis 0,25 mGal. Erste signifikante Seemessungen, durchgeführt mit Pendeln in geschleppten Körpern, liegen etwa 40 Jahre zurück. Seit etwa einem Jahrzehnt dominieren eindeutig spezielle Seegravimeter und stabilisierte Plattformen, mit denen unter normalen Meßbedingungen Genauigkeiten von 5 mGal, in Ufernähe bei besserer Navigation 3 bis 5 mGal erreicht werden.

In den letzten Jahren wurden Bohrlochgravimeter entwickelt, mit welchen Änderungen des Schwerefeldes bis auf 0,01 mGal genau erfaßt werden können. Damit können unterirdische Porositätsbestimmungen durchgeführt werden, die eine ausgezeichnete Ergänzung zu den Dichtebestimmungen in Bohrlöchern darstellen.

Bei Schweremessungen vom Flugzeug aus werden die gleichen Gravimeter ebenfalls seit Jahren erfolgreich eingesetzt. Durch spezielle Weiterentwicklung der Gravimeter für Luftvermessungen will man in Zukunft Genauigkeiten von $\pm$ 5 mGal erreichen.

Bei der Vermessung von schwer zugänglichen Land- bzw. vereisten Seegebieten hat sich der Einsatz von Hubschraubern bestens bewährt. Dabei befindet sich das Gravimeter entweder im Hubschrauber, oder es wird von diesem auf den Boden oder das Eis herabgelassen. Arbeitet man mit Gravimetern in zwei Niveaus, kann der vertikale Schweregradient gemessen werden.

Durch präzise Bahnbeobachtungen künstlicher Erdsatelliten wird auf großregionale Schwereanomalien und damit auf Massenunregelmäßigkeiten im Erdkörper geschlossen. *Gegenwärtig kann das Schwerefeld durch Satellitenbeobachtungen bereits mit einer Genauigkeit erfaßt werden, die einer Kugelfunktionsreihe mit signifikanten Gliedern bis zur 12. Ordnung entspricht.* Versuche zur direkten Schweremessung von Satelliten aus stehen bevor.

### 6.1.3. Darstellung des Feldverlaufs

Die *analytische Darstellung* der Gesamtheit aller auf der Erdoberfläche vorliegenden diskreten oder kontinuierlichen Potentialfelddaten wird erreicht, indem das skalare Potential des Magnetfeldes und des Schwerefeldes in eine Kugelfunktionsreihe entwickelt wird (Kautzleben, 1966). Allerdings können durch die Kugelfunktionsreihe nur die großregionalen Strukturen erfaßt werden. Zur Darstellung der lokalen und regionalen Variationen der Potentialfelder geht man daher von der analytischen Darstellung zur *Isolinienkartendarstellung* über. In den letzten Jahren sind exakte Kriterien zu einer optimalen kartographischen Darstellung von Potentialfelddaten abgeleitet und für das geomagnetische Feld in einer umfassenden Instruktion dargestellt worden (Mundt, 1964 und 1965, KAPG 1967). *Die optimale kartographische Darstellung beruhrt auf einer objektiven Bestimmung der Approximationsgenauigkeit einer Vermessung und auf den inneren Beziehungen zwischen dem vollständigen Approximationsfehler, der Isolinienglättung, dem Isolinienintervall sowie dem Kartenmaßstab.*

Die Konstruktion der Isolinien wird fast ausschließlich mit dem Rechenautomaten durchgeführt. Das eigentliche Problem liegt dabei in der Herstellung eines regelmäßigen, zweidimensionalen Punktgitters aus der vorgegebenen, unregelmäßigen Meßpunktverteilung. In diesem Punkt unterscheidet sich die große Vielzahl der bereits vorliegenden Rechenprogramme.

## 6.2. Trennung der Potentialfelder in Normalfeld und Anomalien

Der gemessene Potentialfeldverlauf stellt die Summe der verschiedensten Quellenanteile dar. Jede Potentialfeldanalyse sowie die Verwendung der Potentialfelder zur Lösung der verschiedensten wissenschaftlichen und wissenschaftlich-technischen Probleme erfordern daher die Aufspaltung der gemessenen Felder in verschiedene Anteile, die allgemein als normale und anomale Anteile bezeichnet werden.

Da der Begriff des Normalen nicht eindeutig definiert ist, läßt sich auch keine präzise, alles Wesentliche umfassende Definition der Normalfelder angeben. Als Folge davon wurden in der Vergangenheit, vor allem im Geomagnetismus, eine Vielzahl von „Normalfeldern“ auf der Grundlage formal-mathematischer oder subjektiv gefärbter graphischer Feldglättungen ermittelt, die keine Beziehung zur physikalischen Struktur des Feldes besaßen und daher nur für qualitative Zwecke verwendbar waren. Erst seit einiger Zeit wird verstärkt versucht, statistische Kriterien zur Untersuchung von normalen und anomalen Feldanteilen zu verwenden (LUGOWENKO, 1967).

### 6.2.1. Magnetische Normalfelder

Auf der Grundlage neuerer Erkenntnisse hinsichtlich der Quellenverteilung des geomagnetischen Feldes sowie der Vervollständigung der globalen und regionalen magnetischen Beobachtungsnetze wurde eine Methode zur Ableitung geomagnetischer Normalfelder ausgearbeitet, deren Charakter physikalisch begründet ist (KAUTZLEBEN u. a. 1969, MUNDT 1970). *Physikalisch begründete Normalfelder beruhen auf einer gezielten Aufspaltung des Gesamtfeldes in Anteile verschiedener Quellenbereiche, die jedoch immer nur näherungsweise möglich ist.* Ausgehend von der quellenverdünnten Zone im Erdmantel bietet sich eine Abspaltung des Krustenfeldes vom Kernfeld als Normalfeld für globale Untersuchungen sowie eine weitere Aufspaltung des Krustenfeldes in Normalfelder mit regionalen und lokalen Gültigkeitsbereichen an.

Als *geomagnetisches Normalfeld im globalen Maßstab* steht das im Jahre 1968 von der IAGA bestätigte „Internationale Geomagnetische Referenzfeld“ (IGRF) in folgender Form zur Verfügung (IAGA 1969):

$$V = a \sum_{n=1}^{n=8}{}' \sum_{m=0}^{m=n}{}' \left(\frac{a}{r}\right)^{n+1} (g_n^m \cos m\lambda + h_n^m \sin m\lambda)\, P_n^m(\cos \Theta) \tag{2}$$

$$X = \frac{1}{r}\frac{\partial V}{\partial \Theta}; \qquad Y = -\frac{1}{r \sin \Theta}\frac{\partial V}{\partial \lambda}; \qquad Z = \frac{\partial V}{\partial r}.$$

$a$ entspricht dem Kugelradius (6371,2 km), $\Theta$ und $\lambda$ sind Poldistanz bzw. östliche Länge, $P_n^m(\cos\Theta)$ sind zugeordnete LEGENDREsche Polynome. Die 80 sphärischen harmonischen Koeffizienten beziehen sich auf die Epoche 1965,0, ohne Reduktion verwendbar war das Feld bis 1970,0. An der Reduktion auf zukünftige Epochen wird gearbeitet.

Als Beispiel für ein physikalisch begründetes geomagnetisches Normalfeld mit regionalem Gültigkeitsbereich soll das Normalfed der Vertikalkomponente für Mitteleuropa zur Epoche 1958,0 angeführt werden.

$$Z(\Delta\varphi, \Delta\lambda) = 43123 + 519{,}0\Delta\varphi + 58{,}0\Delta\lambda - 9{,}72\Delta\varphi^2 - 1{,}08\Delta\varphi\,\Delta\lambda + 2{,}14\Delta\lambda^2\,. \tag{3}$$

Der Zentralpunkt liegt bei $\varphi_0 = 50$ °N, $\lambda_0 = 15$ °E.

Durch Definition und statistische Untersuchung sogenannter „Einflußfaktoren" ist der Typ dieses Normalfeldes eindeutig bekannt, so daß es möglich ist, bei der Ableitung von Normalfeldern gleichen Typs in benachbarten Gebieten an den Gebietsgrenzen einen fehlerfreien Anschluß zu erreichen. Ein Vergleich der „Einflußfaktoren" dieses Normalfeldes mit denen eines globalen Normalfeldes zeigt eine Übereinstimmung mit einem globalen Normalfeld, das durch eine Kugelfunktionsreihe bis zur 20. Ordnung darzustellen wäre.

Zur Bestimmung des „normalen" Feldverlaufs in kleinen Gebieten sowie im Rahmen der Interpretation einzelner, isolierter Anomalien bedient man sich in den letzten Jahren immer stärker des Prinzips der Modellierung auf Rechenautomaten sowie linearer und nichtlinearer Filterungen.

### 6.2.2. Normalfelder der Schwere

Vergleichbar mit dem IGRF ist für die Schwere die „*Internationale Schwereformel*", für welche die IAG im Jahre 1967 folgende Form bestätigte:

$$g = 978{,}0318\,(1 + 0{,}0053024 \sin^2\varphi - 0{,}0000058 \sin^2(2\varphi)), \text{Gal.} \tag{4}$$

Die nach dieser Gleichung berechnete Normalschwere wird auch als Basis zur Berechnung und Konstruktion von Isanomalenkarten im regionalen Maßstab mit Erfolg angewendet.

In der Übergangsphase zu diesem Geodätischen Bezugssystem 1967 findet jedoch nach wie vor die HELMERTsche Schwereformel aus dem Jahre 1901 Verwendung.

Zur Berechnung des Bezugsniveaus bei der Deutung lokaler Schwereanomalien werden die gleichen mathematischen Algorithmen wie für die magnetischen Anomalien verwendet.

### 6.2.3. Magnetische Anomalien

*Die Potentialfeldanomalien stellen die Differenz zwischen dem gemessenen Feldverlauf und dem „Normalfeld" dar.* Ihre Klassifikation bezieht sich hauptsächlich auf Dimension, Quellenart und Quellentiefe. Zur *Klassifizierung der magnetischen Anomalien* hat sich eine Einteilung in lokale, regionale und globale Anomalien als nützlich erwiesen. Entsprechend dem unterschiedlichen Aufbau der kontinentalen und der ozeanischen Kruste bestehen auch zwischen den geomagnetischen Quellen in beiden Bereichen Unterschiede. Daher beobachtet man auf den Kontinenten andere magnetische Anomalien als in den Ozeangebieten.

Die Klasse der *lokalen Anomalien* wird aus Anomalien mit charakteristischen Dimensionen unterhalb 10 km gebildet, ihre Quellen befinden sich etwa in den obersten 5 km der Kruste. Meist sind lokale magnetische Anomalien mit anstehenden kristallinen Gesteinen, mit Basaltkomplexen, mit einer relativ hoch liegenden Kristallinoberkante oder mit basischen Intrusionen verbunden.

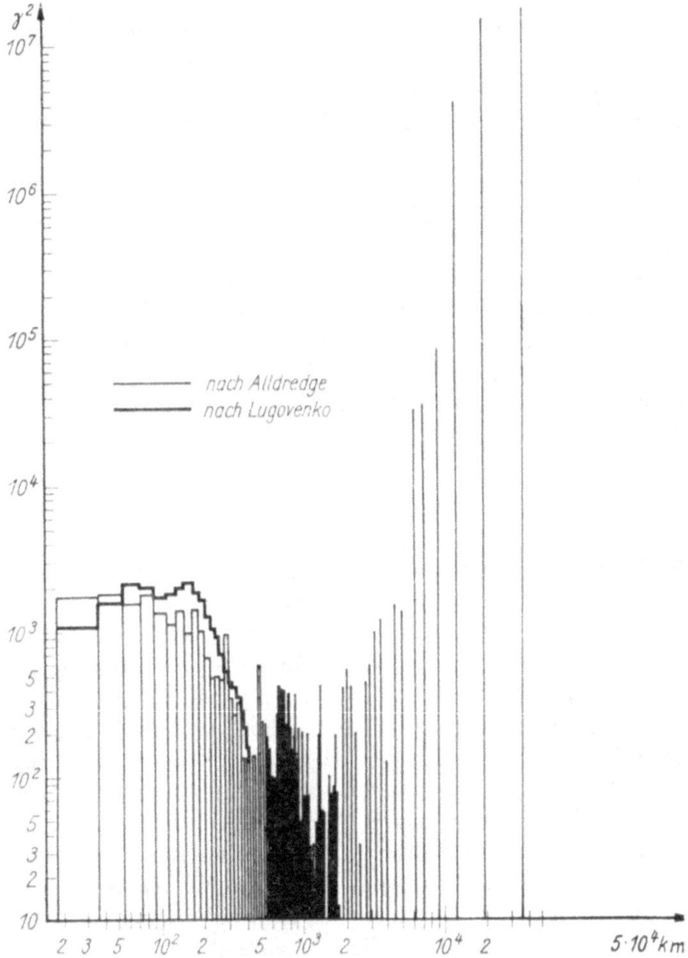


*Abb. 42. Geomagnetisches Anomalienspektrum*

*Regionale Anomalien* haben charakteristische Dimensionen größer als 10 km. Die obere Grenze ist umstritten, nachdem in der aus „Kosmos-49"-Daten berechneten $\Delta T$-Karte für die UdSSR Anomalien mit Dimensionen zwischen 400 km und 4000 km nachgewiesen wurden (Benkowa und Simonenko, 1971). Als Ursachen dieser „*intermediären*" Anomalien werden Variationen der Suszeptibilität im paramagnetischen Material unterhalb der Curie-Tiefe vermutet. Danach liegen die Quellen in dem Bereich des Erdmantels, der aus den bisherigen Untersuchungen des geomagnetischen Anomalienspektrums als quellenfrei angenommen wurde (Lugowenko und Portnowa, 1968).

In Abb. 42 ist das geomagnetische Anomalienspektrum dargestellt.

*Globale Anomalien* werden durch Dimensionen oberhalb 2000 km bis 3000 km charakterisiert, wobei sämtliche Grenzen fließend sind. Die Quellen dieser Anomalien sind im Grenzbereich zwischen Erdkern und Erdmantel zu suchen.

Bei den magnetischen Anomalien in den Ozeangebieten lassen sich generell zwei Typen unterscheiden: Es sind dies einmal Anomalien, die keinerlei Beziehung zur Topographie des Ozeanbodens zeigen. Zu dieser Klasse gehören die streifenförmig angeordneten Linearanomalien. Zum anderen beobachtet man mit der Topographie streng korrelierte Anomalien, wie die der ozeanischen Rücken, der Seegebirge und des Kontinentalschelfs.

Die bereits in sämtlichen Ozeanen nachgewiesenen *magnetischen Linearanomalien* stellen das bestimmende Element dar. *Nach der* Vine-Matthews-*Theorie (1963) basieren diese abwechselnd normale und inverse Magnetisierung aufweisenden Anomalien auf Mantelmaterial, das im Verlauf von Jahrmillionen aus der Spalte der Rücken hervorquillt, nach beiden Seiten hin abfließt und im Sinne der jeweils herrschenden Polarität des Erdfeldes magnetisiert wird.* Damit dienen die Linearanomalien als eine Hauptstütze der Hypothese vom „Ocean-Floor-Spreading".

### 6.2.4. Schwereanomalien

Die Einteilung der Schwereanomalien erfolgt in erster Linie nach dem angewandten Reduktionsverfahren, in zweiter Linie analog zu den magnetischen Anomalien nach der charakteristischen Dimension. Nach den am häufigsten verwendeten Reduktionen werden *Freiluft-*, Bouguer- *und isostatische Anomalien* unterschieden. Zur Untersuchung von Masseninhomogenitäten im Bereich der Erdkruste und des oberen Erdmantels stellen die Bouguer-Anomalien die günstigste Voraussetzung dar, da die Reduktion die Schwereunterschiede der sichtbaren Massenverteilung ausschaltet. Isostatische Anomalien lassen Rückschlüsse auf unkompensierte Massenverteilungen zu, die für geodynamische Prozesse von Bedeutung sind.

Die Einteilung der Schwereanomalien nach der Dimension erfolgt ähnlich der beim magnetischen Feld in lokale und regionale Anomalien. Mitunter wird eine Unterscheidung in „sialische" und „simatische" Anomalien gebraucht. Als „sialisch" bezeichnet man Anomalien, die auf Grenzflächen und deren Relief in der Erdkruste zurückgehen, „simatische“ Anomalien sind mit der Tiefe und dem Relief der MOHOROVIČIĆ-Diskontinuität gekoppelt.

Zwischen den Schwereanomalien auf den Kontinenten und Ozeanen besteht kein so eindeutiger Unterschied wie zwischen den magnetischen Anomalien, da die Schwereanomalien kein Analogon zu den charakteristischen magnetischen Linearanomalien in den Ozeangebieten besitzen.

Die statistische Analyse der Potentialfeldanomalien deutet sowohl Unterschiede als auch Gemeinsamkeiten an. *Im Gegensatz zum magnetischen Spektrum weist das Energiespektrum des Schwerefeldes auf keinen anomalienverdünnten Perioden- bzw. Tiefenbereich hin.*

## 6.3. Moderne Vermessungen von Kontinental- und Ozeangebieten

### 6.3.1. Kontinentalgebiete

Als Musterbeispiel für eine moderne *magnetische Bodenvermessung* in Kontinentalgebieten kann die einheitliche Vermessung der sozialistischen Staaten in Mittel- und Südosteuropa gelten. Sie umfaßt eine Fläche von fast 1 Mill. km² und wurde in enger Kooperation und gegenseitiger Abstimmung von der DDR, der VR Polen, der ČSSR, der VR Ungarn, der SR Rumänien und der VR Bulgarien mit dem Ziel der Schaffung einheitlicher magnetischer Karten für das Gesamtgebiet im Maßstab 1:2,5 Mill. durchgeführt. Im Rahmen dieser Gemeinschaftsarbeit wurden ein Standardniveau für die Hauptobservatorien mit einem Fehler von 2 bis 3$\gamma$ geschaffen, ein regelmäßiges Netz von etwa 90 Säkularpunkten eingerichtet und in 2 bis 4 Jahresintervallen vermessen sowie Grenzvergleichsmessungen zur Eliminierung von Diskontinuitäten zwischen den Vermessungen in den Teilnehmerländern durchgeführt (KAPG, 1967). Die rund 2700 Meßpunkte entsprechen einem mittleren Meßpunktabstand von etwa 25 km, der eine Approximation des wirklichen Feldverlaufs mit einem Fehler von $\pm 4'$ für die Deklination, $\pm 30$ bis 40$\gamma$ für die Horizontal- und Vertikalkomponente und $\pm$ 50$\gamma$ für die Totalintensität gestattet. Für das Gesamtgebiet wurde ein einheitliches Normalfeld abgeleitet, das die Grundlage zur Konstruktion von Isanomalenkarten darstellt (KAUTZLEBEN u. a., 1969).

Für das Gebiet der UdSSR wurde eine *aeromagnetische Vermessung* mit Fluxgate-Magnetometern zur Konstruktion von $\Delta T$-Anomalienkarten durchgeführt, die hinsichtlich ihrer geologischen Interpretation vorbildlich ist. *Durch die auf einem Profilabstand von etwa 2 km und einer mittleren Flughöhe von 300 m basierende Vermessung wird eindeutig gezeigt, daß aeromagnetische Vermessungen größerer Bereiche ein ausgezeichnetes Hilfsmittel zum Nachweis und zur Charakterisierung geologischer Großstrukturen in der oberen und tieferen Kruste darstellen.* Die Anomalienkarten geben die Blockstruktur im kristallinen Fundament der präkambrischen Plattformen wieder. Die Blöcke sind meist durch schmale Zonen starker positiver Anomalien begrenzt, die auf

Bruchzonen hindeuten. In gefalteten Gebieten verlaufen die Anomalien überwiegend parallel zu den gefalteten Komplexen. In einigen Gebieten wurden durch die Anomalien auch bisher unbekannte tektonische Strukturen definiert.

Vergleichbar mit dieser Vermessung ist ein *aeromagnetisches Profil*, das bei einer Bandbreite von etwa 1500 km mit parallelen Teilprofilen im Abstand von ungefähr 8 km belegt ist und den Nordamerikanischen Kontinent in 35° bis 39 °N durchquert (Zietz, 1969). Die Analyse der magnetischen Anomalien zeigte die Aufteilung des Kontinents im Bereich der Erdkruste und des oberen Erdmantels in zwei Provinzen, wobei die Rocky Mountains die Grenze bilden. Der östliche Teil zeichnet sich durch eine relativ mächtige und stark magnetisierte Kruste aus, unter der ein signifikanter Teil des oberen Mantels unterhalb der Curie-Isotherme liegt. Demgegenüber ist die Kruste im westlichen Teil relativ dünn und schwach magnetisiert.

Große Fortschritte wurden in den letzten Jahren bei der *magnetischen Vermessung aktiver Vulkane* gemacht, wobei sich aeromagnetische Messungen mit Protonenmagnetometern in etwa 500 m über der Vulkankuppe bewährten. Nach Elimination des magnetischen Regionalfeldes, der Terraineffekte des Residualfeldes sowie Trennung der terrainkorrigierten Anomalien in zwei Gruppen, deren Quellen sich in oder neben dem Krater befinden, können wesentliche Aussagen über Struktur und Stoffbestand des Vulkans gewonnen werden.

Als Beispiel dafür kann eine detaillierte aeromagnetische Vermessung von 25 aktiven Vulkanen auf Kamtschatka angeführt werden, in der die Vulkane durch starke bipolare Anomalien mit normaler Polarität charakterisiert wurden (Steinberg und Rivosh, 1965).

Durch Analysen der Bouguer-Anomalien über Vulkanen können die aus magnetischen Analysen gewonnenen Aussagen zur inneren Struktur der Vulkane bezüglich der Massenverteilung ergänzt werden. Infolge der geringen Dichte des vulkanischen Materials besitzen die Bouguer-Anomalien meist ein negatives Vorzeichen.

### 6.3.2. Ozeangebiete

Die charakteristischen Erscheinungen des Ozeanbodens, wie die ozeanischen Rücken, Inseln, Atolle, Seegebirge, aber auch Kontinentalränder und Tiefseegräben konnten in den letzten Jahren durch intensive Vermessungen der Potentialfelder bezüglich ihres Anomalienbildes weitgehend erforscht werden. Im Mittelpunkt des Interesses standen dabei die *magnetischen Anomalien der mittelozeanischen Rücken sowie die Linearanomalien.* Für die Rückenanomalien ist charakteristisch, daß sie innerhalb einer axialen Zone von etwa 1000 km Breite kürzere Wellenlängen und kleinere Amplituden als über den Flanken aufweisen. Über dem Kamm selbst wurden die maximalen Amplituden mit über 1000$\gamma$ gemessen. *Obwohl die Achse des Rifts fast immer durch die Zentralspalte und durch seismische Epizentren gekennzeichnet ist, stellt die axiale magnetische Anomalie doch das sicherste Mittel zu ihrer Lokalisierung dar. Für den Verlauf der Schwereanomalien über den Rücken ist eine Depression der* Bouguer-

*Anomalien sowie ein Übergang von positiven zu negativen Freiluftanomalien nach den Flanken hin charakteristisch.*

Die magnetischen Anomalien über ozeanischen Inseln zeigen ein komplexes Bild, das dem vulkanischen Ursprung der Inseln entspricht. Lokale Anomalien von einigen tausend Gamma sind nicht ungewöhnlich und verdecken oft die eigentliche Inselanomalie fast völlig. Auch die Mehrzahl der Seegebirge zeigt gut markierte magnetische Anomalien, was auf ihren vulkanischen Ursprung schließen läßt.

Am atlantischen Kontinentalschelf Nordamerikas wurden magnetische Linearanomalien nachgewiesen, deren Breite zwischen 30 km und 80 km und deren Amplitude zwischen $150\gamma$ und $600\gamma$ schwankt. Als Quellen dieser Anomalien werden intrusive und extrusive Gesteine vermutet, deren Existenz auf eine frühere tektonisch aktive Phase zurückgeht. Einen ähnlichen Charakter zeigen magnetische Anomalien über Tiefseegräben. Da der Feldverlauf über den Gräben zum Teil ruhiger als in einer gewissen Entfernung davon ist, deutet sich eine Absenkung der magnetischen Quellen an. Sichere Anzeichen auf größere Krustenstörungen im Grabenbereich wurden jedoch nicht erhalten.

*Ozeanische Schweremessungen* in „normalen“ Gebieten erbrachten für die mittleren Anomaliendimensionen zwischen 15 km und 300 km allgemein eine strenge Korrelation mit der Topographie des Ozeanbodens. Schwereanomalien mit Perioden oberhalb 300 km sind demgegenüber von der lokalen Topographie nahezu unabhängig, da ihr Einfluß weitgehend durch isostatische Kompensation verdeckt ist. Kurzperiodische Schwereanomalien werden bei Messungen an der Meeresoberfläche infolge der 4 bis 6 km betragenden Wasserbedeckung nur mit einer sehr geringen Amplitude erfaßt.

In weiten Ozeanbereichen besteht aber keine so einfache Beziehung zwischen den Schwereanomalien und der Topographie. Unter mehreren ozeanischen Inseln und benachbarten Tiefseegräben konnte aus Messungen des Schwerefeldes eine Krustenverdünnung nachgewiesen werden. Der Schwereverlauf über Seegebirgen deutet allgemein auf unkompensierte Krustenstruktur hin.

### 6.3.3. Globale Vermessungen

Bei der *Erfassung der globalen Züge der Potentialfelder* konnten durch den Einsatz von Erdsatelliten ungeheure Fortschritte erzielt werden. Mit Hilfe eines einzigen Erdsatelliten, dessen Bahn über die Pole führt, kann in sehr kurzer Zeit die gesamte Erdkugel vermessen werden.

Auf dieser Grundlage und mit einer Vielzahl aeromagnetischer Daten wurden im letzten Jahrzehnt magnetische Weltkarten konstruiert, die alle bisherigen in der Genauigkeit beträchtlich übertreffen. *Großregionale Auswertungen magnetischer Satellitendaten ergaben Aussagen über bisher wenig bekannte Anomalientypen („intermediäre“ Anomalien).*

*Eine Interpretation der aus Sattellitendaten abgeleiteten Geoidundulationen und großregionalen Schwereanomalien zeigt insofern interessante Aspekte, als sich eine Korre-*

*lation dieser Größen zur rezenten tektonischen Aktivität anzudeuten scheint.* Versuche, bei denen z. B. die positiven Schwereanomalien in den pazifischen Randgebieten mit Erscheinungen der „Plattentektonik" in Verbindung gebracht werden, bedürfen allerdings noch zukünftiger Beweise.

### 6.3.4. Potentialfeldanomalien und Krustenbau

Aus der Darstellung moderner magnetischer und gravimetrischer Vermessungen in Kontinental- und Ozeangebieten geht bereits die enge Beziehung der regionalen Potentialfeldanomalien zur Krustenstruktur hervor. Danach wird die Struktur der regionalen geomagnetischen Feldverteilung im wesentlichen durch folgende Faktoren bestimmt:

- Mächtigkeit der Erdkruste oberhalb der Curie-Isotherme,
- Mächtigkeit und Suszeptibilität der einzelnen Schichten der Erdkruste,
- bedeutende vertikale Diskontinuitäten (tektonische Störungen) innerhalb des magnetischen Krustenmaterials,
- laterale Inhomogenitäten innerhalb der magnetischen Kruste.

Mit Ausnahme der Mächtigkeit der magnetischen Kruste wirken sämtliche Faktoren auch auf die Schwereverteilung, wobei für den physikalischen Parameter Suszeptibilität lediglich die Dichte zu setzen ist. Spielt für die magnetischen Anomalien die Tiefe der Curie-Isotherme eine besondere Rolle, so ist für die Bouguer-Anomalien der Dichtekontrast an der Mohorovičić-Diskontinuität von Bedeutung. *Regionale Änderungen der* Bouguer-*Anomalien stehen mit regionalen Änderungen der Krustenmächtigkeit in Beziehung.* Positive Bouguer-Anomalien entsprechen einer Kruste, die dünner als normal ist, während negative Schwereanomalien auf eine zu mächtige Kruste hindeuten. In Abhängigkeit von den Krusten- und Manteldichten werden aber auch umgekehrte Beziehungen beobachtet. Etwa 65% der seismisch definierten Krustenmächtigkeiten stehen in „normaler" Beziehung zu den Bouguer-Anomalien (Woollard, 1969). Für diese Gebiete läßt sich die Tiefe der Mohorovičić-Diskontinuität aus den Bouguer-Anomalien genauer als auf $\pm$ 3 km für 50% aller Fälle und auf $\pm$ 6 km genau für 90% der Fälle bestimmen (Demenitskaja und Beljaewski, 1969). Es liegen ausführliche Analysen dieser Beziehungen für verschiedene Gebiete auf Kontinenten und Ozeanen vor.

## 6.4. Moderne Interpretationsverfahren

Die Analyse von Potentialfeldanomalien zum Nachweis der Quellenverteilungen und damit zur Erarbeitung von Aussagen über Aufbau und Struktur der Erdkruste und des oberen Erdmantels wird durch zwei Schwierigkeiten charakterisiert, die eine eindeutige Interpretation unmöglich machen. Einmal stellt der an der Erdoberfläche gemessene Feldverlauf in jedem Fall die Summe verschiedener Quellenanteile dar, die niemals exakt voneinander zu trennen sind. Zum zweiten liegt stets die potentialtheoretisch bedingte Ambiguität vor. Die Vieldeutigkeit der Ergebnisse wird in der Praxis weitgehend eingeschränkt, indem geologisch-geophysikalisch unsinnige Fälle ausgeschieden bzw. durch komplexe Interpretation einer Vielzahl von geophysikalischen und geologischen Daten Ergebnisse mit hoher Wahrscheinlichkeit herausgearbeitet werden. Realisiert wird diese Aufgabe mittels direkter Interpretationsverfahren auf statistischer Basis, wobei der Einsatz elektronischer Rechenautomaten eine ständig wachsende Rolle spielt.

Bei der Vielzahl von Interpretationsverfahren für geophysikalische und geologische Daten erweist sich eine *Gliederung der Verfahren nach dem Interpretationsgrad* als vorteilhaft. Die erste Stufe stellt die Interpretation geometrischer Strukturformen im Isolinienbild der Karten dar. Aussagekräftiger sind die mathematisch-physikalische Analyse geometrischer Strukturformen sowie die komplexe Potentialfeldanalyse. Die höchste Stufe ist mit der geophysikalisch-geologischen Komplexinterpretation erreicht (Mundt, 1971a). Nur durch diese komplexe Analyse ist es möglich, über die Angabe geometrischer Strukturparameter hinaus Aussagen über Struktur und Stoffbestand der entsprechenden Tiefenbereiche zu machen.

## 6.4.1. Mathematische Analyse geometrischer Strukturformen

Auf dieser Stufe geht es um eine mathematische Analyse der Formeigenschaften in Isolinienkarten mit dem Ziel, Aussagen über die geometrische Struktur des Untergrundes zu erhalten. Die dafür einzusetzenden statistischen Verfahren sind so allgemein anwendbar, daß sie nicht nur für Potentialfelddaten Gültigkeit besitzen, sondern auch zur Analyse anderer geophysikalischer Isolinienkarten sowie geologischer Strukturkarten herangezogen werden können.

Am häufigsten werden diese Methoden zur *geophysikalisch-geologischen Rayonierung*, basierend auf bestimmten Eigenschaften der geophysikalischen Anomalien bzw. der geologischen Strukturformen, eingesetzt. Bei der praktischen Anwendung wird das Untersuchungsgebiet in einzelne Teilgebiete zerlegt, für die bestimmte statistische Kenngrößen berechnet werden, deren Variation als Rayonierungsgrundlage dient. *Eine erste Aussage zur Rayonierung auf der Basis nur einer Merkmalsverteilung kann z. B. durch Berechnung von Vorzugsrichtungen der Potentialfeldanomalien für die einzelnen Teilgebiete auf der Grundlage zweidimensionaler Autokovarianzen erreicht werden.*

Die mathematische Analyse geometrischer Strukturformen in Potentialfeldkarten und geologischen Karten wird auch zum *Nachweis vertikaler Diskontinuitäten* im Untergrund angewandt. Es existieren dazu verschiedene statistische Analysenverfahren, die sich zwar in der Anlage teilweise unterscheiden, letztlich aber sämtlich auf der Berechnung von Korrelationskoeffizienten als Maß für Kontinuität oder Diskontinuität im Strukturbild der Karten beruhen.

*Bei der komplexen Korrelationsanalyse nach* MUNDT *(1971b) werden die Diskontinuitäten durch Berechnung der Korrelationskoeffizienten für die Datenfolgen auf jeweils benachbarten Parallelprofilen ermittelt.* Durch Drehung ganzer Systeme von Parallelprofilen in die verschiedenen Richtungen können Diskontinuitäten erster und höherer Ordnung erfaßt werden. Die Berechnung der Korrelation in Richtung der Diskontinuität ist besonders vorteilhaft, da dabei die gesamte Information über die Unstetigkeit in den Korrelationskoeffizienten als statistische Kenngröße eingeht. Das Auflösungsvermögen des Verfahrens wird durch den Abstand der Parallelprofile festgelegt.

*Erprobt ist außerdem bereits die Lokalisierung von Diskontinuitäten durch Berechnung der Korrelation zwischen verschiedenen Datenmengen auf Profilen, die möglichst senkrecht zur Diskontinuität liegen müssen und schrittweise in Profilrichtung verschoben werden.* Bei Einhaltung der statistisch vorgeschriebenen Minimallänge der Profile und bei geringem Verschiebungsbetrag kann davon ausgegangen werden, daß eine Folge von wenig variierenden Korrelationskoeffizienten weitgehende Homogenität in dem überdeckten Bereich anzeigt. Eine Änderung des Korrelationskoeffizienten entspricht einer Änderung der Homogenität, deren Ursache in Diskontinuitäten als Grenzen benachbarter unterschiedlicher Homogenitätsbereiche zu sehen ist. Das Auflösungsvermögen dieser Methode hängt vom Verschiebungsbetrag der korrelierten Profile ab. Da sich der Korrelationskoeffizient jedoch stets auf die gesamte Länge des Profils bezieht, ist die Indikation über eine Gebietsgrenze in diesem Fall weniger scharf als bei der Korrelationsberechnung zwischen Parallelprofilen.

Diesem Verfahren sehr ähnlich ist die sogenannte „mobile Korrelationsanalyse" (OLSZAK und PESCHEL, 1971) zur Erkennung tektonischer Störungen und anderer vertikaler Grenzflächen. Die Grenzflächen werden durch die Untersuchungsprofile senkrecht angeschnitten. Die Länge der Profile ist extrem kurz, so daß die Korrelation zwischen zwei Datenmengen lediglich über einzelne peaks durchgeführt wird.

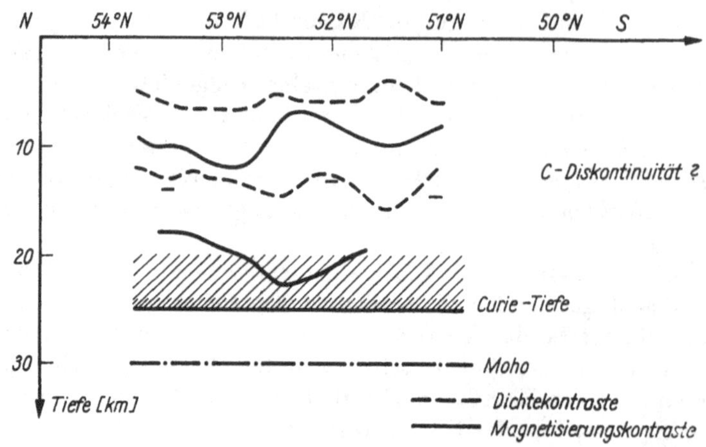


*Abb. 43. Gliederung der Erdkruste auf einem NS-Profil, 12,5 °E Länge (Überhöhung ~ 11fach)*

## 6.4.2. Mathematisch-physikalische Analyse geometrischer Strukturformen

Auf dieser Interpretationsstufe wird der Zusammenhang zwischen den geometrischen Strukturen der Isanomalenkarte und der physikalischen Struktur der Potentialfelder bei der Informationsgewinnung verwendet. Konkret handelt es sich dabei um den Zusammenhang zwischen den charakteristischen Dimensionen der Anomalien und der Tiefenlänge der zugehörigen Quellen. Diese Beziehung gilt als Grundlage für verschiedene Interpretationsverfahren. Als konkretes Beispiel sei ein statistisches Analysenverfahren zur *Berechnung der Tiefe von Magnetisierungs- und Dichtekontrasten* in der tieferen Erdkruste und im oberen Erdmantel angeführt. Dabei sind die Informationen über die Periodenverteilung der Anomalien in Autokorrelationsfunktionen komprimiert. Die Deutung der Autokorrelationsfunktionen erfolgt auf der Grundlage von vorgegebenen statistischen Untergrundmodellen mit bekannten Autokorrelationsfunktionen. Für die Tiefe $t$ der Magnetisierungs- oder Dichtekontraste ergibt sich

$$t = \alpha \sqrt{\frac{\sum_{i=1}^{N} \tau_i^4}{\sum_{i=1}^{N} \tau_i^4 \ln R(0) - \sum_{i=1}^{N} \tau_i^2 \ln R(\tau_i)}}\,, \tag{5}$$

worin $\alpha$ für den physikalischen Charakter und die Geometrie des statistischen Krustenmodells verantwortlich ist (Mundt, 1969). $N$ gibt die Anzahl der positiven $R(\tau)$-Werte vor dem ersten Nulldurchgang der Autokorrelationsfunktionen an. Es wird also nur die im ersten Abfall der Autokorrelationsfunktionen erhaltene wesentliche Information analysiert, auf die Deutung häufig vorhandener periodischer Anteile wird verzichtet.

In Abb. 43 wird eine mit diesem Verfahren erschlossene Krustengliederung für das Gebiet der DDR auf einem in 12,5° östlicher Länge befindlichen NS-Profil dargestellt. Es zeigt die Möglichkeit zur Ergänzung seismischer Krustengliederung durch Potentialfeldanalysen auf.

Zur Klasse der mathematisch-physikalischen Analyse zählen ebenfalls die in großer Zahl vorliegenden Transformationsformeln zur Durchführung von *Feldtransformationen* mit dem Ziel, das gemessene Potentialfeld in Anteile unterschiedlicher Quellentiefen zu zerlegen (Lindner, 1971).

Auch die verschiedenen Techniken der linearen und nichtlinearen Filterung beruhen auf den Beziehungen zwischen den geometrischen Strukturen im Kartenbild und der physikalischen Struktur im Untergrundbereich. Sie erlebten in letzter Zeit einen geradezu stürmischen Aufschwung. Bei der „*Wellenlängenfilterung*" erweist sich die einfache Ableitung bandpaßgefilterter Karten durch Differenzbildung zweier Felder mit unterschiedlichen charakteristischen Wellenlängen als vorteilhaft. Bei der „*störkörpergebundenen Filterung*" wird versucht, das berechnete Signal eines vorgegebenen Störkörpers aus dem gemessenen Feldverlauf herauszufiltern, so daß eine Entscheidung über die Existenz eines Störkörpers dieser Art getroffen werden kann.

### 6.4.3. Komplexe Potentialfeldanalyse

Die bewußte Ausnutzung von *Verknüpfungsbeziehungen zwischen den geophysikalischen Potentialfeldern* stellt in den meisten Fällen einen Informationsgewinn dar. In letzter Zeit wurden daher statistische Interpretationsverfahren entwickelt, die die Verknüpfung der geomagnetischen Anomalien mit den Schwereanomalien ausnutzen, wie sie die POISSONSCHE Beziehung unter der Voraussetzung angibt, daß die Anomalien jeweils von ein und demselben Störkörper mit homogener Massendichte und Magnetisierung hervorgerufen werden. Als Beispiel sei eine im Gebiet der DDR angewandte multiple Regressionsanalyse angeführt, bei der partielle Regressionskoeffizienten für einzelne Teilgebiete berechnet wurden (WIRTH, 1970). Die Variation der Vorzeichenkombination der partiellen Regressionskoeffizienten von Gebiet zu Gebiet gestattet eine Rayonierung des Untersuchungsbereichs auf der Grundlage wesentlicher Unterschiede im Zusammenhang zwischen beiden Potentialfeldern.

### 6.4.4. Geophysikalisch-geologische Komplexinterpretation

Jede Potentialfeldinterpretation zur Untersuchung von Aufbau und Struktur der Erdkruste, auch wenn sie in komplexer Form durchgeführt wird, bleibt infolge der niemals vollständig zu überwindenden Mehrdeutigkeit sowie ihrer auf die Magnetisierung und Dichteverteilung beschränkten Aussagefähigkeit mit gewissen Mängeln behaftet. *Gegenwärtig entwickelt man daher statistische Interpretationsverfahren, die auf einer gemeinsamen Analyse der Potentialfelddaten mit weiteren geologisch-geophysikalischen Daten und Angaben über physikalisch-chemische Materieparameter unter möglichst optimaler Ausnutzung der bestehenden multiplen Verknüpfungsbeziehungen beruhen.* Diese Verfahren erfordern neben der Weiterentwicklung der bereits vorliegenden Grundlagen der Interpretationstheorie auch petrophysikalische Laborexperimente unter hohen Drücken und hohen Temperaturen zur Bestimmung der mechanischen, elektrischen, magnetischen und thermischen Eigenschaften des Materials in der Erdkruste und im Bereich des oberen Erdmantels sowie petrochemische Untersuchungen. Zu dieser Interpretationsmethodik kann das zur Analyse von Schwerefeldern häufig mit Erfolg angewandte Abdeckverfahren gezählt werden. Durch Kombination von gravimetrischen, seismischen, petrophysikalischen und teilweise weiteren Daten ist es möglich, die Schwerewirkung bestimmter oberflächennaher Horizonte vom gemessenen Feldverlauf zu subtrahieren. Dann steht das „Restfeld" für eine detaillierte Analyse im Hinblick auf die tieferen Krustenbereiche zur Verfügung.

## 6.5. Zukünftige Aufgaben

Die Bedeutung von Ort, Tiefe, physikalischer Eigenschaft und geophysikalisch-geologischer Ursache der Potentialfeldanomalien wird auch zukünftig in Hinsicht auf die Untersuchungen des statischen Aufbaus und des dynamischen Geschehens der

Erdkruste und des Erdmantels sowie für viele weitere wissenschaftliche und wissenschaftlich-technische Probleme, bei denen die orientierende und stabilisierende Wirkung der Potentialfelder wesentlich ist, weiter anwachsen. Daraus resultiert die Notwendigkeit, sowohl die Erfassung der Feldverteilung als auch deren Interpretation ständig weiter zu vervollkommnen. Auf instrumentellem Gebiet steht die Entwicklung solcher Meß- und Registriergeräte mit computergerechter Datenausgabe im Vordergrund, die auf dem Festland, aber auch auf Schiffen, in Schleppkörpern, Hubschraubern, Flugzeugen und Satelliten eingesetzt werden können.

Die systematische Vermessung der Potentialfelder ist weltweit auf dem Boden, dem Wasser und in der Luft weiterzuführen. Dabei kommt der Vermessung der Ozeangebiete hinsichtlich einer möglichst vollständigen Erfassung der magnetischen Linearanomalien sowie großregionaler Schwereanomalien eine besondere Bedeutung zu. Im Rahmen des internationalen Geodynamik-Projekts ist die Untersuchung der zeitlichen Ädnerung der Potentialfelder wesentlich.

Durch weitgehende internationale Koordinierung und durch die Ausarbeitung gemeinsamer Instruktionen sollte erreicht werden, daß Anlage, Darstellung und Auswertung der Messungen nach einheitlichen Gesichtspunkten erfolgt. Physikalisch begründete Normalfelder sollten dazu dienen, weitgehend vergleichbare Anomalien zu definieren.

Bei der Interpretation von Potentialfeldanomalien wurden in letzter Zeit mit statistischen Verfahren die größten Erfolge erzielt. Der Ausbau dieser Verfahren, der eng mit dem Einsatz von Rechenautomaten verbunden ist, erscheint dringend erforderlich. Dabei deutet sich an, daß die vollautomatisierten Interpretationsverfahren trotz der großen Geschwindigkeiten, mit denen Rechenautomaten komplexe arithmetische Fragen lösen, nicht das Optimum darstellen. Der Rechenautomat wird hilflos, wenn bei einem Interpretationsproblem zwischen verschiedenen Alternativen mit gleichem mathematischem Wert zu entscheiden ist. Aus diesem Grunde wird den halbautomatischen Verfahren, bei denen Zwischenentscheidungen durch die bearbeitenden Geophysiker und Geologen zu treffen sind, die Zukunft gehören.

Der Erfolg jeder zukünftigen Potentialfeldinterpretation wird außerdem wesentlich davon abhängen, inwieweit es gelingt, die physikalischen Parameter des Materials im Quellenbereich ebenso wie weitere geologisch-geophysikalische Informationen mit in die Interpretation einzubeziehen. Aus diesem Grunde sind Untersuchungen über Suszeptibilitäts- bzw. Dichteverteilungen in verschiedenen Gesteinen, Regionen und Tiefen für die Potentialfeldinterpretation von besonderer Bedeutung.

## Literatur

Benkowa, N. P. und Simonenko, T. N.: Geomagnetic Anomalies from „Cosmos-49" and comparison with the other geophysical phenomena. Program and Abstracts for the XV IUGG General Assembly Moscow, 1971, 354.

Demenitskaja, R. M. und Beljaewski, N. A.: The relation between the Earth's Crust, Surface Relief, and Gravity Field in the USSR. Geophysical monograph **13** (1969) 312–319.

KAUTZLEBEN, H.: Statistische Analyse des geomagnetischen Hauptfeldes. Unveröff. Habil.-Schrift, Karl-Marx-Univ. Leipzig, 1966.

KAUTZLEBEN, H., MUNDT, W. und ROTHER, G.: Über ein geomagnetisches Normalfeld der Vertikalkomponente in Mitteleuropa. Gerl. Beitr. Geophysik 78 (1969) 148–160.

LINDNER, H.: Moderne Bearbeitungsverfahren in der Gravimetrie und Magnetik. (Unveröff. Bericht, 1971).

LUGOWENKO, V. N.: Nekotorij ocenki progrečnostei wosnikajuščich pri rasdelenii geomagnitnogo polja na glawnoe i anomal'noe polja. Geom. i. Aeron. **VII** (1967) 388–390.

LUGOWENKO, V. N. und PORTNOWA, W. P.: Energetičeskii spektr anomal'nogo magnitnogo polja. Geom. i Aeron. **VIII** (1968) 1127–1129.

MUNDT, W.: Statistische Bearbeitung und Analyse geomagnetischer Landesvermessungen. Abh. Geom. Inst., Nr. 31 (1964) 53–147.

MUNDT, W.: Abschätzung des Approximationsfehlers für *D*, *H* und *Z* für die geomagnetische Landesvermessung der DDR zur Epoche 1957, 5. Vermessungstechnik, H. 7 (1965) 264–267.

MUNDT, W.: Statistische Analyse geophysikalischer Potentialfelder hinsichtlich Aufbau und Struktur der tieferen Erdkruste. Abh. Geomagnet. Inst. Potsdam, **41** (1969) 57–196.

MUNDT, W.: Zur Frage eines optimalen physikalisch begründeten geomagnetischen Normalfeldes für das Gebiet der DDR und ganz Mitteleuropas. Gerl. Beitr. Geophysik **79** (1970) 327–340.

MUNDT, W.: Zum Problem der geologisch-geophysikalischen Komplexinterpretation. Gerl. Beitr. Geophysik **80** (1971) 483–490 (a).

MUNDT, W.: Komplexe Korrelationsanalyse geologischer und geophysikalischer Karten zum Nachweis und zur Charakterisierung tektonischer Störungen. Mber. der DAW, H. 4–5 (1971) 360–369. (b)

OLSZAK, G., und PESCHEL, G.: Zur Anwendung der Korrelationsanalyse bei der Komplexinterpretation (Erfassung tektonischer Störungen). Z. f. angew. Geologie 17 (1971) 388–391.

SCHMIDT, H. und LENNERS, D.: Zum Stand der Datenverarbeitung am Adolf-Schmidt-Observatorium in Niemegk. Gerl. Beitr. Geophysik 78 (1969) 180–189.

SCHÜLER, R., FISCHER, H., FREY, R. und G. HARNISCH: Absolute Schweremessungen mit Reversionspendeln in Potsdam. Vermessungstechnik, H. 12 (1970) 451–453.

STEINBERG, G. S. und RIVOSH, L. A.: Geophysical study of the Kamchatka volcanoes. J. Geophys Res. **70** (1965) 3341–3369.

STRACHOV, V. N.: O sostojanii i sadačach matematičeskoi teorii interpretazii magnitnych i gravitazionnych anomalii. Fizika Zemli **5** (1970) 112–119.

VINE, F. J. und MATTHEWS, D. H.: Magnetic anomalies over ocean ridges. Nature **199** (1963) 947–949.

WIRTH, H.: Komplexe Analyse der geomagnetischen und gravimetrischen Potentialfelder und ihre Beziehungen zur regionalen Tektonik der DDR. Vermessungstechnik **12** (1970) 457–459.

WOOLLARD, G. P.: Standardization of Gravity Measurements. Geophysical Monograph **13** (1969) 283–293.

ZIETZ, J.: Aeromagnetic Investigations of the Earth's Crust in the United States. Geophysical Monograph **13** (1969) 404–415.

IAGA, Comm. 2, Arbeitsgruppe 4: Chronika meshdunarodnoe normal'noe geomagnitnoe pole epochi 1965, 0. Geom. i Aeron. **IX** (1969) 956–957.

KAPG-AG 1.6.: Darstellung der wissenschaftlich-technischen Grundlagen für die Herstellung von einheitlichen geomagnetischen Karten in Mittel- und Südosteuropa. Hausdruck, Geomagnet. Inst. Potsdam (1967) 1–24.

# 7.

# Angewandte Seismik[1]

Die angewandte Seismik stellt heute für die Erdöl-Erdgas-Erkundung wie für weitere geologische Aufgaben das mit Abstand wichtigste geophysikalische Verfahren dar. Es ist demzufolge durchaus natürlich, daß sich der Hauptteil der angewandt-geophysikalischen Forschungskapazität auf die Weiterentwicklung seismischer Verfahren konzentriert, so daß gerade in der Seismik eine besonders rasche Entwicklung zu verzeichnen ist. Dabei ist es heute für einen einzelnen schon sehr schwierig, das gesamte Gebiet der angewandten Seismik voll zu überschauen.

Grundlage für die außerordentlich schnelle Entwicklung in den vergangenen ein bis zwei Jahrzehnten war der Übergang zur digitalen Datenerfassung und der dadurch erst sinnvoll ermöglichte Einsatz von Großrechenanlagen. Die Bedeutung mathematischer Verfahren der digitalen Signalbearbeitung wuchs außerordentlich rasch. Dabei wurden in starkem Maße Ergebnisse und Erfahrungen aus der hochentwickelten Nachrichten- und Radartechnik genutzt.

Durch die neu erschlossenen Interpretationsmöglichkeiten seismischer Daten konnte die Aussagefähigkeit so bedeutend gesteigert werden, daß geologische Probleme, die noch vor Jahren als überhaupt nicht bzw. sehr schwer lösbar angesehen wurden, heute zu den Routineaufgaben seismischer Meßtrupps gehören. Gleichzeitig damit wuchsen jedoch die Anforderungen an die fachlichen Kenntnisse des Geophysikers, er muß heute neben einem fundierten geologisch-geophysikalischen Fachwissen auch umfassende Kenntnisse über spezielle mathematische Verfahren sowie über die Programmierung von Rechenanlagen besitzen. Natürlich gewinnt auch hier die fachliche Spezialisierung zunehmend an Bedeutung.

Unter den seismischen Verfahren nimmt die *Reflexionsseismik* die dominierende Stellung ein. Über *refraktionsseismische Methoden* wird nur in geringem Umfang berichtet. Es handelt sich dann i. a. auch nur um aus der Reflexionsseismik übernommene modifizierte Bearbeitungsvarianten (z. B. Dekonvolution, Migration).

Der Informationsfortschritt in der Reflexionsseismik, der sich in den vergangenen Jahren vor allem auf dem Gebiet der Datenbearbeitung und deren Automatisierung vollzog, ist jedoch so groß, daß im Rahmen dieses Übersichtsberichtes nur eine z. T.

1 Von S. Grässl.

sehr kurz gefaßte Darstellung des Entwicklungsstandes und sich andeutender Tendenzen gegeben werden kann. In diesem Sinne ist diese Arbeit nicht so sehr für den erfahrenen Seismiker gedacht, sie wendet sich vielmehr an den nicht auf diesem Spezialgebiet arbeitenden Geophysiker und interessierten Naturwissenschaftler. Es bleibt darüber hinaus kein Raum für die Darstellung bestimmter Spezialverfahren (z. B. Transversalwellenseismik, Tiefenseismik) sowie neuer Entwicklungstendenzen bei der Modellierung seismischer Wellenfelder sowohl mit Hilfe von Rechenanlagen als auch mit Ultraschall im Labor.

## 7.1. Anregung und Empfang seismischer Wellen

Vor ca. 10—15 Jahren erlangten vor allem in den USA entwickelte *sprengstofflose Energieanregungsverfahren* für landseismische Messungen große Aufmerksamkeit. Von diesen Methoden haben sich vor allem zwei Verfahren, das Dinoseis-Verfahren (Gasexploder) und das Vibroseis-Verfahren erfolgreich bewährt.

Beim *Dinoseis-Verfahren* tritt an die Stelle einer Sprengstoffdetonation in einem Bohrloch die Detonation eines Propan-Sauerstoffgemisches in einem stabilen Stahlzylinder von ca. 1,5 m Durchmesser, der auf die Erdoberfläche aufgesetzt wird. Das Gasgemisch wird unter hohem Druck in die Stahlkammer eingeführt und durch eine Funkenstrecke elektrisch gezündet.

Beim *Vibroseis-Verfahren* wird dem Untergrund über einen elektronisch gesteuerten Vibrator ein sich in seiner Frequenz stetig veränderndes Signal (Sweep) aufgeprägt. Die von den Empfängern aufgezeichneten Schwingungen werden über einen elektronischen Korrelator mit dem vom Vibrator ausgesandten Signal korreliert.

Beide Verfahren haben seit Jahren einen festen Platz in der Erkundungspraxis eingenommen, und es ist heute eine gewisse Beruhigung der anfangs sehr stürmischen Entwicklung eingetreten. Man befaßt sich heute i. a. nur noch mit theoretischen Detailproblemen, neue Quellentypen tauchen nur noch sehr selten auf.

Ein Vergleich der Anregungsverfahren Dinoseis und Vibroseis mit der konventionellen Anregungstechnik durch gebohrte Schüsse bzw. durch in den Boden eingepflügte Sprengschnur (*Geoflex-Verfahren*) hat darüber hinaus gezeigt, daß bei geeigneten Bohr- und Langsamschichtverhältnissen die Sprengstoffanregung in einem Bohrloch nach wie vor als das vielseitigste und wohl auch kostengünstigste Verfahren anzusehen ist (Wardell, 1970).

Etwas anders liegt die Situation bei seeseismischen Energieanregungsquellen, die nach wie vor Gegenstand theoretischer und experimenteller Untersuchungen sind. In der Anfangszeit seeseismischer Untersuchungen zu Beginn der fünfziger Jahre wurden alle Untersuchungen mit explosiven Schallquellen durchgeführt.

Wenn jedoch eine Ladung in einer entsprechenden Wassertiefe gezündet wird, tritt ein außerordentlich störender Nebeneffekt auf: Die durch die Explosion erzeugte Gasblase oszilliert mit abnehmender Amplitude und erzeugt dadurch scharfe Sekundärimpulse (Bubble- oder Blaseneffekt), die das an der Erdoberfläche registrierte Seismogramm vollkommen unleserlich machen können.

Es wurde in den vergangenen Jahren im internationalen Maßstab ein relativ großer Aufwand getrieben, um bei seeseismischen Untersuchungen *Dynamit durch eine nichtexplosive Schallquelle zu ersetzen.* Bezüglich des auftretenden Blaseneffektes lassen sich dabei zwei Entwicklungsrichtungen feststellen (Mateker, 1971):

Einmal wird versucht, die mechanische Ausrüstung der Quelle so zu gestalten, daß die Gasblasenbildung überhaupt nicht auftritt bzw. weitgehend vermieden wird. Zum anderen ist man bestrebt, den Bubble-Effekt, der selten vollständig auszuschalten ist, möglichst genau zu erfassen und ihn in einem anschließenden Sekundärbearbeitungsprozeß durch eine spezielle Dekonvolution aus dem Oberflächenseismogramm zu eliminieren.

Bei sehr vielen von verschiedenen Firmen entwickelten speziellen Anregungsvarianten hat sich das Prinzip des *Druckluftschießverfahrens* (Airpulser, Airguns) weitgehend durchgesetzt. Bei dieser rein pneumatischen Energiequelle wird der elastische Impuls durch Entspannung der in einer Stahlkammer unter hohem Druck gespeicherten Luft erzeugt.

Zu den in jüngster Zeit bekanntgewordenen Neuentwicklungen gehört z. B. das amerikanische „*Seismovac*"-*Verfahren* (Goldberg, 1972), bei dem in einem einseitig offenen hydraulischen Zylinder ein starker Unterdruck erzeugt wird. Der nach der elektrischen Auslösung des Kolbens plötzlich wirkende Wasserdruck bewirkt die Impulsanregung. Beim französischen „*Flexichoc*"-*Verfahren* werden zwei Stahlplatten in einem abgeschlossenen flexiblen Gehäuse durch Einpressen von Luft voneinander getrennt und durch eine Arretiervorrichtung in dieser Stellung gehalten. Nach Abpumpen der Luft und Auslösung der Arretiervorrichtung schlagen die Platten implosionsartig zusammen und erzeugen einen blasenfreien seismischen Impuls.

Das ebenfalls französische „*Vaporchoc*"-*Verfahren* arbeitet nach dem Prinzip der Airpulser, verwendet jedoch als Arbeitsmedium hochgespannten Dampf, was infolge des Kondensationseffektes des Dampfes zu einer Verminderung des Blaseneffektes führen soll. Die großen Vorteile dieser sprengstofflosen Energieanregungsverfahren liegen vor allem darin, daß sie neben einer hohen Betriebssicherheit eine für den kontinuierlichen Meßbetrieb auf See außerordentlich wichtige dichte Schußfolge (im Abstand von einigen Sekunden) mit einer gut reproduzierbaren Anregung gestatten. Die Gefährdung der Fischerei wird darüber hinaus weitgehend reduziert.

Die *digitale Aufzeichnungstechnik* hat seit ihrer Einführung in die Erkundungspraxis nur noch eine sehr langsame Entwicklung erfahren. In den letzten Jahren deutet sich jedoch der Trend an, die Aufzeichnungstreue durch eine Erhöhung des nutzbaren Dynamikumfangs bedeutend zu erhöhen und damit die Voraussetzung für eine noch bessere Ausschöpfung der in den Seismogrammen enthaltenen Informationen zu schaffen.

Die analoge Registrierung erfolgte in nahezu allen Fällen mit einer automatischen Verstärkungsregelung, durch die die Verstärkung kontinuierlich an die schwächer werdende Energie der späteren Einsätze angepaßt wurde. Dies erwies sich als notwendig, da zwischen den Amplituden der tiefen Reflexionen und denen der ersten Einsätze ein Verhältnis von ca. $1:10^6$ (120 dB) besteht.

Mit der Einführung der digitalen Registriertechnik auf der Grundlage von Binärverstärkern, bei denen die Verstärkungsfaktoren mit aufgezeichnet werden, bestand die Möglichkeit, die „wahren" Amplitudenwerte zu rekonstruieren.

Die bisher üblichen seismischen Bearbeitungssysteme auf Festkommabasis erreichen jedoch u. a. wegen der begrenzten Wortlänge der Computer nur einen Dynamikbereich von ca. 80 dB, d. h., das Amplitudenverhältnis der größten zur kleinsten Amplitude überschreitet teilweise die Wortlänge des Rechners. Diese Tatsache erforderte die Einführung relativ willkürlicher Amplitudenregelungsprozesse und zwar kontinuierlich in verschiedenen Phasen der Seismogrammbearbeitung. Da man erkannt hat, daß gerade in den Amplituden seismischer Wellen eine sehr interessante geologische Information enthalten sein kann, hat man in der letzten Zeit der *amplitudengetreuen Aufzeichnung und Verarbeitung* seismischer Daten gewisse Aufmerksamkeit gewidmet. So sind im Zusammenhang mit der Installierung größerer Computer Bearbeitungssysteme bekannt geworden, bei denen die Daten zu Beginn der Bearbeitungsphase in Gleitkommazahlen umkodiert und alle weiteren Operationen in diesem neuen Format durchgeführt werden (Russell, Geyer, 1971; Craft, 1973). Der jetzt mögliche Dynamikbereich von ca. 170 dB sichert eine ausgezeichnete Amplitudentreue in allen Bearbeitungsphasen. Lediglich bei der graphischen Darstellung ist eine Amplitudenregelung notwendig.

Einen hinsichtlich der Beobachtungstechnologie nicht hoch genug einzuschätzenden, der Einführung der Digitaltechnik durchaus vergleichbaren Fortschritt stellte die Einführung der CDP-*Mehrfachüberdeckungstechnik* dar. Rückschauend kann man sogar feststellen, daß zwischen diesen beiden bedeutsamen Weiterentwicklungen ein sehr enges Wechselverhältnis bestand: Die großen Erfolge der Mehrfachüberdeckung sind erst durch die digitale Aufzeichnung und Verarbeitung möglich geworden.

Nahezu alle seismischen Meßtrupps in der Erdöl-Erdgas-Exploration arbeiten heute ausschließlich mit der CDP-Methode.

Das Prinzip der CDP-Mehrfachüberdeckung (Common DEPTH Point) beruht darauf, daß von jedem Reflexionspunkt des Untergrundes mehrere seismische Registrierungen aufgenommen werden, die sich sowohl in den Schuß- als auch in den Geophonpositionen unterscheiden. Die durch die wechselnden Schuß-Geophon-Entfernungen bedingten Laufzeitunterschiede (Moveout) werden durch die sogenannten *dynamischen Korrekturen* ausgeglichen, damit sich beim anschließenden Stapelprozeß die Nutzwellen gleichphasig überlagern. Darüber hinaus müssen noch *statische Korrekturen* angebracht werden, die lokale Geschwindigkeitsänderungen im Bereich der ständig wechselnden Anregungs- und Empfangspunkte eliminieren. Nur wenn statische und dynamische Korrekturen sorgfältig bestimmt werden, verstärken sich beim Stapelprozeß primäre Reflexionen durch konstruktive Interferenz, während alle anderen Arten von unerwünschter Energie (auch Multiple) durch destruktive Interferenz eliminiert oder weitgehend abgeschwächt werden.

Es ist allgemein der Trend festzustellen, daß mit zunehmender Entwicklung der digitalen Interpretationsmethodik die verwendeten Aufstellungsweiten und Überdeckungsgrade zunehmen, was bei allerdings erhöhtem materiellem Aufwand zu günstigeren Signal/Rausch-Verhältnissen, zu besseren Geschwindigkeitswerten und damit zu aussagekräftigeren Untergrundmodellen führt.

Während die überwiegende Menge seeseismischer Ergebnisse mit einer 24fachen Überdeckung gewonnen wird, arbeitet man bei landseismischen Untersuchungen heute vornehmlich mit einer technologisch günstigeren 12fachen Überdeckung (24kanalige Apparaturen). Es ist anzunehmen, daß auch hier zukünftig eine mindestens 24fache Überdeckung sogar mit 48-Kanal-Apparaturen angestrebt wird.

### 7.1.1. Digitale Datenbearbeitungstechnik

Die digitale Aufzeichnungstechnik lieferte die Voraussetzung für den breiten Einsatz moderner Großrechenanlagen, durch die die Bearbeitung der umfangreichen anfallenden Datenmengen auch mit z. T. sehr aufwendigen mathematischen Bearbeitungsvarianten erst ermöglicht wurde.

Für derartige Zwecke verwendete *Hochleistungsrechner* müssen neben hohen Rechengeschwindigkeiten (im Mikro- bis Nanosekundenbereich) auch über eine sehr große Speicherkapazität (einige $10^6$ Wörter) und ein variables Zusammenspiel von Zentraleinheit und Peripherie verfügen.

Dabei geht der Trend vom Einsatz eines alle Operationen ausführenden Universalrechners zu Rechnersystemen mit mehreren unterschiedlich großen Zentraleinheiten und Kernspeichern sowie einer außerordentlich vielgestaltigen Peripherie mit mehreren Terminals und Bildschirmgeräten (z. B. Lindsey, Herman, 1972; Bourgeois, Jones, 1972).

Bei derartigen *Multiprocessing-Systemen* werden die einfacheren Prozesse (Demultiplexen, A/D-Wandlung, Ein- und Ausgabe u. a.) von kleineren Recheneinheiten übernommen, während die aufwendigen Bearbeitungsprogramme im großen Hauptrechner laufen. Daneben sind noch sogenannte *Array-Processoren* vorhanden, die genau genommen besondere Recheneinheiten mit einer allerdings sehr spezialisierten Struktur darstellen. Sie können auf Grund einer festen inneren Verdrahtung bestimmte Operationen (z. B. Produktsummenbildungen für digitale Filterungen) in optimaler Zeit vornehmen. Die Fast-Fourier-Transform-Processoren führen beispielsweise eine diskrete Fourier-Transformation in derart kurzer Zeit durch, daß eine Frequenzbereichsbearbeitung der seismischen Daten teilweise weitaus effektiver als eine Zeitbereichsfilterung sein kann.

Gleichzeitig wird zur weiteren Erhöhung der Rechnerauslastung angestrebt, mehrere Programme gleichzeitig im Rechner zu bearbeiten (*Multiprogramming*).

Der Einsatz von *Bildschirmgeräten* für den unmittelbaren Dialog von Mensch und Maschine setzt sich immer mehr durch (Graf, 1971). Es lassen sich damit, z. T. unter Ausnutzung der Datenfernübertragung, aus dem Rechner hervorgegangene Ergebnisse (z. B. Karten, Profile, Filterergebnisse) unmittelbar wiedergeben und vom Operator mittels Lichtgriffel oder Eingabetastatur direkt beeinflussen. Das ist von außerordentlicher Bedeutung, da trotz des weitgehend automatisierten Bearbeitungsablaufes an verschiedenen Stellen des Rechenprozesses Entscheidungen getroffen werden müssen, die vom Rechner nicht immer optimal übernommen werden können.

Die starke Konzentration der seismischen Datenbearbeitung in großen Rechenzentren hat jedoch trotz der vielseitigen Möglichkeiten, den Rechner auch über entfernt gelegene Anschlüsse ansprechen zu können, den außerordentlichen Nachteil, daß infolge der Trennung der Felddatengewinnung von der Bearbeitung und Interpretation bei Arbeiten in entlegenen Gebieten zweifellos Interpretationsprobleme auftreten. Es ist deshalb der Trend zu verzeichnen, durch Einführung sogenannter *Minicomputersysteme* die wesentlichen Datenbearbeitungsprozesse unmittelbar beim seismischen Meßtrupp durchzuführen (STONE, 1973). Derartige transportable und robuste Kleinrechner, denen meist vielseitige Printer bzw. Plotter angeschlossen sind, können im Prinzip die gleichen Rechenprozesse durchführen, die auch mit größeren Systemen möglich sind.

## 7.2. Digitale Bearbeitung seismischer Daten

Da seit der Einführung der digitalen Aufnahme- und Bearbeitungstechnik zu Beginn der 60er Jahre die erste Periode stürmischer Entwicklung vergangen ist, läßt sich heute rückblickend eine gewisse Bilanz ziehen und davon ausgehend auch ein Ausblick für die weitere Entwicklung geben (vgl. Abb. 44).

Das Schwergewicht der digitalen Bearbeitung lag in den ersten Jahren vornehmlich auf dem Gebiet der Digitalfilterung seismischer Daten mit dem Ziel einer Verbesserung des Signal/Rausch-Verhältnisses, der Verbesserung statischer und dynamischer Korrekturen, der Beseitigung von Reverberationen, der Eliminierung von Einsätzen mit unerwünschter Scheingeschwindigkeit usw. Da die meisten der heute üblichen Filterverfahren erst durch die Digitaltechnik praktikabel wurden, sind natürlich die erreichten Qualitätsverbesserungen vor allem gegenüber der Analogtechnik besonders augenscheinlich.

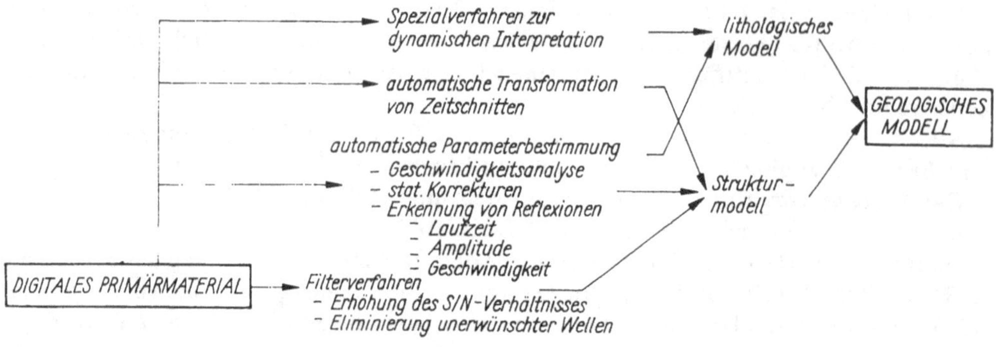


*Abb. 44. Schematische Darstellung der Entwicklungstrends in der seismischen Datenbearbeitung*

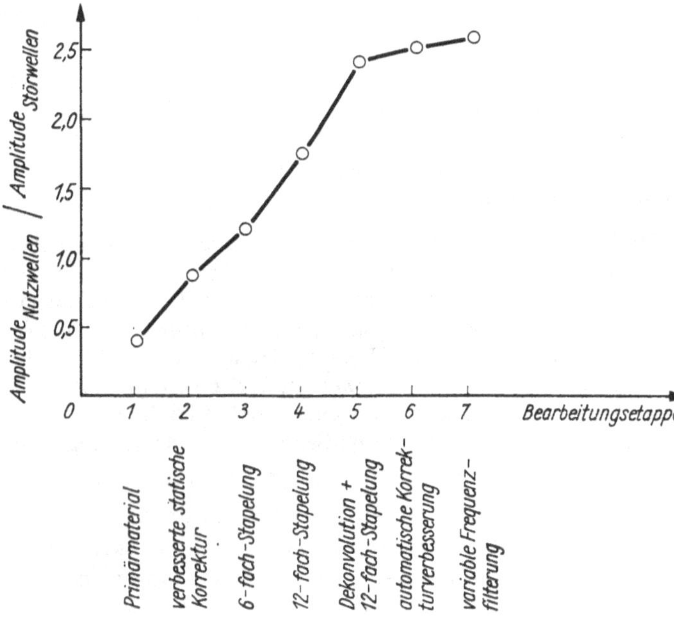


*Abb. 45. Verbesserung der Nutz-/Stör-Verhältnisse nach den Hauptetappen einer digitalseismischen Grundbearbeitung (nach* GOGONENKOW, PUTZIGER, *1973)*

In Abb. 45 sind als Beispiel gemittelte quantitative Einschätzungen des Amplitudenverhältnisses Nutzwellen/Störwellen nach den Hauptetappen einer digitalen Grundbearbeitung für typische geologische Bedingungen dargestellt (nach GOGONENKOW, PUTZIGER, 1973). Als Primärmaterial werden dabei die nach der CDP-Methode registrierten sowie mit statischen und dynamischen Erstkorrekturen versehenen seismischen Spuren betrachtet. Es ist zu erkennen, daß in diesem Fall die Etappen der digitalen Grundbearbeitung eine sechsfache Vergrößerung des Nutz/Stör-Verhältnisses erbracht haben.

## 7.2.1. Digitalfiltertechnik

Die heute zu den Standardverfahren gehörende *Frequenzfilterung* war schon vor der Einführung der Digitalseismik üblich, nur war man auf die relativ kleine Zahl der in der Apparatur eingebauten Filtersätze mit fest vorgegebener Charakteristik angewiesen. Digital läßt sich jeder beliebige Frequenzfilter mit hinreichender Genauigkeit verhältnismäßig einfach realisieren. Es existieren Programme, bei denen man nur Filtergrenzen und Steilheiten zu spezifizieren braucht, der Rechner bestimmt automatisch den entsprechenden Filteroperator. Außerdem lassen sich Frequenzfilter zeitabhängig in Anpassung an eine mögliche Änderung der spektralen Verteilung von Nutz- und Störenergie gestalten. Es wurden Programme entwickelt, die in Abhängigkeit vom automatisch bestimmten Signal/Rausch-Verhältnis entsprechende Filteroperatoren berechnen (z. B. WANG, TREITEL, 1971).

Eine sehr ökonomische Variante der Frequenzfilterung seismischer Daten bedient sich optischer Systeme. Die Grundlagen dieser Methode sind schon relativ lange bekannt, sie beruhen auf den FOURIER-Transformationsbeziehungen innerhalb eines optischen Systems, die im wesentlichen schon auf HUYGENS, FRESNEL und KIRCHHOFF zurückgehen.

Ein Laser als Quelle für eine monochromatische kohärente Beleuchtung wird vor einen transparenten Film gebracht, auf dem ein seismischer Zeitschnitt (mit ca. 500 Spuren) in Flächen- oder Dichteschrift aufgezeichnet ist. Eine Linse bildet auf einem in der Brennebene befindlichen Schirm ein 2 dimensionales Beugungsbild des Seismogrammblocks ab. Dieses Diffraktionsmuster entspricht der 2 dimensionalen FOURIER-Transformierten der auf dem Film enthaltenen Information. Bei der Rekonstruktion, die in analoger Weise verläuft (Durchleuchtung des Beugungsbildes mit dem gleichen Laserstrahl) kann man durch Einführen von Blenden, die bestimmte Teile des Spektrums sperren, eine Frequenz-Geschwindigkeitsfilterung sehr einfach realisieren.

Die wohl attraktivste Eigenschaft eines optischen Systems zur Datenbearbeitung ist die Möglichkeit, eine sehr große Anzahl von Daten gleichzeitig verarbeiten zu können, sowie die daraus resultierende hohe Arbeitsgeschwindigkeit. Ein weiterer Vorteil ergibt sich aus der hohen Flexibilität optischer Verfahren: Durch einfaches Austauschen und Verstellen der Filterblenden ist es möglich, die Filteroperatoren zu verändern. Da das gefilterte Seismogramm unmittelbar auf dem Bildschirm erscheint, ist es dem Geophysiker möglich, den Bearbeitungsprozeß kontinuierlich zu überwachen und in einem „trial and error"-Verfahren das günstigste Filterergebnis mit minimalem Aufwand zu erhalten. Nachteilig wirkt sich jedoch der relativ kleine Dynamikbereich aus, der den Anwendungsbereich dieser Form der optischen Bearbeitung wesentlich einschränkt.

Von FONTANEL und GRAU (1971) wurde ein neues Verfahren zur optischen Korrelation und Filterung mit beliebigen Filteroperatoren vorgeschlagen, das auf der FOURIER-Holographie aufbaut: Im ersten Bearbeitungsschritt interferiert das durch eines der beiden zu faltenden Objekte gebeugte Licht mit dem des anderen. Das dabei erzeugte Hologramm wird in der Bildebene einer Sammellinse fotografiert. Es entspricht dem quadrierten Betragsprodukt der beiden Spektren. Im zweiten Schritt wird das Hologramm mit kohärentem Licht beleuchtet, wodurch das Faltungsprodukt beider Objekte entsteht.

Frequenzfilter tragen nur dann zu einer Verbesserung der Seismogrammqualität bei, wenn sich die Spektralcharakteristiken von Nutz- und Störsignalen hinreichend unterscheiden, sie versagen jedoch, wenn sich beide Spektren überlappen. In diesem Falle finden *Optimalfilter* z. B. im Sinne der von WIENER entwickelten Filtertheorie breite Anwendung, wobei eine neue, auf statistischer Grundlage beruhende Modellvorstellung für das Seismogramm als Ergebnis der Faltung einer deterministischen Komponente (Wavelet) mit der Realisierung eines Zufallsprozesses (Impulsseismogramm) eine wesentliche Hilfe darstellt. Die wichtigste Anwendung der Optimalfiltertheorie stellt das inzwischen schon als klassisch anzusprechende Verfahren der

*Dekonvolution (inverse Filterung)* dar. Dieser Spezialprozeß dient einmal der Beseitigung von Nachhalleffekten (Wasserreverberationen in der Seeseismik, Geisterreflexionen), die ein Seismogramm vollständig unleserlich machen können, und zum anderen der Verkürzung der zeitlichen Ausdehnung des seismischen Reflexionsimpulses (Steigerung des Auflösungsvermögens und der Genauigkeit). Die verschiedenen Varianten der Dekonvolution bringen so bedeutende Verbesserungen der seismischen Ergebnisse mit sich, daß dieses Verfahren heute auf fast alle seismischen Aufzeichnungen angewendet wird. Eine wesentliche Schwäche verschiedener gebräuchlicher Dekonvolutionsvarianten liegt jedoch darin, daß das seismische Signal als minimalphasig angenommen wird. Aus Bohrlochuntersuchungen weiß man jedoch beispielsweise, daß die Abweichungen von der Minimalphasigkeit u. U. sehr beträchtlich sein können. Eine weitere Verbesserung der Qualität der inversen Filterung dürfte deshalb durch eine Berücksichtigung des wahren Phasencharakters des seismischen Wavelets möglich sein.

Das aus der Theorie der „verallgemeinerten Superposition“ hervorgegangene Verfahren der homomorphen Dekonvolution (Cepstralanalyse) erfordert keinerlei Annahmen über die Phaseneigenschaften des seismischen Signals. Es beruht auf einer „Frequenz“ filterung des logarithmischen Spektrums (z. B. Ulrych, 1971). Ergebnisse praktischer Untersuchungen mit dieser neuen Methode liegen bis jetzt kaum vor, so daß noch keine Einschätzung der Brauchbarkeit der Cepstralanalyse gegeben werden kann.

Die zu erwartenden Verbesserungen, die mit einer zeitvariablen, adaptiven Dekonvolution (Wang, Treitel, 1971), mit einer Mehrkanaldekonvolution (Davies, Mercado, 1968, Hubral, 1972) und ähnlichen speziellen Dekonvolutionsvarianten erhalten werden, dürften jedoch nicht grundlegender, sondern mehr gradueller Art sein.

*Mehrspurfilter*, die zu den kompliziertesten Gebilden der seismischen Filtertechnik gehören, benutzen neben möglichen Frequenzunterschieden zwischen Nutz- und Störsignalen vor allem auch auftretende Abweichungen in den Scheingeschwindigkeiten zur Erhöhung des Signal/Rausch-Verhältnisses. Die wichtigsten Mehrspurfilter sind das verbesserte Stapeln (OHS-Verfahren — **O**ptimum-**H**orizontal-**S**tacking) und das Richtungsfilter (Velocity-Filter).

Beim *OHS-Verfahren* werden die Einzelspuren mit nach bestimmten Kriterien ermittelten optimalen Gewichten gestapelt. Die vorgelegten Ergebnisse weisen jedoch trotz höherer Kosten keine wesentlichen Verbesserungen, manchmal sogar Verschlechterungen der Seismogrammqualität auf. Aus diesem Grund ist zu erwarten, daß die Optimalstapelung vorläufig wahrscheinlich keine besondere Weiterentwicklung erfahren wird, zumal durch die Erhöhung der Überdeckungsgrade ein wesentlicher Schritt zur Verbesserung des Signal/Rausch-Verhältnisses getan wird.

Die Gründe für das Versagen der Mehrkanal-Stapelfilter sind möglicherweise darin zu suchen, daß z. Zt. der Dynamikbereich für Signalschwankungen zwischen den Kanälen infolge überlagernder Störeinflüsse zu gering ist (Lindsey, 1970).

Auf der Basis der oben kurz beschriebenen Filterprozesse haben sich gewisse *Standardbearbeitungssysteme* der automatischen Bearbeitung seismischer Daten herausgebildet, deren Ergebnis ein im wesentlichen stark verbesserter Zeitschnitt ist, der anschließend von einem erfahrenen Seismiker interpretiert werden muß:

Dieses Schema veranschaulicht nur in sehr grober Weise den Ablauf der Bearbeitung, Abweichungen in der Reihenfolge der einzelnen Teilprozesse (z. B. Dekonvolution noch vor der Stapelung u. ä.) sowie zusätzliche Spezialbearbeitungen sind durchaus möglich.

Es ist anzunehmen, daß der Prozeß der Seismogrammfilterung auch in Zukunft eine starke Aufmerksamkeit finden wird, da vor allem die Erfassung tiefer Reflexionshorizonte, die häufig unter stark abschirmenden Schichtkomplexen lagern, einen ständigen Erkundungsschwerpunkt darstellen wird. Daß die Grenzen der Eindringtiefe reflexionsseismischer Verfahren bei weitem noch nicht erreicht sind, zeigen immer wieder z. T. verblüffende Beispiele, bei denen mit geringen Ladungsmengen eindeutige Reflexionen aus sehr tiefen Untergrundbereichen erhalten werden (z. B. Dohr, 1972). Die wesentliche Schwierigkeit besteht hier vor allem darin, Nutzsignale aus einem Störpegel irregulärer und regulärer (vor allem multipler) Wellen hervorzuheben.

### 7.2.2. Automatische Bestimmung von Bearbeitungsparametern

Die letzten Jahre der Entwicklung der seismischen Interpretationsmethodik sind durch ein noch stärkeres Eindringen der Computer in den Interpretationsprozeß gekennzeichnet (Schneider, 1971). Bereiche, die bisher vorzugsweise dem erfahrenen Seismiker vorbehalten waren, werden immer mehr von *komplexen Programmsystemen* erfaßt. Das Zusammenwirken von Mensch und Maschine wird immer enger. Dabei ist jedoch nicht zu erwarten, daß der Computer in der Lage sein wird, seismische Ergebnisse vollständig zu interpretieren. In dem Maße jedoch, wie heute automatische

Informationsaufbereitungsprozesse immer wichtiger werden, muß die Qualifizierung der interpretierenden Geophysiker und Geologen ständig mitwachsen.

Gleichzeitig wird der Trend erkennbar, die anfallenden Informationsmengen nicht nur für eine rein strukturelle Interpretation des Meßmaterials zu nutzen, sondern vor allem auch für Aussagen über den Stoffbestand, d. h. über die lithologische Ausbildung bestimmter Schichten und Schichtkomplexe sowie deren Porenfüllung (vgl. Abb. 44). Man kann sagen, daß heute erst ein geringer Teil der in einem Seismogramm enthaltenen Information tatsächlich genutzt wird.

Die wichtigste Kenngröße, die im Rahmen der digitalen Bearbeitungsprozesse eine zentrale Stellung einnimmt, ist die Effektivgeschwindigkeit. Grundlage der *automatischen Geschwindigkeitsbestimmungen* sind die Differenzen in den Ankunftszeiten von Reflexionen in benachbarten Geophonpunkten. Es sind in den letzten Jahren eine Vielzahl von Verfahren bekannt geworden, die im wesentlichen darauf basieren, daß entweder über eine Summation oder über eine Korrelation die Kohärenz seismischer Energie in Abhängigkeit von der Moveout-Zeit und der Laufzeit festgestellt wird (Geschwindigkeitsspektren). Diese werden im wesentlichen manuell durch Korrelation der Kohärenzmaxima im Geschwindigkeits-Zeit-Bereich interpretiert. Derartige Analysen, kontinuierlich entlang eines Profils durchgeführt, liefern wertvolle Aussagen über mögliche laterale Variationen der Effektivgeschwindigkeit.

Die automatische Geschwindigkeitsanalyse erfordert in der Regel viel Rechenzeit. Aus diesem Grund werden relativ große Anstrengungen unternommen, durch die Entwicklung schneller Algorithmen den Zeitaufwand zu reduzieren (z. B. Robinson, Aldrich, 1972). Daneben stehen Untersuchungen über verschiedene untergrundbedingte Fehlereinflüsse und damit verbundene Genauigkeitserhöhungen im Mittelpunkt weiterer Untersuchungen. Die Berechnung von *Intervall- oder Schichtgeschwindigkeiten* aus den Effektivgeschwindigkeiten ist nur mit relativ großen Fehlern möglich. Gute Erfahrungen wurden dabei mit adaptiven Geschwindigkeitsmodellierungen (Davis, 1972) gemacht, bei denen Intervallgeschwindigkeiten und Schichtmächtigkeiten durch eine iterative Parameteroptimierung so lange variiert werden, bis die durch das Modell bewirkten Geschwindigkeitsspektren den aus den Felddaten abgeleiteten Spektren in einem optimalen Sinn entsprechen. Wie durch parallele Akustiklogmessungen nachgewiesen wurde, lassen sich mit diesem Verfahren die Intervallgeschwindigkeitsverteilungen mit guter Genauigkeit ermitteln.

Von den berechneten Geschwindigkeitswerten hängt in hohem Maße die erreichbare Stapelqualität ab. Genaue Geschwindigkeitsangaben beeinflussen wesentlich die Qualität der automatischen Transformation seismischer Tiefenschnitte.

Auch auf dem Gebiet der *automatischen statischen Analyse* sind in den vergangenen Jahren Fortschritte erzielt worden. Es existieren verschiedene Varianten, die auf der Analyse entweder benachbarter CDP-Spuren oder von Spuren mit gleichem Schußpunkt-Empfänger-Offset basieren. Allen Methoden ist gemeinsam, daß sie auf bestimmten vereinfachenden Voraussetzungen beruhen (hohes Signal/Rausch-Verhältnis, geringes Einfallen der Reflexionshorizonte u. a. m.) und somit auch nur unter diesen Einschränkungen annehmbare Ergebnisse liefern (z. B. Disher, Naquin, 1970).

Fehlinterpretationen bezüglich des Strukturbaus des Untergrundes sind vor allem bei großen Korrekturwerten und schlechten Signal-Rausch-Verhältnissen möglich, so daß gerade bei diesem Problem nach weiteren Lösungsmöglichkeiten gesucht werden muß.

Im Gegensatz zur sogenannten Seismogrammveredelung z. B. durch Filterverfahren, die weitgehend automatisiert ist, gibt es auf dem Gebiet der Interpretation noch keine durchweg automatisierten Prozeduren, wobei natürlich der Übergang zwischen diesen beiden Teilgebieten der seismischen Datenbearbeitung gleitend ist. Ein wesentlicher Schritt in dieser Richtung wird mit der *automatischen Erkennung und Verfolgung von Reflexionen* (automatic picking) getan. Mit Hilfe entsprechender Algorithmen lassen sich reguläre Phasenachsen anhand bestimmter Kriterien (z. B. Laufzeit, Amplitude, Geschwindigkeit, Persistenz der Einsätze) erfassen und in einem Laufzeitprofil darstellen (z. B. Garotta, 1971). Die ersten veröffentlichten Verfahren beruhten im wesentlichen darauf, daß die Lage von Amplitudenextrema von Phasenachsen auf dem Seismogramm automatisch ermittelt und anschließend spurenweise entlang des Zeitschnitts verfolgt wird. Die erhaltene Vielzahl von Reflektorsegmenten muß anschließend von einem erfahrenen Interpretator weiter bearbeitet werden. Diese Verfahren haben jedoch keine weite Verbreitung gefunden, da u. a. die Ergebnisse vor allem bei schlechten Signal/Rausch-Verhältnissen und komplizierten geologischen Bedingungen unbefriedigend geblieben sind.

Neuere Methoden basieren auf zwei- bzw. dreidimensionalen Suchalgorithmen, bei denen Amplitudenextrema im Zeit-Geschwindigkeitsraum bzw. im Zeit-Geschwindigkeits-Neigungsraum ermittelt werden. Derartige Verfahren sind natürlich nur mit Rechenanlagen zu realisieren, die neben großen Rechengeschwindigkeiten auch über ein umfangreiches Speichervermögen verfügen.

Besondere Probleme entstehen dann, wenn Unterbrechungen des Horizontverlaufes auftreten. Bois (1971) gibt ein Verfahren an, bei dem durch Vergleich bestimmter Signalkenngrößen der Reflexionen zu beiden Seiten der Unterbrechungszone über ein multivariantes statistisches Verfahren der Diskriminanzanalyse eine Zuordnung der einzelnen korrelierten Phasen möglich ist. Für eine erfolgreiche Anwendung dieser Methode ist aber eine gute Qualität des seismischen Primärmaterials notwendig, Änderungen der Schichtmächtigkeiten im Bereich des Reflektors können zu einer anderen Interferenzstruktur und damit zu Fehlresultaten führen.

Das Problem der *automatischen Transformation seismischer Wellenfelder* nimmt in der internationalen Forschung immer breiteren Raum ein, wobei allerdings das Herangehen und die Lösungswege sehr verschieden sind. Ausgangspunkt ist dabei die Tatsache, daß seismische Zeitschnitte dem Geophysiker nur erste Hinweise über die strukturellen Lagerungsverhältnisse des Untergrundes liefern. Selbst bei sehr guter Qualität des Primärmaterials (hohes Signal/Rausch-Verhältnis, durchgehende Korrelierbarkeit der Reflexionseinsätze) ist ein seismischer Zeitschnitt z. T. außerordentlich schwierig direkt geologisch zu interpretieren. So liegt beispielsweise bei großen Abweichungen von der horizontalen Schichtung der Reflexionspunkt nicht mehr in der Mitte zwischen Anregungs- und Empfangspunkt, seine Lage ist mehr oder weniger stark in Abhängigkeit von der Neigung des Reflektors verschoben. An sogenannten Diffraktionszentren entstehende Diffraktionswellen, die eine andere Laufzeitkurve als Reflexionen besitzen, können das Seismogrammbild vollkommen verfälschen. Das Ziel seismischer Abbildungsverfahren, die unter der Bezeichnung digitale Migration, Migrationsstapelung, Impulsholographie u. a. in der Literatur auftauchen, besteht jetzt darin, das an der Erdoberfläche registrierte seismische Wellenfeld so zu transformieren, daß ein genaues Abbild der reflektierenden bzw. streuenden Inhomogenitäten entsteht.

Natürlich ist auch die CDP-Stapelung ein spezieller Transformationsprozeß, allerdings unter der sehr stark einschränkenden Bedingung eines nahezu horizontal geschichteten Untergrundes. Die Stapelqualität nimmt sehr schnell ab, wenn die geologischen Verhältnisse des Untergrundes komplizierter werden (vergl. Abb. 46).

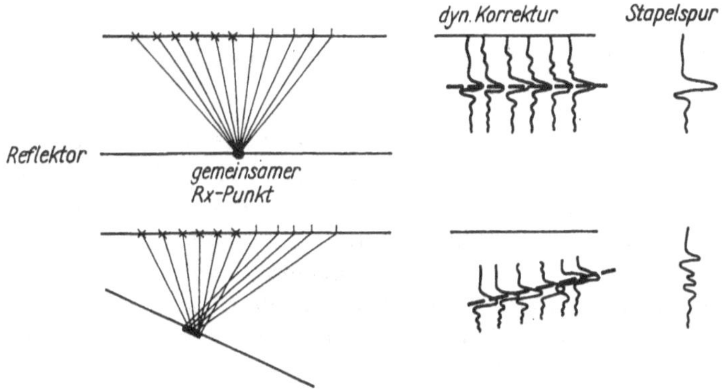


*Abb. 46.*
*Verschlechterung der CDP-Stapelergebnisse bei geneigten Reflektoren*

Da aber die derzeit zu erkundenden Erdöl-Erdgas-Lagerstätten gerade an Bereiche komplizierter Tektonik gebunden sind, eröffnet die automatische Transformation neuartige Möglichkeiten zur Klärung komplizierter Lagerungsverhältnisse. Der transformierte Zeitschnitt wird jetzt für den Geologen unmittelbar lesbar.

Wesentliche Anregungen für diese neuen Abbildungsverfahren kamen von der aus der Optik schon seit längerem bekannten *Holographie.* Diese spezielle Technik gestattet es, sowohl den Betrag als auch die Phase eines skalaren Schwingungsfeldes auf einer Fläche zu registrieren, um in einer anschließenden Rekonstruktionsphase reelle dreidimensionale Bilder ohne Verwendung von Linsen formen zu können.

Das Prinzip der Holographie ist schematisch auf Abb. 47 dargestellt: Das zu untersuchende Objekt wird mit monochromatischem Licht beleuchtet. Durch Interferenz des reflektierten Lichtes mit einem kohärenten Referenzlichtbündel läßt sich auf dem Registrierschirm ein Interferenzmuster (Hologramm) feststellen, das Informationen sowohl über die Amplituden als auch über die relativen Phasenlagen der vom Objekt reflektierten Wellen enthält. Durch die zusätzliche, in normalen Abbildern nicht enthaltene Phaseninformation, kann im Verlauf der Rekonstruktionsphase genau das Lichtfeld wiederhergestellt werden, das vom Objekt reflektiert wurde.

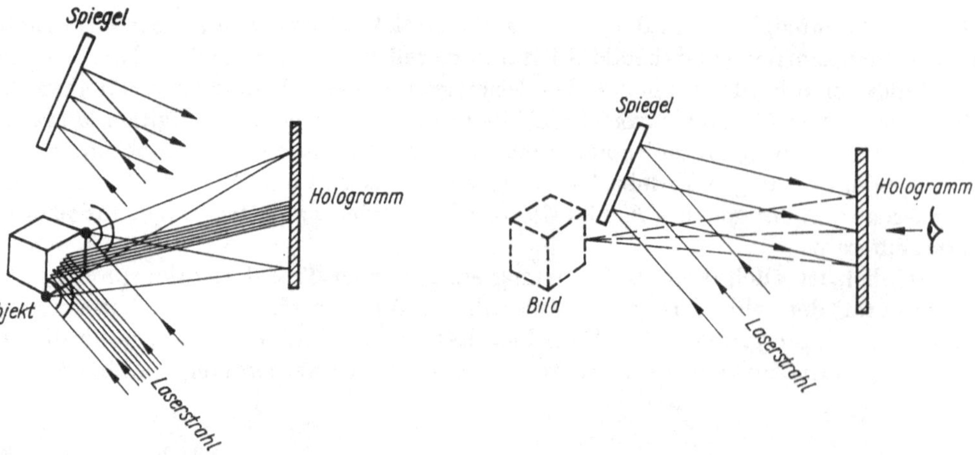


*Abb. 47. Prinzip der optischen Holographie*

Von verschiedenen Seiten wurde vorgeschlagen, diese sogenannte monochromatische Holographie auch auf seismische Prospektionsprobleme anzuwenden (HOOVER, 1972). Zu diesem Zweck wird mit Hilfe eines Vibrators eine harmonische Welle in den Untergrund ausgestrahlt und der Schwingungszustand in mehreren Punkten der Erdoberfläche (möglichst zweidimensional) nach Amplitude und Phase registriert. Die Gesamtheit der gemessenen Werte bildet nach Interferenz mit dem ausgesendeten Referenzsignal ein Hologramm, das entweder optisch oder numerisch rekonstruiert werden kann (vergl. Abb. 48). Zur genauen Erfassung des Interferenzbildes an der

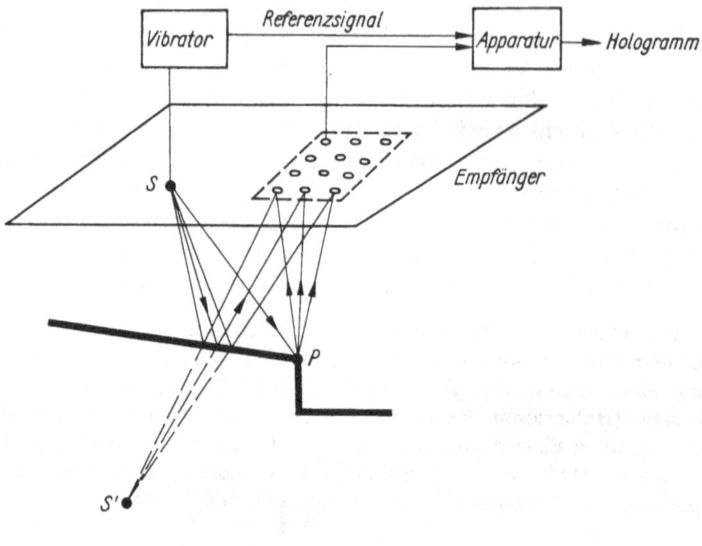


*Abb. 48. Schematische Darstellung der Anwendung einer monochromatischen Holographie auf seismische Probleme*

Erdoberfläche müssen die Empfangspunkte an der Erdoberfläche jedoch sehr dicht beieinanderliegen.

Die optische Rekonstruktion mit Hilfe von Laserstrahlen, bei der die wahre Lage von reellen Quellen (Diffraktionszentren $P$) und der am Reflektor gespiegelten Anregungsquelle ($s'$) ermittelt wird, wirft jedoch außerordentlich komplizierte technische Probleme auf, da das akustische Hologramm auf das Verhältnis der akustischen zur optischen Wellenlänge reduziert werden muß. Außerdem erweist sich das erreichbare Auflösungsvermögen als viel zu gering.

Fontanel (1971) schlägt einen anderen Typ der akustischen Holographie, die sogenannte Impulsholographie, vor, bei der mit kurzen akustischen Impulsen (also Signalen mit breitem Spektrum) gearbeitet wird. Für die spezielle Anwendung auf seismische Probleme wurde dafür der Begriff „*Holoseismik*" geprägt.

Als Anregungsquellen dienen die konventionellen seismischen Schüsse, die durch die Geophone registrierten zeitlichen Schwingungsverläufe stellen das Ausgangsmaterial für die Bildrekonstruktion dar, bei der im wesentlichen ein Umkehrprozeß simuliert wird. Man bestimmt die Punkte des Raumes, die unter Berücksichtigung

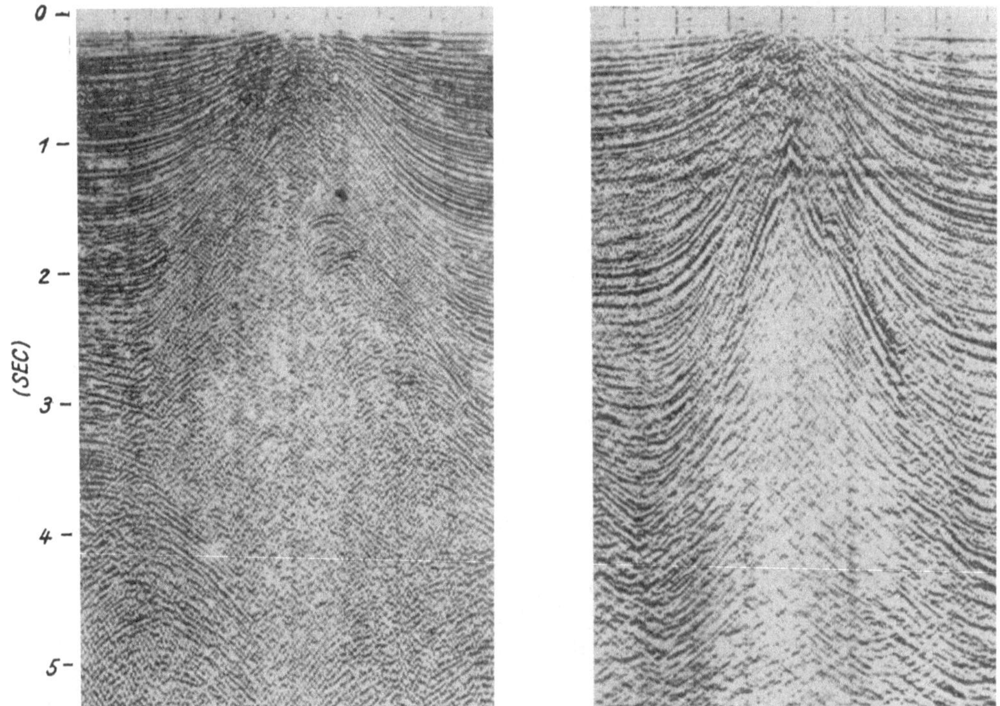


*Abb. 49. Seismischer Zeitschnitt vor (a) und nach der Migration (b) (aus* Schneider, *1971)*

der Aufstellungsgeometrie und der Einsatzzeiten der registrierten Wellen die Rolle einer reellen bzw. fiktiven Quelle (Diffraktionszentrum bzw. Abbild der Anregungsquelle auf dem Reflektor) spielen. Dabei geht man davon aus, daß jeder an der Erdoberfläche in einem Punkte gemessene Signalwert die Summe von Einzelamplituden darstellt, die alle die gleiche Laufzeit von der Quelle zum Empfänger besitzen. Es wird nun umgekehrt jeder gemessene Amplitudenwert auf eine Kurve transformiert, die alle Punkte mit gleicher Laufzeit verbindet. Man erhält also eine mit der Amplitude modulierte Wellenfrontkarte, die — von einer Einzelspur gewonnen — noch keine Aussagekraft besitzt. Werden analoge Transformationen mit benachbarten CDP-Spuren durchgeführt, kommt es im Sinne der klassischen Huygensschen Wellentheorie zu einer konstruktiven Interferenz an Diffraktionsquellen bzw. Reflexionsgrenzen, ansonsten zu einer zufälligen Auslöschung.

Der sowohl mathematisch als auch rechentechnisch sehr aufwendige Prozeß der *direkten seismischen Abbildung* steht erst am Anfang seiner Entwicklung, weitere Verbesserungen sind unbedingt zu erwarten.

In Abb. 49 wird an einem Beispiel mit komplizierter Salztektonik das Leistungsvermögen *digitaler Migrationsverfahren* demonstriert. Man erkennt in dem 24fach gestapelten Bild (a), daß gerade die Flankenbereiche des Salzstocks durch das Auftreten von Diffraktionswellen stark verfälscht werden. Durch die Migrationsstapelung (b) werden diese Wellen „an die richtige Stelle" transformiert, so daß sich ein genaues Bild der Salzstockkonturen ergibt.

## 7.3. Substantielle Interpretation seismischer Daten

Die ständig wachsende Informationsmenge, die im Verlauf der oben kurz beschriebenen Bearbeitungsverfahren anfällt, ermöglicht in immer stärkerem Maße Aussagen über die lithologische Ausbildung der von den seismischen Wellen durchlaufenen Schichtkomplexe. Auch die vor allem in der Sowjetunion schon seit längerer Zeit durchgeführten Versuche zum *Direktnachweis von Kohlenwasserstoffakkumulationen* dürften gerade durch diesen Entwicklungstrend neue Impulse erhalten (z. B. Devičev, Kunarev, Nikitin, 1971).

So ist beispielsweise bekannt, daß sich infolge der Gasführung eines Speichergesteins der Reflexionskoeffizient und damit natürlich auch die Reflexionsamplitude erhöht. Derartige Intensitätsvergrößerungen von Reflexionen (sogenannte „hot spots"), die mit potentiellen gasführenden Speichern in Verbindung gebracht werden können, lassen sich auf den nach wahren Amplituden bearbeiteten Seismogrammen nachweisen (Craft, 1973). Man muß jedoch feststellen, daß trotz zahlreicher Fortschritte auf dem hochaktuellen Gebiet des Direktnachweises von Kohlenwasserstofflagerstätten derzeit noch keine gesicherte, verallgemeinerte Methodik vorliegt, Teilerfolge wurden bisher nur in speziellen Fällen bei sehr günstigen geologischen Bedingungen erzielt. Eine zentrale Stellung unter den für eine substantielle Interpretation interessierenden Parametern nimmt die *Geschwindigkeit* ein. Kontinuierliche

Analysen der Effektivgeschwindigkeiten dienten zunächst primär der Verbesserung der dynamischen Korrekturen, wobei die zu fordernde Genauigkeit in der Größenordnung von 5–10% liegt. Für eine geologische Deutung sind jedoch im wesentlichen Intervall- bzw. Schichtgeschwindigkeiten von Interesse. Für deren Berechnung muß jedoch eine wesentlich größere Genauigkeit der Effektivgeschwindigkeitsbestimmung (Fehler unter 1%) gefordert werden. Dabei ist diese hohe Genauigkeit nur dann sinnvoll, wenn eine weitgehende Eliminierung systematischer Störeinflüsse (Neigung, Krümmung der seismischen Grenzflächen, Brechung u. a.) erfolgt.

Welche spezielle geologisch-petrographische Ursache im konkreten Fall zu Anomalien in der Geschwindigkeitsverteilung beiträgt, muß in jedem Fall gesondert anhand der speziellen regionalen geologischen Situation entschieden werden. Es zeichnet sich eine Vielzahl von Anwendungsmöglichkeiten ab (Aussagen über Faziesänderungen, Porositätsschwankungen, Sand/Ton-Verhältnis, Riffindikation, Aussagen über Druckzonen u. a.).

Starke Beachtung finden auch Verfahren, die sich mit einer umfassenden Analyse der Wellenform von Reflexionen (dynamische Interpretation) beschäftigen (Auswertung der in den *wahren Amplituden* und der *Frequenzstruktur* von reflektierten Wellen enthaltenen Informationen). So wurden beispielsweise Methoden entwickelt, um mittels statistischer Verfahren aus den an der Erdoberfläche registrierten Amplituden den störenden Einfluß wechselnder Anregungs- und Empfangsbedingungen eliminieren zu können (z. B. Gurvič, u. a., 1972).

Eine Darstellung der räumlichen und zeitlichen Variationen der Frequenzzusammensetzung seismischer Signale gestatten die von Balch (1971) vorgeschlagenen „Color-Sonagramme", bei denen der Amplitudeninhalt eines seismischen Zeitschnitts in Flächen-Linienschrift dargestellt wird, der verschiedene Farben in Abhängigkeit von der speziellen Frequenzzusammensetzung überlagert sind.

Eine eindeutige Interpretation dieser dynamischen Kenndaten ist im allgemeinen jedoch problematisch, da sie in starkem Maße sowohl von der Geometrie des Untergrundes (z. B. Dünnschichtigkeit im Bereich der Reflektoren) als auch von den eigentlich gesuchten stofflichen Parametern beeinflußt werden, wobei eine Trennung der unterschiedlichen Effekte sehr schwierig ist.

Es werden deshalb zunehmend *Spezialverfahren für eine dynamische Interpretation von Seismogrammen* entwickelt, die, obwohl sie rechentechnisch aufwendiger sind, Parameter liefern, die direkt mit dem stofflichen Verhalten des Untergrundes verknüpft sind. Eine zentrale Stellung nimmt dabei der *Absorptionskoeffizient* ein, der ein Maß für die nichtelastischen Energieverluste beim Wellenausbreitungsprozeß darstellt.

Die Sicherheit einer substantiellen Aussage läßt sich durch eine komplexe Interpretation mehrerer unabhängig voneinander bestimmter Signalparameter wesentlich erhöhen. Es ist aus diesem Grund mit einer zunehmenden *multivariaten statistischen Bearbeitung* dynamischer Kenngrößen zu rechnen.

Insgesamt gesehen steht der Prozeß der substantiellen Interpretation seismischer Daten trotz erster Anfangserfolge erst am Beginn seiner Entwicklung.

## Literatur

BALCH, A. H.: Color-sonagrams: A new dimension in seismic data interpretation. Geophysics **36** (1971) 6, 1074–1098.

BOLS, P.: Correlation a distance. Geophys. Prosp. **19** (1971) 4, 592–611.

BOURGOIS, A. J. und JONES, C.: How Shell configures EDP equipment for exploration. Oil & Gas J. **70** (1972) 7, 105–110.

CRAFT, C.: Detecting hydrocarbons – for years the goal of exploration geophysics. Oil & Gas J. **71** (1973) 8, 122–125.

DAVIES, E. B. und MERCADO, E. J.: Multichannel deconvolution filtering of field recorded seismic data. Geophysics **33** (1968) 5, 711–722.

DAVIS, J. M.: Interpretation of velocity spectra through an adaptive modelling strategy. Geophysics **37** (1972) 6, 953–962.

DEVIČEV, M. V., KUNAREV, A. A. und NIKITIN, A. A.: Eine statistische Methode zur Abschätzung der Korrelationseigenschaften seismischer Aufzeichnungen (russ.) Prikl. Geofizika **63** (1971) 50–60.

DISHER, D. A. und NAQUIN, P. J.: Statistical automatic statics analysis. Geophysics **35** (1970) 4, 574–584.

DOHR, G.: Reflexionsseismische Tiefensondierung. Zeitschrift f. Geophysik **38** (1972) 2, 193–220.

FONTANEL, A.: Holosimique. Inst. Français du Petrol. Branche Rech. et Expl. du Petrol Nr. 19 (1971).

FONTANEL, A. und GRAU, G.: Correlation optique en lumiere coherente. Geophys. Prosp. **19** (1971) 1, 98–117.

GAROTTA, R.: Selection of seismic picking based upon the dip, moveout and amplitude of each event. Geophys. Prosp. **19** (1971) 3, 357–370.

GOGONENKOW, G. N. und PUTZIGER, K.: Informationsfortschritte in der Seismik durch Anwendung digitaler Signalbearbeitungsverfahren. Zeitschr. f. angew. Geologie **19** (1973) 7, 351–358.

GOLDBERG, S.: The seismovac monopulse pneumatic rebound source. Geophysics **37** (1972) 1, 174–177.

GRAF, R. G.: Interactive graphics can offer expanded capability for geosciences. Oil & Gas J. **69** (1971) 45, 85–89.

GURVIČ, J. J. und ČYONG MIN': Abschätzung der Genauigkeit von Amplitudenmessungen in der Seismik nach rx-seismischen Ensembles (russ.). Geol. i razv. (1972) 10, 89–94.

HOOVER, G. M.: Acoustical holography using digital processing. Geophysics **37** (1972) 1, 1–19.

HUBRAL, P.: Three-dimensional optimum multichannel velocity filters. Geophys. Prosp. **20** (1972) 1, 28–46.

LINDSEY, J. P. und HERMAN, A. J.: Multiprocessing of seismic data is gaining acceptance. Oil und Gas J. **70** (1972) 7, 99–104.

LINDSEY, J. P.: The potential of digital seismic recordings for multichannel processing. Geophysics **35** (1970) 3, 461–470.

MATEKER, E. J.: Big benefits seen with Maxipulse system use. Oil & Gas J. **69** (1971) 7, 116–120.

ROBINSON, J. C.: Computer-designed Wiener filters for seismic data. Geophysics **37** (1972) 2, 235–259.

ROBINSON, J. C. und ALDRICH, C. A.: A novel high-speed algorithm for summational type seismic velocity analysis. Geophys. Prosp. **20** (1972) 4, 817–827.

RUSSELL, T. A. und GEYER, R. L.: Seisystem 70 sets new pace for '70 s. Oil & Gas. J. **69** (1971) 7, 89–91.

SCHNEIDER, W. A.: Developments in seismic data processing and analysis (1968–1970). Geophysics **36** (1971) 6, 1043–1073.
STONE, D. G.: Minicomputers aid on-site data processing. Oil & Gas J. **71** (1973) 9, 88–89.
ULRYCH, T. J.: Application of homomorphic deconvolution to seismology. Geophysics **36** (1971) 4, 650–660.
WANG, R. J. und TREITEL, S.: Adaptive signal processing through stochastic approximation. Geophys. Prosp. **19** (1971) 4, 718–728.
WARDELL, J.: A comparison of land seismic sources. Geoexploration 8 (1970) 3/4, 205–229.

# 8.

# Elektrische Methoden der Geophysik[1]

## 8.1. Grundlagen, Prinzipien und Stand geoelektrischer Erkundungsverfahren

Hauptzweck und Aufgabe geoelektrischer Untersuchungen ist es, die *räumliche Verteilung der elektrischen Leitfähigkeit im Untergrund* zu ermitteln, um hieraus geologische und speziell lagerstättenkundliche Schlußfolgerungen ziehen zu können.

In der Praxis hat sich als elektrischer Gesteinsparameter der *spezifische Widerstand* $\varrho = \frac{1}{\sigma}$ ($\sigma$ = spezifische Leitfähigkeit) mit der Einheit Ohm-Meter [$\Omega$m] bzw. Ohm-Zentimeter [$\Omega$cm] (1 $\Omega$m = 100 $\Omega$cm) eingebürgert. Hypothetisch kann man 1 $\Omega$m als den OHMschen Widerstand eines Würfels von 1 m Kantenlänge auffassen.

Bei den Mineralen unterscheidet man drei Arten elektrischer Leiter:

1. *metallische Leiter*, bei denen der Ladungstransport durch freibewegliche Valenzelektronen erfolgt,
2. *elektronische Halbleiter*, die zur Stromleitung einer unterschiedlich großen thermischen Elektronenanregung im Kristallgitter bedürfen (Zustand der Eigenleitung) und dann den Ladungstransport durch Elektronen und positive Defektelektronen (Löcherleitung) vollziehen,
3. *feste Elektrolyte*, d. h. Körper mit einer ionengebundenen Kristallgitterstruktur, die durch Verunreinigung bedingte (SCHOTTKY) oder thermisch induzierte Defekte (FRENKEL) aufweist, wobei der Stromfluß durch die Sprünge thermisch angeregter Ionen unter dem Einfluß eines äußeren elektrischen Feldes von Defekt- zu Defektstelle im Kristall vor sich geht.

Gegenüber den unter 1. und 2. genannten Leitertypen stellt der feste Elektrolyt nahezu einen Isolator dar. Seine Leitfähigkeit wächst außerdem mit der Frequenz des äußeren Feldes und erreicht erst bei hohen Temperaturen nennenswerte Beträge.

Zu den metallischen Leitern gehören reine Metalle wie Gold, Kupfer usw. ($\varrho \approx 10^{-8}$ $\Omega$m), aber auch Graphit ($\approx 10^{-6}$ $\Omega$m).

1 Von G. NOSSKE.

Elektronische Halbleiter sind Diamant, Sulfide, Oxide, Arsenide, Telluride, Antimon- und Arsen-Schwefelverbindungen ($\approx 10^{-6} \cdots 10^{4}\ \Omega$m). Als feste Elektrolyte treten die gesteinsbildenden Minerale in Erscheinung (unter normalen Temperaturverhältnissen $> 10^{8}\ \Omega$m).

*Die Leitfähigkeit oberflächennaher Gesteine* ist gewöhnlich elektrolytischer Natur, d. h. in erster Linie durch den Wassergehalt im Porenraum bestimmt, sofern nicht besonders hochleitende Mineralkonzentrationen (Graphit, sulfidische Erze) vorliegen. Dabei kommt es besonders auf den Anteil der untereinander in Verbindung stehenden Poren, auf den Grad der Wassersättigung und die Leitfähigkeit des Poren füllenden Elektrolyten an. Für wassergesättigte Gesteine stellte ARCHIE (1942) die empirische Beziehung auf:

$$\varrho = a\varrho_w\varphi^{-m} . \qquad (1)$$

$\varrho$ = spezifischer Gesteinswiderstand,
$\varrho_w$ = spezifischer Widerstand des Porenwassers (in Abhängigkeit von Salzgehalt und Temperatur),
$\varphi$ = Porenvolumen (%),
$m$ = Zementationsfaktor,
$a$ = Faktor, abhängig von der Porengeometrie.

Das Produkt $a\varphi^{-m}$ wird auch als *Formationsfaktor* $F$ bezeichnet:

$$\varrho = F \cdot \varrho_w , \qquad (2)$$

d. h., der spezifische Gesteinswiderstand ist bei gleicher Textur direkt proportional dem spezifischen Widerstand des Porenwassers. Indessen zeigt $F$ bei tonhaltigen Sedimentgesteinen noch eine Abhängigkeit von der Salzkonzentration infolge des *Kationen-Austauschvermögens* der Tone und wegen der an den Kristallbruchflächen der Tonminerale auftretenden COULOMBschen Kräfte, die zu einer Wechselwirkung des Minerals mit dem Elektrolyten führen. Dadurch liegt bei hohen Salzkonzentrationen im Porenwasser der spezifische Gesteinswiderstand $\varrho$ über und bei stark verdünntem Porenwasser unter dem gemäß (2) zu erwartenden Wert.

Im oberflächennahen Bereich betragen die *spezifischen Widerstände wassergesättigter Lockergesteine des Quartär* unter mitteldeutschen Verhältnissen im Mittel

| | |
|---|---|
| Kiese, Schotter | ca. 200–300 Ωm |
| Sande (je nach Korngröße) | ca. 100–200 Ωm |
| Geschiebemergel | ca. 70 Ωm |
| Lehm | ca. 50 Ωm |
| Tone | ca. 20 Ωm |

*Tertiäre Sedimente* sind in der Regel mit höhermineralisierten Wässern gesättigt, so daß beispielsweise für

| | |
|---|---|
| Feinsande | ca. 50 Ωm |
| und Tone | ca. 2–5 Ωm |

in Betracht kommen.

Bei metamorphen Gesteinen ist das Porenvolumen stark reduziert. Daher haben z. B. oberflächennahe paläozoische Schiefer spezifische Widerstände von mehreren hundert Ωm und kristalline Gesteine einschließlich Magmatite über 1000 Ωm.

Zur *Ermittlung der Leitfähigkeitsverteilung im Untergrund* bedarf es natürlicher oder künstlicher Quellen eines gleichbleibenden oder zeitabhängigen elektrischen Feldes. Es kann entweder direkt über stromzuführende Elektroden oder indirekt durch einen Induktionsvorgang bzw. mit einer geerdeten elektromagnetischen Anordnung dem Boden aufgeprägt werden. Ebenso läßt sich die Feldverteilung an der Erdoberfläche entweder über Elektrodenstrecken (elektrische Komponente), durch Aufnahme des mit dem Stromfeld verknüpften Magnetfeldes (magnetische Komponente) oder gleichzeitige Anwendung beider Verfahrensweisen untersuchen. Die verschiedenen Kombinationsmöglichkeiten von Felderregung und -aufnahme haben naturgemäß zu einer Vielzahl von Meßmethoden geführt, deren gemeinsames Ziel darin besteht, aus der Deformation (Anomalie) oder Zeitabhängigkeit des aufgenommenen Feldes im Vergleich zur primären Erregung auf die horizontale und vertikale Anordnung unterschiedlich leitfähiger Gesteine zu schlußfolgern.

Hierzu ist aber noch eine Regulierung der Fernwirkung erforderlich. Falls ein elektrisches Feld Verwendung findet, das innerhalb des untersuchten Raumabschnitts Gleichstrombedingungen genügt, ist die Fernwirkung (Wirkungstiefe) durch die Geometrie einer geerdeten 4-Elektrodenanordnung (4-*Punkt-Anordnung*) beeinflußbar. Hierzu erzeugen nach Neumann (1884) zwei Stromelektroden ein künstliches Feld, dessen Potentialabfall an der Erdoberfläche über zwei weitere Potentialelektroden ausgemessen wird. Aus Stromstärke $I$ im Stromelektrodenkreis und festgestellter Potentialdifferenz $U$ resultiert der spezifische Bodenwiderstand nach

$$\varrho = k \frac{U}{I}, \tag{3}$$

$k$ = Konstante entsprechend der Geometrie der Elektrodenaufstellung.

Wenn man bei der Untersuchung die Meßanordnung sukzessive ausweitet, werden immer größere und tiefere Raumabschnitte des Untergrundes erfaßt (*Sondierung*), während sich beim Fortbewegen der Meßanordnung mit konstanter Elektroden-Aufstellungsweite längs eines Profils vorwiegend horizontale Leitfähigkeitsunterschiede im Meßergebnis ausdrücken (*Kartierung* oder *Profilierung*). Da der Meßeffekt über einem inhomogenen und anisotropen Untergrund integraler Natur ist, wird der formal nach (3) berechnete spezifische Bodenwiderstand als *scheinbarer spezifischer Widerstand* $\varrho_s$ bezeichnet.

Bei Quellen zeitlich wechselnder Intensität ist die Wirkungstiefe sowohl durch die Geometrie der Anordnung als auch durch die Zeitfunktion bestimmt. Im Wechselstromfalle erzeugen quasi unendlich entfernte elektromagnetische Quellen der Frequenz $\nu$ ebene Wellen, deren Eindringtiefe $\tau$ in den Untergrund durch

$$\tau = 50{,}4 \sqrt{\frac{\varrho}{\nu}}\,[\mathrm{m}] \tag{4}$$

($\nu$ in Hz, $\varrho$ in Ωcm) gegeben ist.

Durchläuft bei gleichbleibender Meßanordnung die Frequenz einen bestimmten Bereich und wird $\varrho_s(\nu)$ aufgenommen, spricht man von einer *Frequenzsondierung*, d. h., die Änderung der Wellenlänge des Wechselfeldes bildet das Analogon zur Änderung der Elektrodenaufstellungsweite im Gleichstromfalle. Modifikationen ergeben sich, wenn man bei konstant gehaltener Frequenz die Aufstellungsweite Sender-Empfänger ändert: *elektromagnetische Abstandssondierung* oder geometrische Sondierung.

*Elektromagnetische Kartierungen* werden — analog der Widerstandskartierung — durch Fortbewegung der Meßanordnung bei konstantem Sender-Empfängerabstand und gleichbleibender Frequenz praktiziert (*elektromagnetische Dipolkartierung, Slingram-Verfahren*), oder man untersucht im Nahfeld einer ortsfesten Erregung die lokalen Feldstörungen (z. B. *Turam-Verfahren* mit geerdetem Linearkabel als Primärfelderzeuger). Andere elektromagnetische Kartierungsmethoden bedienen sich quasi unendlich entfernter natürlicher oder künstlicher Quellen (Wellenzone). Bei der *Tellurik* und *magnetotellurischen Profilierung* werden an der Erdoberfläche die geotektonisch bedingten regionalen Feldanomalien extraterrestrisch einfallender, langperiodischer Wellen (Sekunden bis Minuten) ermittelt. Atmosphärische elektrische Entladungen oder künstliche elektrische Anlagen (Energieleitungen, Sendestationen) erzeugen Wellen im Infraschall-, Ton- oder HF-Bereich. Ihre geologisch verursachten unterschiedlichen Ausbreitungsbedingungen und Feldstörungen sind Grundlage für sehr ökonomische, aber bezüglich der Genauigkeit auch wenig anspruchsvolle Feldkartierungen mit einfachsten Empfangseinrichtungen (z. B. *INFAZ-*, *AFMAG*-Methode oder *Radiokip*), die teilweise auch vom Flugzeug aus Anwendung finden.

Ein der Frequenzsondierung prinzipiell äquivalentes Verfahren ist die Beobachtung des zeitlichen Verlaufs der Feldkomponenten, wenn die künstliche Erregung einer Sprungfunktion folgt (*Einschaltvorgang, Transient-Methode, Feldaufbauverfahren, Methode des Übergangsprozesses*). Es stellt sich eine Zeitabhängigkeit der Wirkungstiefe heraus, weil zunächst der hochfrequente Anteil des künstlich erzeugten Potentialsprungs wirksam ist und dann die langwelligen Anteile bis $\nu \to 0$ den umsichgreifenden Feldaufbau gemäß dem Gesetz des Skin-Effektes bestimmen.

Prinzipiell andere Grundlagen hat die Suche nach natürlichen Quellen und Senken von Erdströmen, die durch elektrochemische Prozesse (*Eigenpotentiale* bei Graphit- und sulfidischen Lagerstätten) oder elektrokinetische Erscheinungen (*Filtrationspotentiale*) hervorgerufen sind. Die hier geübte Potentialkartierung findet auch bei künstlich mit Strom beschickten geologischen Leitern Anwendung, deren Abbildung im Potentialfeld an der Erdoberfläche gesucht wird (*Methode des geladenen Körpers, mise-à-la-masse*).

Schließlich sei noch auf die Möglichkeit der Erzeugung und Messung künstlich induzierter Polarisationspotentiale als Substanznachweis für bestimmte Mineralgruppen und Gesteinsarten im Untergrund verwiesen (*galvanische induzierte Polarisation* = *IP*). Hierbei entstehen entweder elektrische Doppelschichten auf der Oberfläche von Partikeln elektronischer Leiter und Halbleiter (z. B. Sulfiderze) in einem feuchten Gestein, oder es wird ein künstlicher, teils komplizierter elektrolytischer Prozeß in tonmineralhaltigen Gesteinen hervorgerufen.

## 8.2. Fortschritte im Methodenkomplex der Geoelektrik

### 8.2.1. Nutzung natürlicher Felder

Als natürliches Stromfeld der Frequenz Null wurden bereits die beobachteten Eigenpotentiale an sulfidischen Erzkörpern als Folge von Oxydationsvorgängen erwähnt. Die *Eigenpotentialkartierung* ist, historisch gesehen, das älteste geoelektrische Prospektionsverfahren (erstmals von Fox 1830 in den Erzgruben von Cornwall angewandt) und hat heute durch den Direktnachweis von Sulfiderzen mittels IP an Bedeutung verloren. Hingegen ist in den letzten Jahren die Beobachtung und Untersuchung elektrokinetischer Potentiale, die beim Strömen von Grundwasser durch poröses oder geklüftetes Gestein entstehen, von größtem praktischem Interesse geworden. Derartige *Filtrationspotentiale* sind mit den in Bohrungen gemessenen „Eigenpotentialen" bei Wasserzu- oder -abfluß durch die Bohrlochwand identisch: Wasseraustrittsstellen ergeben positive, Sickerstellen negative Anomalien. Das elektrische Feld ist stets dem Grundwasserstrom entgegengesetzt gerichtet; seine Intensität hängt empirisch von der Fließgeschwindigkeit, der Korngröße und Elektrolytverteilung im Wasserleiter ab (Matweew 1963).

Daraus resultieren wichtige Anwendungsmöglichkeiten bei hydrogeologischen oder ingenieur-geologischen Aufgabenstellungen. So entsteht bei Pumpversuchen in oberflächennahen Grundwasserleitern entsprechend dem Absenkungstrichter an der Erdoberfläche eine gewöhnlich elliptische Filtrationspotentialanomalie, die sich — je nach Wasserentnahme — allmählich verändert. Deren Deformationsbereich spiegelt zugleich den Depressionstrichter des Grundwasserspiegels wider. Das Verfahren eignet sich ebenso zur Lokalisierung unkontrollierter Wasserabflüsse am Boden von Wasserspeicherbecken, zur Ermittlung unterläufiger Zonen bei Abschlußbauwerken von Talsperren oder zur Feststellung von Sickerzonen an wasserstauenden Deichen und Dämmen. Allerdings haben die meßbaren Potentialdifferenzen in vielen Fällen nur Werte in der Größenordnung 10 mV, so daß hohe Anforderungen an die Konstanz der für die Messung notwendigen unpolarisierbaren Elektroden gerichtet werden, die andererseits auch so robust sein müssen, daß sie z. B. den Schlepp über den Boden eines Speicherbeckens aushalten.

Bei der praktischen geoelektrischen *Erkundung mit natürlichen elektromagnetischen Quellen* wird z. Zt. ein Frequenzbereich von der Größenordnung 0,001 Hz bis 20000 Hz benutzt. Unterhalb 1 Hz kommt die Feldenergie größtenteils aus dem extraterrestrischen Raum infolge einer Wechselwirkung zwischen dem einfallenden solaren Plasma und dem magnetischen Erdfeld. Dieses Phänomen wird jedoch wegen der abschirmenden Wirkung der Ionosphäre mit wachsender Frequenz weniger bedeutsam, und über 1 Hz hat das natürliche elektromagnetische Feld größtenteils seine Ursache in Vorgängen nahe der Erdoberfläche in Form elektrischer atmosphärischer Entladungen oder ist künstlichen Störungen zuzuschreiben (Industrie). Statistisch gesehen nimmt die Amplitude des gesamten Spektrums mit wachsender Frequenz ab. Perioden oder Variationen mit 20 und 90 sec Dauer treten mit relativ hoher Intensität tagsüber auf (magnetische Feldstärken ca. 0,1 bis $1\gamma$), während Perioden um 9 min hauptsächlich nachts dominieren. Magnetische Stürme steigern die Aktivität im Periodenbereich von 10 bis 100 sec auf Amplituden von 50 bis $200\gamma$, wobei sich zugleich die nächtlichen langen Perioden abschwächen. Die Häufigkeit des Auftretens stärkerer Variationen unterliegt einer elfjährigen Periode (Sonnenfleckenzyklus). Zwischen 0,016 und 8,5 Hz befindet sich im natürlichen Spektrum eine ausgesprochen ruhige Zone. Dieser Bereich ist wegen des relativ geringen „natürlichen Rauschens" für elektromagnetische Messungen mit künstlichen Quellen besonders gut geeignet (KELLER 1971).

Die 1930 von C. und M. SCHLUMBERGER eingeführte *tellurische Methode* ist aus heutiger Sicht nur ein Spezialfall der von L. CAGNIARD (1953) begründeten magnetotellurischen Sondierung. Im Gegensatz zur Magnetotellurik setzt die Tellurik voraus, daß sich die von den äußeren Quellen im Bereich 0,001 ··· 0,1 Hz induzierten Erdströme nach Gleichstromgesetzen im Untergrund ausbreiten. Das ist aber nur zutreffend, wenn der Skineffekt noch nicht merklich in Erscheinung tritt, d. h., wenn ein leitfähiges Sedimentpaket nicht allzu großer Mächtigkeit $h$ vorliegt und von einer praktisch isolierenden Basis unterlagert wird. Dann ist die im Sediment induzierte Stromdichte proportional der Mächtigkeit $h$ und das an der Erdoberfläche gemessene elektrische Feld $E$ umgekehrt proportional der sogenannten Längsleitfähigkeit $S$:

$$S = \frac{h}{\varrho_l}, \tag{5}$$

$\varrho_l$ = spezifischer Längswiderstand des Sediments,

wobei $S$ einen wichtigen elektrischen Schichtparameter darstellt. In der Praxis wird bekanntlich so verfahren, daß man die an einer festen Basisstation registrierten Komponenten $E_x$ und $E_y$ des gewöhnlich elliptisch polarisierten Feldes mit den simultan registrierten entsprechenden Komponenten einer Wanderstation vergleicht. (Auf die Auswerteprobleme, die sich wegen der statistischen Feldschwankungen infolge unregelmäßiger Variationen ergeben, sei hier nicht eingegangen.) Aus den Quotienten der ermittelten Feldgrößen an Wander- und Basisstation sind dann Schlüsse auf relative, flächenhafte Unterschiede der Längsleitfähigkeit in bezug auf den Standort der Basis möglich. Wegen $E \approx \frac{\varrho_l}{h}$ gewinnt man aber bezüglich des Tiefenprofils $h$ nur relative Aussagen unter hypothetischen Annahmen von $\varrho_l$ oder Verwendung von Anschlußmessungen an Bohrungen. Damit trägt die Tellurik den Charakter eines regionalen Kartierungsverfahrens, gestattet aber keine absoluten Angaben über die Verteilung von $\varrho_l$. Daher hat heute das Verfahren nur noch Bedeutung für Übersichtsmessungen in geotektonisch wenig erforschten Gebieten und in Ergänzung anderer Methoden, z. B. in Kombination mit magnetotellurischen Sondierungen.

Zu den relativ wenig erschlossenen Räumen gehört heute u. a. das Aquatorium der Erde. Hier bestehen noch günstige Entwicklungsmöglichkeiten der *Seetellurik* (KÜHN 1970) wegen des Vorteils einfacher, vom fahrenden Schiff aus als Wanderstation bewegter Elektrodenanordnungen, die auch senkrecht zum Kurs mittels Scherbrettern orientiert werden können, und so — entsprechend dem Landmodell — eine Zweikomponentenmessung von $E$ in der Bewegung gestatten. Durch eine dritte, in der Tiefe geschleppte Elektrode ist auch die Registrierung einer vertikalen ($E_z$) Komponente realisierbar, was an Land einen Teufenaufschluß erfordern würde. Allerdings sind hierzu noch grundsätzliche Untersuchungen über die Form und Verzerrung des aus der Bewegung gemessenen tellurischen Signals gegenüber einer festen Basis notwendig. Weiterhin trägt das im erdmagnetischen Feld ungleichmäßig strömende Seewasser zu weiteren elektromagnetischen Feldern bei, die zu berücksichtigen sind. Wegen der abschirmenden Wirkung des gutleitenden Seewassers (Skineffekt) ist die Messung auf Schelfgebiete beschränkt.

Der eigentliche Substanzparameter $\varrho$ läßt sich indessen nur durch Verknüpfung des Magnetfeldes $H$ mit dem elektrischen Feld $E$ bei einer magnetotellurischen Messung in Abhängigkeit von der Periode $T$ des elektromagnetischen Feldes (s. Kapitel 5) bestimmen:

$$\varrho_{s(x)} = 0{,}2\, T \left(\frac{E_x}{H_y}\right)^2 \tag{6}$$

bzw.

$$\varrho_{s(y)} = 0{,}2T \left(\frac{E_y}{H_x}\right)^2, \tag{7}$$

$$\varrho_s[\Omega\mathrm{m}], \quad T[\mathrm{sec}], \quad H_{y,x}[\gamma]\,.$$

Die Quotienten $\frac{E_x}{H_y}$ und $\frac{E_y}{H_x}$ werden als Impedanzen $Z_{xy}$ bzw. $Z_{yx}$ definiert. Wegen der im allgemeinen nicht gegebenen Homogenität und Isotropie des Untergrundes ist $\varrho_s$ richtungsabhängig: $\varrho_{s(x)} \neq \varrho_{s(y)}$. Horizontale Schichtung über einem praktisch isolierenden Untergrund vorausgesetzt, läßt sich oberhalb einer Periode $T^* > 10\frac{h^2}{\varrho_l}$ ($h$ = Tiefe zum isolierenden Fundament oder Trägerhorizont, $\varrho_l$ = summarischer spezifischer Längswiderstand der leitenden Deckschicht) eine einfache Beziehung zwischen $S$ und $Z$ finden:

$$S = 796\,|Z| \quad [\Omega^{-1}]\,. \tag{8}$$

(Falls der spezifische Widerstand des hochohmigen Fundaments nur endliche Werte hat, gilt diese Beziehung nur angenähert in einem bestimmten Intervall von $T^*$.) Die ermittelte Impedanz ist dann nicht mehr $T$-abhängig, sondern nur noch proportional dem mittleren spezifischen Längswiderstand des Sedimentpaketes und umgekehrt proportional zur Tiefe des hochohmigen Untergrundes. Daraus leitet Berdičevskij (1968) die *magnetotellurische Profilierung* ab. Sie erfordert gegenüber kompletten Sondierungen bei kürzeren Aufstellungszeiten nur die Messung der Feldkomponenten für $T^*$. Ohne Bezugnahme auf eine Basisstation ist dann bei plausibler Annahme oder Bestimmung von $\varrho_l$ durch Anschluß an Bohrungen das Tiefenprofil des Trägerhorizontes zu ermitteln.

YUNGUL (1966) entwickelte ein kombiniertes Magnetotellurik-Tellurik-Verfahren als *„tellurische Sondierung"* unter der Voraussetzung, daß die an einer magnetotellurischen Basisstation erhaltenen $H$-Werte für ein größeres Untersuchungsgebiet repräsentativ sind. Sie dienen der Berechnung von Sondierungskurven an einer nur elektrische Komponenten aufnehmenden tellurischen Wanderstation. Dadurch läßt sich bei geringerem Aufwand die Effektivität magnetotellurischer Untersuchungen wesentlich erhöhen. Die Ortsunabhängigkeit der $H$-Variationen setzt jedoch eine sogenannte *H-Polarisation* des Feldes voraus. Sie besteht dann, wenn die Hauptkomponente von $H$ in Streichrichtung der Leitfähigkeitsstruktur verläuft. Bei der analog definierten *E-Polarisation* kann nur bei flachem Schichteinfallen mit befriedigenden Ergebnissen gerechnet werden. Nach sowjetischen Erfahrungen ist die unter den genannten Bedingungen erzielbare Genauigkeit für Regionalmessungen ausreichend.

Besondere Bedeutung wird die YUNGULsche Methode künftig bei Seemessungen gewinnen, wenn sich die $E$-Komponenten der schon erwähnten beweglichen Schiffsstation mit den $E/H$-Komponenten einer naheliegenden Land- oder festen Seestation vergleichen lassen. Driftende Eisschollen nutzten sowjetische Forscher für reguläre magnetotellurische Sondierungen im Nordmeer (DENISKIN 1969). Für künftige *magnetotellurische Messungen* bieten sich *im Ozean* 4 Varianten an (BERDIČEVSKIJ, VAN'JAN 1969):

1. Messung von $E$ und $H$ an der Seeoberfläche,
2. Messung von $E$ in zwei Niveaus,
3. Messung von $H$ in zwei Niveaus,
4. Messung von $E$ und $H$ am Seeboden.

GOI'MSTOK und SOČELNIKOV (1971) kommen in einer vergleichenden Betrachtungsweise zu dem Ergebnis, daß die Meeresbodenanordnung (Variante 4) in ozeanischen Becken bei beliebiger Struktur des Untergrundes die günstigste Verfahrensweise ist. Die Entwicklung *automatischer magnetotellurischer Tiefseestationen,* die vom Schiff auf den Meeresboden abgesetzt werden, ist in der UdSSR und den USA im vollen Gange. So sind für die magnetischen Variationsregistrierungen Dreikomponenten-Fluxgate-Magnetometer konzipiert, die sich automatisch in den magnetischen Meridian einstellen. Wegen der abschirmenden Wirkung der Wasserbedeckung sind am Tiefseeboden naturgemäß nur die langwelligen Anteile des Variationsspektrums für die Registrierung vorhanden. Dementsprechend haben solche Messungen in erster Linie für *große Aufschlußteufen* im Interesse des UMP (Upper Mantle-Projekt) Bedeutung.

Für Landmessungen stehen bereits transportable automatische Registrierstationen, die mehrere Tage ohne Aufsicht arbeiten können, zur Verfügung. Bei der von EVERETT und HYNDMAN (1967) beschriebenen Apparatur werden die Variationswerte von $E_x$, $E_y$, und $H_x$, $H_y$ und $H_z$ im Intervall von einer Minute digital erfaßt und auf einen 8-Kanal-Lochstreifen gestanzt. Parallel dazu läuft noch ein Direktschreiber zur unmittelbaren visuellen Kontrolle.

*Natürliche elektromagnetische Felder* mit einer Frequenz über 1 Hz haben für die geoelektrische Prospektion keine große Bedeutung gewonnen. Wegen des Skineffektes ist die Eindringtiefe so gering, daß sie nur für die Untersuchung oberflächennaher Probleme, z. B. die Erkundung gutleitender Erzlagerstätten, in Frage kommen. Von den im Tonfrequenzbereich liegenden Frequenzen macht die *AFMAG-Methode* Gebrauch, die am rationellsten als Airborne-Verfahren Anwendung findet. Im Hinblick auf die immer rationeller werdende Bohrtechnik im Komplex mit Bohrlochmessungen werden jedoch heute an die geophysikalischen Methoden für oberflächennahe Aufschlüsse hinsichtlich des Auflösungsvermögens und der Substanzaussage immer höhere Anforderungen gestellt, denen mit elektromagnetischen Messungen unter Verwendung unstetiger, zufälliger Quellen, einschließlich unbeeinflußbarer künstlicher Störungen (Industrie, Radiostationen), nicht mehr genügt werden kann. Das u. a. auch damit im Zusammenhang stehende sowjetische *Radiokip-Verfahren* (Langwellen-Sender als Quelle) kann nur als zusätzliches einfaches Hilfsmittel für den in einem noch wenig erschlossenen Gebiet kartierenden Geologen von Bedeutung sein. Wegen der etwas größeren Aufschlußteufe ist neuerdings der sogenannte „*Infraschallbereich*" für die Erkundung gutleitender Erzlagerstätten bis 200 m Tiefe von Interesse geworden. Dabei handelt es sich um Frequenzen von 1—18 Hz, in der UdSSR als *INFAZ*-Methode bekannt (Alekseev 1967). Hierbei wird sowohl die Phasenlage des summarischen magnetischen Feldes als auch der Verlauf der horizontalen elektrischen Komponenten untersucht. In den USA haben mit gleicher Zielstellung Slankies und Becker (1969) tellurische und magnetotellurische Messungen im 8-Hz-Bereich durchgeführt. Die Leitfähigkeitsanomalien äußern sich sowohl in einer markanten Erniedrigung und Anisotropie von $E$ als auch im Auftreten starker vertikaler magnetischer Komponenten.

### 8.2.2. Anwendung künstlicher Felder

#### 8.2.2.1. Gleichstromverfahren

Die Grundkonzeption für *geoelektrische Widerstandsmessungen* in Form einer 4-Punkt-Anordnung entstand bereits vor rund 90 Jahren bei F. Neumann (1884). Seit 1916 (Wenner) wird dieses Verfahren in verschiedenen Varianten der Elektrodenaufstellungsgeometrie bis heute wegen seines geringen technischen Aufwandes immer noch mit Erfolg praktiziert. Gegenwärtig nimmt man die etwas umständliche Regulierung der Wirkungstiefe durch Umsetzen der Elektroden während einer Sondierung noch in Kauf, doch wird die künftige Entwicklung, zumindest im Falle der Vertikalsondierung, der elektromagnetischen Frequenzsondierung den Vorzug geben, weil sie die Aufschlußtiefe in einfacher Weise durch Frequenzänderung variiert. Außerdem ist die Wirkungstiefe jeder Gleichstrommessung dann begrenzt, wenn die vertikale Schichtenfolge einen nahezu isolierenden Horizont einschließt (z. B. Salinar), der andererseits von elektromagnetischen Feldern ohne weiteres durchdrungen wird. Bei ultratiefen elektrischen Sondierungen wird deshalb schon heute die magnetotellurische Messung bevorzugt.

ZIJL (1970) hat kürzlich in Südafrika unter Nutzung von Telefonlinien als Zuleitung zu den Meßsonden und mit Hilfe noch nicht in Betrieb genommener Hochspannungsleitungen für den Elektrodenstrom nochmals eine Sondierung nach SCHLUMBERGER bis zum Elektrodenabstand $AB = 600$ km, d. h. mit einer formalen Eindringtiefe von $AB/2 = 300$ km (!) durchgeführt, dabei tatsächlich die Kruste mit $\varrho_s$-Werten bis 15000 Ωm durchteuft und eine schon bekannte, sehr gutleitende Schicht im Oberen Mantel erreicht.

In der Regel ist indessen die Gleichstromsondierung und -kartierung nur für oberflächennahe Probleme praktikabel. Ihre Perspektive liegt hauptsächlich in der Lösung hydrogeologischer bzw. ingenieur-geologischer Aufgabenstellungen.

Als *Hauptproblem* erweist sich seit Jahrzehnten die *Interpretation der Meßkurven als Ausdruck einer vertikalen Schichtenfolge.* Bisher hat man diese Aufgabe in der Hauptsache durch Vergleich der Meßkurve mit einer Vielzahl theoretisch berechneter Modellkurven gelöst, wobei diese „Sucharbeit" teilweise auch durch EDVA mit gespeichertem Kurvenkatalog geleistet wurde. Bei Vielschichtfällen nimmt jedoch die Anzahl der möglichen Modelle derart überhand, daß das notwendige Speichervolumen tragbare Werte überschreitet, wenngleich die Berechnung von Kurvenmodellen mittels Rechenanlagen heute kein besonderes Problem mehr darstellt. Die Suche und Einführung direkter analytischer Lösungsverfahren bis zur vollständigen automatischen Auswertung nimmt deshalb gegenwärtig großen Raum ein.

Nach STEFANESCU (1930) stellt sich der spezifische Widerstand $\varrho_s$ einer Sondierungskurve über einem horizontalen vielschichtigen Untergrund bei der Anordnung nach SCHLUMBERGER folgendermaßen dar:

$$\varrho_s(r) = \varrho_1 \left\{ 1 + 2r \int_0^\infty K(\varrho_i, h_i; \lambda)\, I_1(\lambda r)\, \lambda d\lambda \right\}. \tag{9}$$

$K(\varrho_i, h_i; \lambda)$ = Kernfunktion,
$h_i$ = Schichtmächtigkeiten,
$r = AB/2$ = halber Elektrodenabstand,
$\varrho_i$ = wahrer spezifischer Widerstand der Schichten,
$I_1(\lambda r)$ = BESSEL-Funktion 1. Art und 1. Ordnung.

Der allgemeine Lösungsweg besteht in der Berechnung der Kernfunktion oder Zwischenfunktion aus dem im Felde bestimmten Verlauf von $\varrho_s$ und als zweiter Schritt in der Bestimmung der geoelektrischen Schichtparameter aus der ermittelten Kernfunktion $K$ (KOEFOED 1970). Da die Meßkurve nur durch eine bestimmte Anzahl von Werten belegt wird, die für die Berechnung von $K$ nicht ausreichen und zudem noch fehlerbelastet sind, ist noch eine rechnerische Vorbehandlung durch Annäherung mittels Polynomen erforderlich. Für die Berechnung der Kernfunktion existieren im wesentlichen folgende Verfahren:

- direkte numerische Berechnung von $K$ über die HANKEL-Transformation (MEINARDUS 1970),
- Anwendung einer speziellen Quadraturformel (STRACHOV 1969) und anderer Reihenentwicklungen von $K$ (ONODERA 1970).

Die Kernfunktion beinhaltet alle Informationen über spezifische Widerstände und Schichtmächtigkeiten, kann jedoch physikalisch mehreren äquivalenten Fällen entsprechen, d. h., innerhalb eines technisch bedingten Fehlerbereichs erzeugen ähnliche Schichtmodelle nicht unterscheidbare $\varrho_s$-Kurven (*Äquivalenzprinzip*). Die Ermittlung der Schichtparameter aus der Kernfunktion setzt daher die Vorgabe eines grundsätzlich plausiblen „Start-Modells" (Anzahl der Schichten, Schichtparameter) voraus, das im weiteren Rechengang durch Iteration, d. h. laufende Anbringung von Korrekturen, an das durch die Meßdaten bedingte tatsächliche Modell angenähert wird. Das geschieht entweder durch iterative Lösung von Fehlergleichungssystemen für die Kernfunktion oder deren direkte Auswertung mittels Fourier-Transformation bzw. die sukzessive Approximation der Kernfunktion mit einer Folge von Geraden, aus denen die Schichtparameter berechenbar sind. Diese grundsätzliche Verfahrensweise wird in Zukunft den sich rechentechnisch vollziehenden *automatischen Auswertungsvorgang* kennzeichnen, jedoch im Hinblick auf die möglichst optimale und geologisch begründete Wahl des Startmodells die Arbeit des interpretierenden Geophysikers nicht vollständig ersetzen. Die für die Standardanordnung von Schlumberger genannte Auswertung kann auch auf andere Meßanordnungen, z. B. Dipol-Aufstellungen, übertragen werden, wenn man sich bestimmter *Kurventransformationen* bedient (z. B. Belas 1969).

In der Praxis hat die Anwendung von Gleichstromsondierungen für hydrogeologische und ingenieur-geologische Aufgabenstellungen deshalb wieder mehr Beachtung verdient, weil zwischen geoelektrischen Schichtparametern und hydrologischen Parametern überraschend gute Beziehungen gefunden wurden. So entspricht der sogenannte *geoelektrische Transversalwiderstand* $R_T = h \cdot \varrho$ einer Schicht ($h$ = Mächtigkeit, $\varrho$ = spezifischer elektrischer Widerstand) in seiner physikalischen Bedeutung der sogenannten *Transmissivität eines Wasserleiters*. Wegen des Äquivalenzprinzips ist die eindeutige Bestimmung von $h_i$ und $\varrho_i$ bekanntlich eingeschränkt, jedoch gelingt es im Falle des Kurventyps $K$ (3-Schichtfall: $\varrho_1 < \varrho_2 > \varrho_3$) zumindest das Produkt $h_2 \cdot \varrho_2$ praktisch fehlerfrei zu bestimmen. Bei Kenntnis der Beziehung zwischen der Transmissivität und $R_T$, die man durch Anschlußmessungen an Parameterbohrungen feststellen kann, läßt sich unter diesen Bedingungen ohne hypothetische Annahmen für $h_2$ und $\varrho_2$ allein aus der flächenhaften $R_T$-Verteilung die Transmissivität des Wasserleiters im noch unerschlossenen Feld ableiten. Dabei muß allerdings die eventuell variable Mineralisierung des Grundwassers beachtet werden (Serres 1969, Duprat 1970).

Auf Grundlage der Formel von Archie ergeben sich naturgemäß auch noch Beziehungen zwischen $\varrho$ und der Porosität des Wasserleiters sowie zum Durchlässigkeitsbeiwert.

Andere Bemühungen sind in den letzten Jahren immer wieder darauf gerichtet worden, die Meßanordnung durch eine Vielzahl von Elektroden (*fokussierte Stromfelder*) so zu gestalten, daß eine stärkere Differenzierung der Sondierungskurve im Hinblick auf eine bessere Auflösung des elektrischen Vertikalprofils erfolgt. Zurückkommend auf ältere sowjetische Arbeiten (Alpin 1937) hat kürzlich Stenzel (1969) eine sogenannte *Differenzfeldsondierung* erprobt, die z. B. in einem 5-Schichtfalle gegenüber konventionellen Anordnungen das 1,2 bis 2,1-fache Auflösungsvermögen aufweist. Anstelle des herkömmlichen spezifischen Widerstandes $\varrho_s$ wird der Wert eines Differentialausdruckes $\varrho_\tau = \dfrac{dl}{d\left(\dfrac{l}{\varrho_s}\right)}$ ($l$ = halber Stromelektrodenabstand) mittels einer symmetrischen, linearen 6-Punkt-Anordnung im Felde bestimmt (vier äußere Stromelektroden $B_1A_1$, $A_2B_2$, zwei innere Potentialelektroden $M$, $N$). Dabei ist $A_2B_2$ um den Betrag $2\Delta l$ größer als $B_1A_1$. Die praktische Messung ist sehr aufwendig und sollte nur dort Anwendung finden, wo konventionelle Verfahren nicht ausreichen.

#### 8.2.2.2. Verfahren mit zeitlich veränderlichen elektromagnetischen Feldern

Die Anwendung künstlicher elektromagnetischer Felder im Tonfrequenzbereich einschließlich Impulsvarianten für Kartierungszwecke ist in den letzten Jahren besonders effektvoll bei Flugzeugmessungen (airborne) erfolgt (s. Kapitel 3., S. 62). Hier machten sich die Möglichkeiten einer induktiven Energieübertragung auf den Untergrund und die induktive Signalaufnahme ohne direkten Kontakt vorteilhaft bemerkbar. Hinsichtlich der Bodenmessung haben die schon unter 8.1. genannten Meßmethoden (Dipol-Induktionsverfahren, Turamverfahren) nur insofern Verbesserungen erfahren, als man zu einer größeren Frequenzauswahl überging (*VAPRAM* in der ČSSR).

*Radiowellenverfahren* sind hauptsächlich untertage im Erzbergbau oder zwischen Bohrlöchern angewandt worden. Hochleitende Erzkörper, aber auch Laugeneinschlüsse im Salzbergbau, geben sich durch ihre „Schattenwirkung" bei der „*Radiowellendurchleuchtung*" zu erkennen (Kovalenko 1967). Auf die Bedeutung von Radiowellenverfahren für geologische Kartierungszwecke wurde schon hingewiesen. In der Regel handelt es sich dabei um die Messung magnetischer Komponenten, d. h. der Neigung des Feldvektors gegen die Horizontale (Kippwinkel) sowie der Vertikal- und Horizontalkomponente (Frolov 1967).

*Frequenzsondierungen* mit einer Folge verschieden frequenter Wechselfelder unterschiedlicher Eindringtiefe sind heute noch nicht umfassend eingeführt, da die Erzeugung genügend starker Wechselströme im Infraschallbereich ($\approx$ 10 Hz) technische Probleme aufwirft, wenn man sich nicht einfacher Rechteckwechselimpulsfolgen bedienen will. Andererseits erfordert die Aufnahme des Amplitudenspektrums einschließlich der Phasenbeziehung zum Erreger wegen der Industrie- und anderer natürlicher Störungen bestimmte Filterungen, die ein genügend großes Nutz-Störsignalverhältnis gewährleisten. Daher ist die digitale Informationsaufnahme mit anschließender rechentechnischer Bearbeitung eine wichtige Voraussetzung. Es liegen aber zahlreiche theoretische Untersuchungen und praktische Ergebnisse vor, die eine beträchtliche Perspektive der künstlichen Frequenzsondierung bei kombinierter Aufnahme von $E/H$-Komponenten hinsichtlich Auflösungsvermögen und Wirkungstiefe versprechen (Van'jan 1965, Enenstejn 1965).

Neuerdings unternahmen Ryu u. a. (1972) Frequenzsondierungsversuche mit rein induktiver Anregung, bei denen am Empfangsort die Polarisationsparameter der magnetischen Feldellipse in ihrer Frequenzabhängigkeit untersucht wurden. Man kommt dann ohne das sonst notwendige Referenzsignal zwischen Sender — Empfänger (Phasenbeziehung) aus und wird von den Schwankungen des magnetischen Momentes der Sendeschleife unabhängig.

Am weitesten fortgeschritten ist in der UdSSR z. Zt. die *Feldaufbaumethode*, bei der die Felderregung mit einem geerdeten Dipol nach einer Sprungfunktion vor sich geht (Van'jan 1968). Die Aufnahme der elektrischen Komponente erfolgt über eine Elektrodenstrecke und die der magnetischen Vertikalkomponente mit einer horizontalen Kabelschleife. Untersucht wird die Zeitabhängigkeit der auf die erregende Stromstärke normierten $E$- und $H$-Komponente. Wie für Gleichstromsondierungen liegen entsprechende Modellkurven bzw. Rechenprogramme zum automatischen Vergleich zwischen Modell und Meßkurve vor (Matveev u. a. 1967), oder man ermittelt bei der Interpretation die Lage der Extremwertkoordinaten der Sondierungskurve, die, je nach Kurventyp, zur summarischen Längsleitfähigkeit und zum mittleren spezifischen Längswiderstand des Profils in gesetzmäßiger Beziehung stehen (Fomina, Kiseleva 1971). Anstelle eines Ein- oder Ausschaltvorganges benutzt Kinghorn (1967) unter der Bezeichnung „*Electrosonic Method*" eine Felderregung mit Rechteckwechselimpulsen, die an den geologischen Grenzflächen reflektiert und deformiert werden. Geerdeter Sende- und Empfangsdipol bilden einen rechten Winkel und berühren sich nahezu.

Verfahren, die das Feldverhalten im nächsten Bereich der Erregung untersuchen, sind neuerdings auch in der UdSSR eingeführt worden. Nach Kamenickij (1969) kann die sogenannte „*Methode des Übergangsprozesses*" auch als *Einschleifenmethode* praktiziert werden. Der in der Kabelschleife zunächst fließende Gleichstrom erleidet eine plötzliche Unterbrechung, die zu einer elektromagnetischen Induktion im Untergrund führt. Deren Abklingen wird über die gleiche etwa 200 × 200 m² große Kabelschleife induktiv aufgenommen und mit nachgeschalteter Verstärkereinrichtung registriert. Die Dauer dieses Übergangsprozesses ist von der Leitfähigkeit im Untergrund und der Größe evtl. vorhandener hochleitender Erzkörper abhängig. Dieses Verfahren wird daher hauptsächlich in der Erzerkundung angewandt.

Bei regionalen Erkundungsvorhaben mit größerer Aufschlußteufe hat sich u. a. in der UdSSR eine Kombination zwischen künstlicher Frequenzsondierung und magnetotellurischer Sondierung bewährt (Enenstejn 1969). Die nach beiden Methoden gewonnenen Sondierungskurven lassen sich zu einer gemeinsamen ergänzen und ergeben so ein vollständiges geoelektrisches Vertikalprofil.

Für solche Kombinationen wurde eine universelle Meßeinrichtung CES-1 (Kijuckin 1970) entwickelt, die eine digitale Registrierung von 5 Feldkomponenten ($E_x$, $E_y$, $H_x$, $H_y$, $H_z$) bei Frequenzsondierungen, Feldaufbaumessungen, magnetotellurischen Sondierungen u. a. ermöglicht.

### 8.2.2.3. Induzierte Polarisation (IP)

Das Hauptanwendungsgebiet des *IP-Verfahrens* ist immer noch in der Erzerkundung zu sehen. Wegen des signalverzerrenden induktiven Kopplungseffektes zwischen Elektroden-($AB$) und Sondenkreis ($MN$) bevorzugt man heute gegenüber der klassischen 4-Punktaufstellung nach WENNER und SCHLUMBERGER eine 3-Punktanordnung ($MNB \overset{\infty}{\rightarrow} A$) mit einer quasi unendlich entfernten 4. Stromelektrode $A$, oder Dipol-Dipol-Aufstellungen ($AB$, $NM$), die so gestaltet sind, daß eine parallele Kabelführung zwischen Elektroden- und Sondenkreis vermieden wird. Neben dem eigentlichen IP-Signal gibt es nämlich noch einen bodenbedingten Induktionseffekt, der bei paralleler Anordnung des $AB$- und $MN$-Kreises auftritt und ein dem IP-Signal entgegengesetztes Vorzeichen aufweist. Die zugehörige Zeitkonstante ist proportional der Bodenleitfähigkeit und dem Quadrat des Stromelektrodenabstandes. Bei besonders gut leitender Bedeckung kann dadurch im Falle einer Gradientenanordnung ($AMNB$) dem hochfrequenten Teil des Signalspektrums (IP-Kurvenanfang bei Impulsvariante) eine verzerrende negative Komponente überlagert sein, die allerdings rascher abklingt als der eigentliche IP-Effekt.

Von den möglichen Anregungsvarianten hat sich das *Impulsverfahren* als technisch vorteilhafteste Methode durchgesetzt. (Bei der sonst noch üblichen *Wechselstromvariante* wird bekanntlich die Frequenzabhängigkeit des scheinbaren spezifischen Widerstandes bei sehr langperiodischen Wechselströmen [0,1 ··· 10 Hz] untersucht.)

Als Meßgröße (*scheinbare Polarisierbarkeit, apparent chargeability*) dient in der Regel eine auf die während des erregenden Stromflusses zwischen $MN$ herrschende Sondenspannung normierte IP-Spannung bzw. das ebenso normierte Zeitintegral über die IP-Abklingkurve. Die Integration hat außerdem den Vorteil, daß sich überlagernde Störungen (industrielles Wechselstromnetz) herausmitteln. In dieser Hinsicht ist die mit digitaler Meßtechnik neuerdings übliche Signalstapelung noch effektvoller und liefert auch unter ungünstigsten Bedingungen repräsentative Werte.

Die sehr guten Ergebnisse bei der Erkundung sulfidischer Erzimprägnationen dürften hinlänglich bekannt sein. In den letzten Jahren hat sich aber das IP-Verfahren noch weitere Anwendungsgebiete erschlossen. Sie fußen auf der schon früher als *Background-Effekt* bekannten Polarisationserscheinung in porösen, elektrolytleitenden Gesteinen, deren verschiedene Ursachen Gegenstand zahlreicher Untersuchungen sind (z. B. GENNADINIK 1967). Eine besondere Rolle für das Zustandekommen einer IP spielen in Lockersedimenten die Korngröße, der Tongehalt, die Ionenkonzentration im Porenwasser sowie der Wassergehalt. Unter dem Einfluß des künstlichen äußeren elektrischen Feldes wird die Ionenverteilung im feuchten Gestein aus ihrem natürlichen Gleichgewichtszustand gebracht, es entstehen Diffusionspotentiale und elektroosmotische Vorgänge (OGILVY, KUZMINA 1972). Daraus ist bereits die Bedeutung für die Erkundung von Eigenschaften der Grundwasserleiter erkennbar (BODMER u. a. 1968). Maximale IP-Werte werden in sandig-tonigen Bildungen bei einem Wassergehalt von 5–25% erreicht, d. h., bei IP-Sondierungen liegt die höher polarisierbare Schicht über dem gesättigten Grundwasserleiter. (JOHNSON – 1971 – beobachtete in dem Zusammenhang stark schwankende Background-Effekte während Starkniederschlägen.) Dafür reagieren die IP-Werte noch sehr empfindlich auf gering schwankende Tongehalte in kiesig-sandigen Bildungen, wo man mit normalen Widerstandsmessungen keine Unterschiede mehr feststellen kann.

Eine Kombination beider Verfahren erweist sich insofern als besonders effektiv, weil die Widerstandsmessung die generelle Umgrenzung sandig-kiesiger Ablagerungen als schlechtleitende Zonen ermöglicht, während ergänzende IP-Sondierungen Hinweise auf gebietsweise höhere Tongehalte mit veringerter Permeabilität des Wasserleiters ergeben.

In der UdSSR hat man neuerdings auch erfolgreiche Versuche zum Direkt nachweis von Kohlenwasserstoffvorkommen über der Lagerstätte Gasli mittels IP-Messungen unternommen (Kruglova u. a. 1969). Vermutlich beruhen die Anomalien hoher IP-Werte auf schwachen Sulfiderzimprägnationen, deren Bildung mit dem tiefer vorkommenden Erdgas im Zusammenhang steht.

## 8.3. Zusammenfassung

1. Die *klassische Eigenpotentialmessung* zur Erkundung von Sulfiderzkörpern wird heute wesentlich *durch IP-Messungen* mit der Möglichkeit einer genaueren Substanzaussage *ergänzt.*
2. *Elektrokinetische Erscheinungen* erzeugen in Grundwasserleitern *Filtrationspotentiale,* deren Kartierung an der Oberfläche Rückschlüsse auf die Form von Absenkungstrichtern bei Pumpversuchen sowie auf Zonen unkontrollierter Wasserabflüsse in Speicherbecken zuläßt.
3. *Tellurische Messungen* stellen einen Spezialfall der magnetotellurischen Sondierung dar. Sie ermöglichen nur, relative horizontale Unterschiede der Längsleitfähigkeit festzustellen, haben aber wegen der einfachen Technik *Perspektive für Seemessungen* vom fahrenden Schiff aus. Durch Übertragung der an einer Basisstation registrierten Magnetfeldkomponenten auf tellurische Wanderstationen läßt sich eine höhere Effektivität bei magnetotellurischen Messungen erreichen. Für die magnetotellurische *Erkundung der geotektonischen Tiefenstruktur* im marinen Bereich sind Meeresboden-Anordnungen im Sinne automatisch registrierender Tiefseestationen am aussichtsreichsten.
4. *Infraschallfrequenzen des natürlichen elektromagnetischen Feldes* können vorteilhaft zur *Erkundung tiefliegender gutleitender Erzlagerstätten* ausgenutzt werden.
5. Die Perspektive von *Gleichstrom-Widerstandsmessungen* liegt hauptsächlich in der Lösung oberflächennaher *hydro-* und *ingenieur-geologischer Aufgabenstellungen,* da sich gute Beziehungen zwischen geoelektrischen und hydrologischen Schichtparametern ergeben. Die direkte automatische Auswertung von Tiefensondierungskurven ist rechentechnisch durch die Berechnung der Kernfunktion des Stefanescu-Integralsaus den gemessenen $\varrho_s$-Werten und die Bestimmung der wirklichen Schichtparameter aus der Kernfunktion in Annäherung an ein geoelektrisches

Startmodell möglich. Mit Hilfe spezieller Elektrodenanordnungen wird ein besseres Auflösungsvermögen in der vertikalen Schichtenfolge erreicht.

6. Wegen der rationelleren Technik, des besseren Auflösungsvermögens und der möglichen Durchdringung quasi isolierender Schichten werden in Zukunft *Frequenzsondierungen* die konventionellen Gleichstromsondierungen in stärkerem Maße ersetzen. Von den elektromagnetischen Sondierungsverfahren ist die Feldaufbaumethode in der UdSSR am weitesten fortgeschritten. Bei der Tiefenerkundung läßt sich ein vollständiges geoelektrisches Vertikalprofil durch die lückenlose Ergänzung künstlicher Frequenz- und magnetotellurischer Sondierungen aufstellen.
7. Mit der *Einschleifenmethode*, bei der induktive Sende- und Empfangsschleife identisch sind, kann der elektromagnetische Übergangsprozeß über hochleitenden Erzlagerstätten als neues Prospektionsverfahren Anwendung finden.
8. *Neue Anwendungsgebiete für IP-Messungen* ergeben sich bei der Erkundung von Grundwasserlagerstätten in Kombination mit Widerstandsmessungen. IP-Sondierungen sondern im Ergebnis Zonen aus, in denen die Permeabilität des Wasserleiters durch höhere Tongehalte herabgesetzt ist. Der störende induktive Kopplungseffekt zwischen Elektroden- und Sondenkreis wird durch 3-Elektroden- oder Dipolanordnungen wesentlich eingeschränkt.

## Literatur


*Zu 8.1.*

Archie, G. E.: The electrical resistivity log as an aid in determining some reservoir characteristics. AIME Tech. Paper 1422 (1942).

Neumann, F.: Vorlesungen über elektrische Ströme. Leipzig, 1884.

*Zu 8.2.1.*

Alekseev, A. M. u. a.: Perspektivy primenija induktivnoj elektroradzvedki na infrazvukovych častotach (INFAZ). Metod., techn. i rezult. geof. razv., Moskva (1967), S. 462–467.

Berdičevskij, M. N.: Električeskaja radzvedka metodom magnitotelluričeskogo profilirovanija. Nedra, Moskva 1968.

Berdičevskij, M. N. und Van'jan, L. L.: Perspektivy glubinnych magnitotelluričeskich zondirovanij na akvatorijach. Fizika Zemli, Moskva (1969) 11, S. 51–56.

Cagniard, L.: Basic theory of the magneto-telluric method of geophysical prospecting. Geophysics 18 (1953) S. 605–635.

Deniskin, N. A.: Magnito-telluričeskoe zondirovanie v Severnom Ledovitom okeane, Rezul't. issled. meždum. geof. proektam. Sb. stat. 4, Moskva (1969) 11, S. 51–56.

Everett, J. E. und Hyndman, R. D.: A digital portable magnetotelluric observatory. J. Sci. Instr., London, 44 (1967) 11, S. 943–946.

Goi'mstok, A. Ja. und Sočelnikov, V. V.: Metodika morskich magnitotelluričeskich issledovanij osadočnoj tolšči i poverchnosti kristalličeskogo fundamenta. Priklad. Geof., Moskva (1971) 62, S. 93–104.

KELLER, G. V.: Natural-field and controlled-source methods in electromagnetic exploration. Geoexploration 9 (1971) S. 99–147.

KÜHN, P.: Ausnutzung des natürlichen elektromagnetischen Feldes der Erde für die Tiefenerkundung wasserbedeckter Gebiete. Dissertation, Bergakademie Freiberg (1970).

MATWEEW, B. K.: Geophysikalische Methoden zur Untersuchung der Bewegung unterirdischer Wässer (russ.), Gos geoltechisdat, Moskau (1963).

SLANKIES, J. A. und BECKER, A.: Telluric and magnetotelluric measurements at 8 Hz. Trans. Amer. Inst. Min., Metall., Petrol. Eng., New York, 244 (1969) S. 237–244.

YUNGUL, S. H.: Telluric sounding – a magnetotelluric method without magnetic measurements. Geophysics 31 (1966) S. 185–191.

*Zu 8.2.2.1.*

BELAŠ, V. A.: Sposob transformacii krivych DOZ v krivych VEZ. Geof. Sborn., Kiev (1970) 32, S. 59–62.

KOEFORD, O.: Direkte Interpretation elektrischer Sondierungskurven. Gebr. Bornträger, Stuttgart, 1968.

MEINARDUS, H. A.: Numerical interpretation of resistivity soundings over horizontal beds. Geoph. Prospecting, The Hague, 18 (1970) 3, S. 415–433.

ONODERA, S.: Analytic interpretation of apparent resistivity sounding curve for a multiple layered earth. Memoirs of the Fakulty of Engineering, Kyushu University, Fukuoka, Japan, 29 (1970) No. 2.

DUPRAT, A. u. a.: Contribution of geoelectrical surveys in researches upon the hydrodynamic characteristics of an underground aquifer. Firmenschrift CGG, Paris (1970).

SERRES, Y. F.: Resistivity Prospecting in a United Nations Ground. water Projekt of Western Argentina, Geophys. Prospecting 17 (1969) 4, S. 449–467.

STEFANESCU, S. S. und SCHLUMBERGER, C. M.: Sur la distribution électrique potentiell ... J. de Physique et Radium, Ser. 7, Vol. 1 (1930).

STENZEL, P.: Zastosowanie metody odejmowanija ṕol do badań geoelektrycznych wykonywanych dla geologii inžnierskiej i hydrogeologii. Przeglad Geologiczny Nr. 1 (1969) S. 24–30.

STRACHOW, W. N. und KARELINA, G. N.: Rechentechnische Interpretation vertikaler elektrischer Sondierungen (russ.), Priklad. Geof., Moskva (1969) 56.

ZIJL, J. S. V. VAN u. a.: Ultra deep Schlumberger soundings and crustal conductivity structure in South Africa. Geoph. Prospecting, The Hague, 18 (1970) 4, S. 615–634.

*Zu 8.2.2.2.*

ENENŠTEJN, B. S. u. a.: Opyt sovmestnych issledovánij metodami častotnych i magnito-telluričeskich zondirovanij. Rezul't. issled. mezdun. geof. proektam, Sb. stat. 4, Moskva (1969) S. 225 bis 231.

ENENŠTEJN, B. S.: Die elektromagnetische Frequenzsondierung geologischer Strukturen, Freiberger Forsch.-H. C 174, Leipzig (1965) S. 127–140.

FOMINA, V. I. und KISELEVA, O. V.: Nomogrammy dlja interpretacii krivych ZSM v gorizontalnoodnorodnych sredach. Priklad. Geof., Moskva (1971) 63, S. 68–82.

FROLOV, A. D.: Primenenie radiovolnogo kartirovanija pri vypolnenii različnych geologosemočnych rabot. Metod., techn. i rezult. geof. razv., Moskva (1967) S. 500–506.

Kamenickij, F. M.: Elementy teorii rudnoj elektrorazvedki metodom perechodnych processov. Priklad. Geof., Moskva (1969) 57, S. 137–154.

Kijuckin, V. N.: Cifrovaja elektrorazvedočnaja stancija CES-1. Priklad. Geof., Moskva (1970) 60, S. 110–115.

Kinghorn, G. F.: Electrical methods for deep subsurface exploration. Trans. Geosci. Electr., New York GE-5 (1967) 2, S. 51–62.

Kovalenko, N. D. u. a.: Zur Anwendung elektromagnetischer Hochfrequenzverfahren im Bergbau Freiberger Forsch.-H. C 226, Leipzig (1967) S. 121–126.

Matveev, B. K. u. a.: Mašinnyi variant interpretacii krivych stanovlenija magnitnogo polja. Vopr. obr. i interpret. geof. nablj. Sb. statej 7, Perm (1967) S. 113–119.

Van'jan, L. L.: Osnovy elektromagnitnych zondirovanij. Izdat. Nedra, Moskva (1965).

Van'jan, L. L.: Electromagnetic sounding by a transient method. Ann. Géoph., Paris, 24 (1968) 4, S. 915–922.

*Zu 8.2.2.3.*

Bodmer, R. u. a.: On induced electrical polarization and groundwater, Geophysics, Tulsa, 33 (1968) 5, S. 805–821.

Gennadinik, B. I.: O svjazi vyzvannoj poljarizacii ionoprovodjaščich porod s diffuzionnymi potencialami. Geol. i Razv., Moskva (1967) 8, S. 92–103.

Gennadinik, B. I.: O priode javlenija vyzvannoj polarizacii v ionoprovodjaščich porodach. Geol. i Razv., Moskva (1967) 12, S. 110–117.

Johnson, B. T.: Some effects of rainfall on induced polarization results at the Home of Bullion prospect, northern territory: a case history. Geoexploration 9 (1971) S. 155–156.

Kruglova, Z. D. und Boguslavskij, A. K.: Primenenie metoda vyzvannoj poljarizacii v rajone Gazlinskogo gazovogo mestoroždenija. Razved. Geof., Moskva (1969) 31, S. 68–76.

Ogiivy, A. A. und Kuzmina, E. N.: Hydrogeologic and engineering-geologic possibilities for employing the method of induced potentials. Geophysics 37 (1972) 5, S. 839.

# 9.

# Geophysik im Ingenieur- und Felsbau[1]

## 9.1. Übersicht über Aufgaben und Anwendungsbereiche der Ingenieur- und Bergbaugeophysik

### 9.1.1. Ingenieurgeophysik

Die Zielstellung ingenieurgeophysikalischer Arbeiten für industrielle, verkehrstechnische und wasserwirtschaftliche Großbauten besteht darin, die Anzahl notwendiger Erkundungsbohrungen und Schürfe einzuschränken, die aus Einzeluntersuchungen im Labor gewonnenen Bodenkennwerte durch eine flächenhafte Kartierung physikalischer Meßgrößen als repräsentative Mittelwerte aus Untersuchungen in situ zu unterstützen und mögliche Auswirkungen eventueller Bauschäden rechtzeitig zu erkennen (vgl. dazu Tab. 2).

### 9.1.2. Bergbaugeophysik

Die Zielstellung bergbaugeophysikalischer Arbeiten liegt in einer Mitwirkung bei der Vorerkundung geplanter Abbaugebiete zur Projektierung der Gewinnungsprozesse, in der Ermittlung gesteins- und gebirgsphysikalischer Parameter zwecks optimaler Anpassung der Gewinnungs- und Aufbereitungsarbeiten an die reale Situation sowie einer Qualitätsklassifizierung der Endprodukte und in der Kontrolle des Gebirgsverhaltens hinsichtlich der Standsicherheit sowie der Erarbeitung von Bruchprognosen (vgl. dazu Tab. 3).

Während der letzten 15 Jahre ist die *Entwicklung in der Ingenieur- und Bergbaugeophysik* dadurch gekennzeichnet, daß es immer mehr die Forderung zu erfüllen galt, neben der *Struktur-* und *Schichtgrenzenerkundung*, der *Hohlraumortung*, dem direkten *Nachweis bergmännisch gewinnbarer Minerale* oder bei ähnlich gelagerten Problemen vorrangig *physikalische Kennwerte in situ zu bestimmen, die dazu geeignet sind, eine Klassifizierung des Gesteins oder Gebirges frei von subjektiven Einflußgrößen zu ermöglichen.*

1 Von H. Militzer, J. Schön und R. Stoll. Sektionsveröff.-Nr. 304 der Sektion Geowissenschaften der Bergakademie Freiberg.

*Tabelle 2. Ingenieurgeophysik im Bauwesen*

| Ingenieurphysikalische Arbeiten vor der Bauausführung | während der Bauausführung | nach der Bauausführung |
|---|---|---|
| *Baugrunderkundung* | *Baugrundprüfung* | *Baugrundüberwachung* |
| Methode: | Methode: | Methode: |
| Gravimetrische, geomagnetische, geoelektrische, seismische, geothermische, radiometrische, bohrlochgeophysikalische Untersuchungen. | Impuls- und vibratorseismische Messungen, geoelektrische, radiometrische, geothermische Untersuchungen (auch in Bohrungen), Senkungs- und Neigungsbeobachtungen, Eigenimpulsregistrierungen bei Großdruck- und Scherversuchen, Verformungsmessungen in Bohrlöchern. | Setzungs-, Neigungs-, Horizontalverschiebungsmessungen; seismische, geoelektrische, radiometrische und geothermische Messungen (auch in Bohrungen); geoelektrische, radiometrische, geochemische Tracermessungen, Erschütterungsmessungen. |
| Zielstellung: | Zielstellung: | Zielstellung: |
| Ermittlung von Baugrundrelief und Störzonen unter Verwitterungsschichten, der Stauraumtektonik, Hohlraumortung, Baustofferkundung | Ermittlung physikalischer Kennwerte in situ (Porosität und Klüftigkeit, Permeabilität, Dichte, statische und dynamische Verformungs- und Elastizitätsmoduln, Wärmeleitfähigkeit u. a. m.) | Ermittlung von Setzungen, Neigungen, Horizontalverschiebungen sowie petrophysikalischer Veränderungen im Baugrund, Erschütterungswirkung auf Bauwerk und Baugrund. |

*Tabelle 3.*

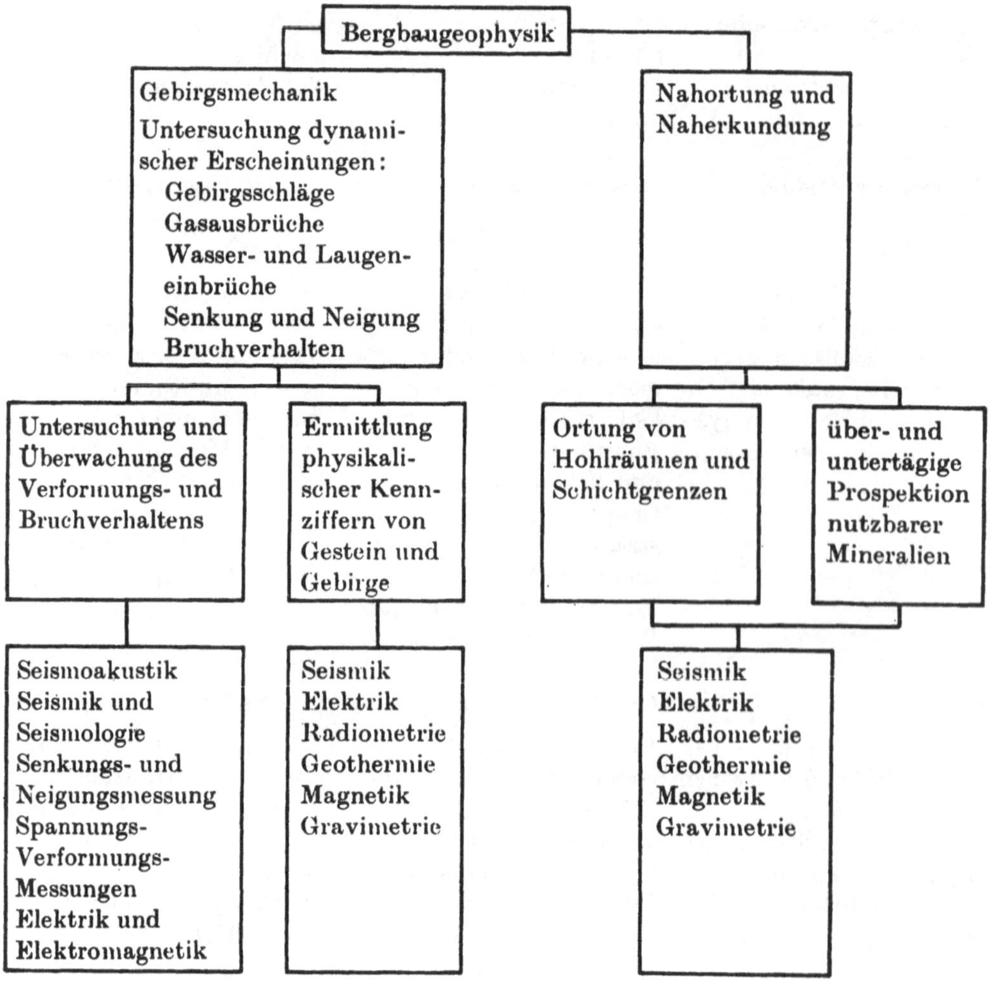
Bergbaugeophysik
Gebirgsmechanik
Untersuchung dynamischer Erscheinungen:
Gebirgsschläge
Gasausbrüche
Wasser- und Laugeneinbrüche
Senkung und Neigung
Bruchverhalten
Nahortung und Naherkundung
Untersuchung und Überwachung des Verformungs- und Bruchverhaltens
Ermittlung physikalischer Kennziffern von Gestein und Gebirge
Ortung von Hohlräumen und Schichtgrenzen
über- und untertägige Prospektion nutzbarer Mineralien
Seismoakustik
Seismik und Seismologie
Senkungs- und Neigungsmessung
Spannungs-Verformungs-Messungen
Elektrik und Elektromagnetik
Seismik
Elektrik
Radiometrie
Geothermie
Magnetik
Gravimetrie
Seismik
Elektrik
Radiometrie
Geothermie
Magnetik
Gravimetrie

## 9.2. Strukturerkundung in der Ingenieur- und Bergbaugeophysik

Aufgabenstellungen, die sich vom Standpunkt der Ingenieur- und Bergbaugeophysik mit der Erkundung des Anstehenden in felsigen oder lockeren Bereichen befassen, sind prinzipiell artverwandt mit den aus der Erkundungsgeophysik bekannten Zielen. Dabei beziehen sich solche Untersuchungen sowohl auf großräumige als auch auf örtlich eng begrenzte Gebiete. Aus methodischer Sicht werden bei der *Erkundung größerer Areale* regionalgeologische Aufnahmen in Verbindung mit fotometrischen sowie magnetischen, radiometrischen und elektromagnetischen Messungen vom Flugzeug oder von geländegängigen Fahrzeugen aus durchgeführt. Die Zielstellung dieser Untersuchungen liegt vorrangig in der *Klärung der tektonischen Situation* und in einer *Rayonierung* unter ingenieurmäßigen bzw. bergbaulichen Gesichtspunkten. Für Zwecke der Bergbaugeophysik beruhen *Detailuntersuchungen* vorwiegend auf der Anwendung magnetischer und gravimetrischer Untersuchungen sowie auf dem Einsatz elektrischer, elektromagnetischer, seismischer u. a. Methoden. Die Spezifik ingenieur- und bergbaugeophysikalischer Erkundungsarbeiten liegt vor allem in der Erkundungstiefe und den extrem *hohen Anforderungen an das „Auflösungsvermögen“* der einzelnen geophysikalischen Untersuchungsverfahren. Werden in der Erkundungsgeophysik Untersuchungstiefen bis zu einigen km angestrebt, so ist es die Aufgabe der prospektierenden Ingenieur- und Bergbaugeophysik, Baugrund- und Grundwasserverhältnisse bzw. örtliche Lage und Ausdehnung abbauwürdiger Vorkommen gegenwärtig bis maximal einige 100 m Tiefe zu erkunden. Dabei erfordern bautechnisch bzw. bergmännisch interessierende geringmächtige Zwischenschichten, Wechsellagerungen, Störungszonen, Hohlräume, Klüfte und Spalten in der spezifischen Meßmethodik oft eine wesentlich engere Anpassung an das geologische Objekt, als es normalerweise in der Erkundungsgeophysik erforderlich ist. In nahezu allen Fällen hat es sich als sinnvoll und notwendig erwiesen, bereits vor oder während geophysikalischer Oberflächenmessungen Aufschlußbohrungen abzuteufen, so daß eine unmittelbare und eindeutige Korrelation zwischen oberflächen- und bohrlochgeophysikalischen Parametern möglich ist. In diesem Sinne gehören heute geoelektrische Sondierungen und Kartierungen auch unter Nutzung elektromagnetischer Felder, refraktionsseismische Untersuchungen mittels Hammerschlag- oder Gewichtsfallanregung — in günstigen Fällen auch reflexionsseismische Messungen unter Ausnutzung von Transversalwellen sowie geoelektrische, seismische und radiometrische Untersuchungen in Flachbohrungen zu den in die Ingenieur- und Bergbaugeophysik mit Erfolg eingeführten Erkundungsmethoden. Die *Entwicklungstendenz* auf diesem Gebiet ist vorwiegend gekennzeichnet durch:

- eine weitgehend modifizierte Anwendung geophysikalischer Verfahren, die bereits in der Erdöl-Erdgas-Erkundung erfolgreich eingesetzt werden,
- die gezielte Entwicklung neuer Verfahren,
- die steigende Anwendung moderner Interpretationsverfahren unter Einbeziehung der elektronischen Datenverarbeitung.

Prinzipiell neue Wege weisen dabei die *seismischen Verfahren*, die mittels *sprengstoffloser Energieanregung* ein größtmögliches Auflösungsvermögen bei gleichzeitig gerichteter Energieabstrahlung sichern. Erregerseitig kommen mechanisch, pneumatisch, elektro-hydraulisch und anders gesteuerte Stoßeinrichtungen bzw. Wechselkraftgeber zum Einsatz, die entweder stationäre Wellenfelder anregen oder zeitlich begrenzte, breitbandige Sendesignale mit quasistochastischem Charakter abstrahlen. Abhängig von den geologischen Bedingungen, der Aufgabenstellung und der gewählten technischen Variante bieten insbesondere *Vibrationsquellen* (vorwiegend hydraulisch, elektrodynamisch oder elektromechanisch gesteuert) die Möglichkeit, bei kontinuierlich regelbarer Anregungsamplitude und Frequenz Wellenlängen zu erzeugen, die je nach der Ausbreitungsgeschwindigkeit im Gebirge einige 10 m bis wenige dm betragen können. Bezüglich der Tiefenreichweite liegen gegenwärtig Angaben von einigen m bis ca. 3 km vor.

Für über- und untertägige Untersuchungen im Festgestein — speziell zum Schichtgrenzen- und Kluftnachweis sowie zur Hohlraumortung — bietet das „*Resonanzverfahren*" unter Anwendung von Vibrationsquellen günstige Lösungsmöglichkeiten für diese außerordentlich schwierige Problematik. Dabei besteht die Zielstellung darin, über einen gleichzeitig als Schwingungsaufnehmer ausgebildeten handlichen Vibrator bei konstant gehaltener Abstrahlleistung und regelbarer Frequenz Amplitudenerhöhungen zu erfassen, die dann auftreten, wenn der Abstand zwischen Vibrator und Schichtgrenze $n \cdot \frac{\lambda}{2}$ beträgt ($n = 1, 2 \ldots$; $\lambda$ = Wellenlänge des kontinuierlich abgestrahlten Signals). Aus dem Abstand der Resonanzfrequenzen sowie aus der Kenntnis

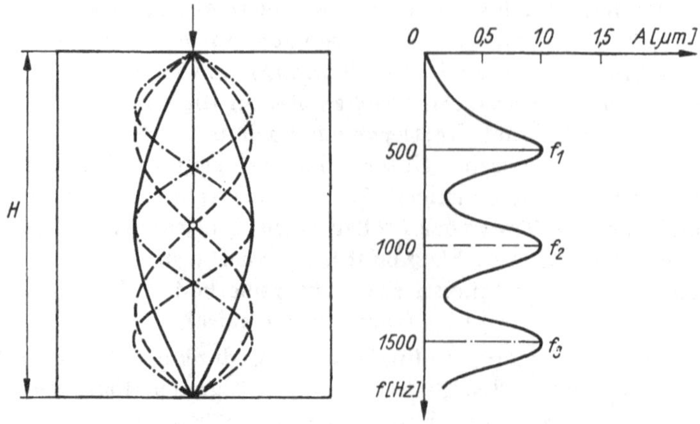


*Abb. 50a. Prinzip des Resonanzverfahrens zur Mächtigkeitsbestimmung mittels Vibratormessungen*

*H — Schichtmächtigkeit,*
*A — empfangenes Signal*
*f — Frequenz,*
*Δf — Frequenzdifferenz zweier aufeinander folgender Signalmaxima,*
*— Ausbreitungsgeschwindigkeit*

*Berechnung der Schichtmächtigkeit H nach* $H = \frac{x}{2\Delta f}$

*Abb. 50b. Beispiel einer untertägigen Hohlraumortung mittels Vibratormessungen und deren Auswertung nach dem Resonanzverfahren*

*(v = 5100* m/s, *Δf = 640* Hz ergibt *H ≈ 4,00* m*)*

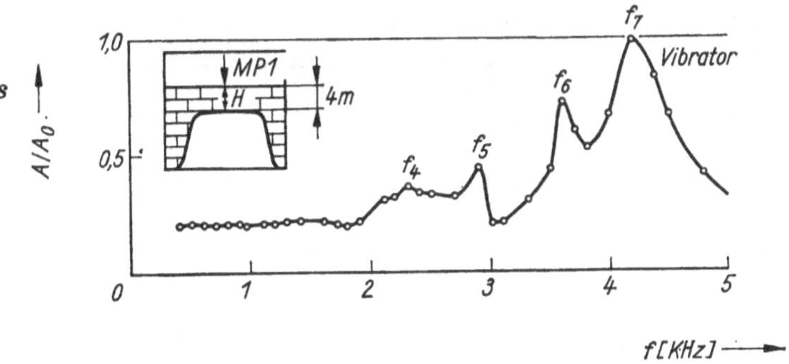


der Ausbreitungsgeschwindigkeit läßt sich die Tiefenlage der geologischen Inhomogenität mit großer Genauigkeit – gegenwärtig jedoch mit noch sehr begrenzter Tiefenreichweite (10–15 m) – bestimmen (vgl. dazu Abb. 50).

Die *Anwendung der Vibrationsseismik für größere Tiefen* (einige 10 bis einige 100 m) und speziell zur Schichtgrenzerkundung im lockeren Sedimentbereich gründet sich auf die Weiterentwicklung des seit Ende der 50er Jahre bekannten „Vibroseis"-Verfahrens. Diese Weiterentwicklung wird in erster Linie – ähnlich wie in der Erkundungsgeophysik – durch die Einführung der Digitaltechnik und vorrangig durch den Gebrauch digitaler Filter bestimmt. Fordern Arbeiten im Festgestein Anregungsfrequenzen von einigen 100 Hz bis zu einigen kHz, so muß zur Verringerung der Energieverluste in Lockersedimenten der nutzbare Frequenzbereich auf Frequenzen $< 100$ Hz eingeschränkt werden. Dies führt zwangsläufig zu einer Verminderung des Auflösungsvermögens, das bei mittleren Schichtgeschwindigkeiten von 1500 ··· 2500 m/s gegenwärtig kaum unter 10 m zu drücken ist.

## 9.3. Experimentelle und theoretische Ergebnisse zur Kennzeichnung des mechanischen Verhaltens und insbesondere der elastischen Eigenschaften der Gesteine

In den vergangenen Jahren sind die von geophysikalischer Seite unternommenen Anstrengungen, einen wirksamen Beitrag zur Klärung und rechnerischen Beherrschung von Problemen der *Gesteinsphysik* (vgl. auch S. 196 ff.) zu leisten, von einem intensiven Studium *elastischer Parameter* gekennzeichnet. Dabei standen Fragen des Deformations- und Bruchverhaltens von Gesteinen und Gebirge im Vordergrund.

Die experimentellen Arbeiten sind einerseits apparativ durch die Entwicklung leistungsfähiger Laboranlagen (s. Abschnitt Petrophysik) und andererseits durch eine Reihe meist in Halbleiterbauweise ausgeführter transportabler seismischer Feldapparaturen gekennzeichnet.

Methodisch sind das intensive Bemühen zum Erfassen möglichst vieler Parameter (Longitudinal- und Transversalwellengeschwindigkeit, Absorptionskoeffizienten, Po-

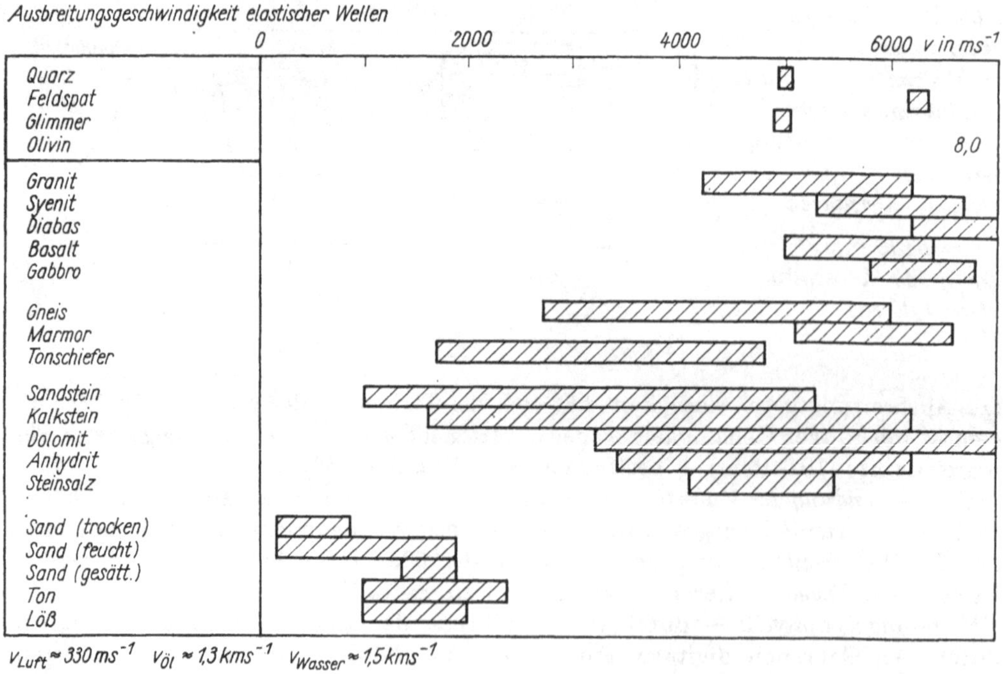
Ausbreitungsgeschwindigkeit elastischer Wellen
0
2000
4000
6000 v in ms$^{-1}$
Quarz
Feldspat
Glimmer
Olivin
8,0
Granit
Syenit
Diabas
Basalt
Gabbro
Gneis
Marmor
Tonschiefer
Sandstein
Kalkstein
Dolomit
Anhydrit
Steinsalz
Sand (trocken)
Sand (feucht)
Sand (gesätt.)
Ton
Löß
$v_{Luft} \approx 330 ms^{-1}$ $v_{Öl} \approx 1,3 kms^{-1}$ $v_{Wasser} \approx 1,5 kms^{-1}$

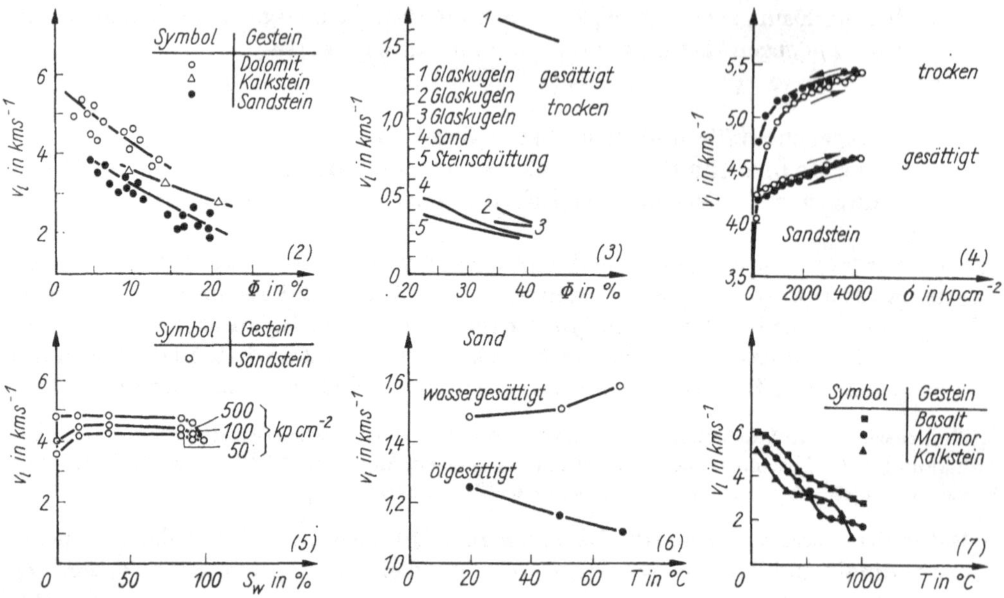
Symbol | Gestein
Dolomit
Kalkstein
Sandstein
$v_l$ in kms$^{-1}$
Φ in %
(2)
1 Glaskugeln gesättigt
2 Glaskugeln trocken
3 Glaskugeln
4 Sand
5 Steinschüttung
(3)
trocken
gesättigt
Sandstein
σ in kpcm$^{-2}$
(4)
Symbol | Gestein
Sandstein
500
100
50
kp cm$^{-2}$
$S_w$ in %
(5)
Sand
wassergesättigt
ölgesättigt
T in °C
(6)
Symbol | Gestein
Basalt
Marmor
Kalkstein
T in °C
(7)

rosität, Dichte und gesteinsbeschreibende bzw. gesteinsklassifizierende Daten) zu erkennen und Ansatzpunkte einer systematischen Aufbereitung der Vielzahl von Ergebnissen zu vermerken. Aus den von Volarovič, Lebedev, Schön u. a. erarbeiteten und zusammenfassend dargestellten Ergebnissen läßt sich verallgemeinernd feststellen, daß die physikalischen Eigenschaften der Gesteine als Mehrstoffsysteme bestimmt werden durch:

- die *physikalischen Eigenschaften* der Bestandteile und ihre Ausbildung,
- den *Anteil der Bestandteile* am Gesteinsvolumen und durch
- die zwischen den Bestandteilen wirkenden *Wechselbeziehungen.*

Für die Ausbreitungsgeschwindigkeit insbesondere poröser Gesteine sind die in Abb. 51 schematisch dargestellten Einflußgrößen maßgebend.

Die ingenieurtechnische Anwendung dieser meist laborativ gefundenen Beziehungen reicht von rein qualitativen *Baugrundeinschätzungen* über die Eingrenzung relativ *homogener Areale* und die Abgrenzung von *Störzonen* bis zu quantitativen Rückschlüssen auf den *Spannungszustand,* die *Porosität* und *Klüftigkeit.* Seismische Geschwindigkeitsmessungen zur Porositätsermittlung wurden erfolgreich in nicht- bzw. geringbindigen Böden zur Überprüfung großer Flächen eingesetzt und zeigten sich beispielsweise bei der Verdichtungskontrolle grobstückiger Steinschüttungen als wirksames und besonders effektives Verfahren. Die Korrelation zwischen Klüftigkeit und Geschwindigkeit fand sowohl bei Untersuchungen für wasserbauliche Anlagen als auch zur Lösung bergbaulicher Probleme weitgehende Anwendung. Darüber hinaus wurden seismische Geschwindigkeiten zur Definition und Bestimmung eines Verwitterungsgrades von Felsgestein angewandt.

In zunehmendem Maße wird neben kinematischen Kenngrößen (Laufzeiten bzw. Geschwindigkeiten) den *dynamischen Parametern* seismischer Wellen (Amplitude bzw. Absorptionskoeffizient) auch bei ingenieur- bzw. bergbaugeophysikalischen Fragestellungen Gewicht beigemessen. Dabei bereitet jedoch die meßtechnisch einwandfreie Bestimmung des *Absorptionskoeffizienten* vor allem infolge der Ankopplungsprobleme (Meßelement/Meßobjekt) grundsätzliche Schwierigkeiten. Eine Möglichkeit, diese

*Abb. 51. Einflußgrößen auf die Geschwindigkeit von Longitudinalwellen (schematisch)*

*(1) (Obere Abb.) Mittlerer Streubereich der Wellengeschwindigkeit*
*(2) Geschwindigkeit als Funktion der Porosität für verschiedene Gesteinsarten*
*(3) Geschwindigkeit als Funktion der Porosität für verschiedene Lockergesteine (Mittelwertskurven)*
*(4) Geschwindigkeit als Funktion des Druckes*
*(5) Geschwindigkeit als Funktion der Wassersättigung bei verschiedenem äußeren Druck*
*(6) Geschwindigkeit als Funktion der Temperatur bei unterschiedlichem Poreninhalt*
*(7) Geschwindigkeit der Temperatur für verschiedene Gesteinsarten*

Schwierigkeiten auszuschalten, bietet der Vorschlag einer „*Seismischen Vierpunktanordnung*". Die Interpretationsmöglichkeiten gesichert bestimmter Absorptionskoeffizienten sind jedoch heute noch nicht voll überschaubar; sicher besteht eine hohe Korrelation zwischen Absorptionskoeffizienten von Festgesteinen und Klüftigkeit, dem mechanischen Beanspruchungsgrad sowie der mineralischen Ausbildung.

Auch in verfestigten Sedimenten (Sandstein u. a.) besteht eine wesentlich stärkere Korrelation des Absorptionskoeffizienten zur hydrodynamischen Permeabilität als beispielsweise zur Ausbreitungsgeschwindigkeit elastischer Wellen. Zusammenfassend stellt NIKOLAEV die gesamten seismischen Übertragungseigenschaften von Lockergesteinen dar. Analog den an marinen Sedimenten gewonnenen Ergebnissen deutet sich auch hier an, daß gegenüber der Geschwindigkeit eine erweiterte Aussagefähigkeit seismischer Messungen durch die zusätzliche Bestimmung des Absorptionskoeffizienten zu erwarten ist.

Die theoretischen Untersuchungen zum *elastischen Verhalten der Gesteine* lassen sich nach 3 Hauptgruppen klassifizieren:

a) das Gestein als makroskopisch homogenes Kontinuum,
b) das Gestein als regelmäßige Anordnung diskreter Elemente,
c) das Gestein als räumlich getrennte Anordnung der Gesteinsbestandteile.

*Abb. 52. Zusammenhang zwischen bodenmechanischen Parametern (Ruhedruckbeiwert $\lambda_0$, Reibungsbeiwert $\mu_0$) und den Geschwindigkeitsverhältnissen für Longitudinal- bzw. Transversalwellen bei vertikalem bzw. horizontalem Wellendurchgang und Geschwindigkeitsquotienten*

$V_L$ 1/1 *horizontal laufende Longitudinalwelle,*
$V_L$ 3/3 *vertikal laufende Longitudinalwelle,*
$V_L$ *1/2 horizontal laufende, horizontal polarisierte Transversalwelle*

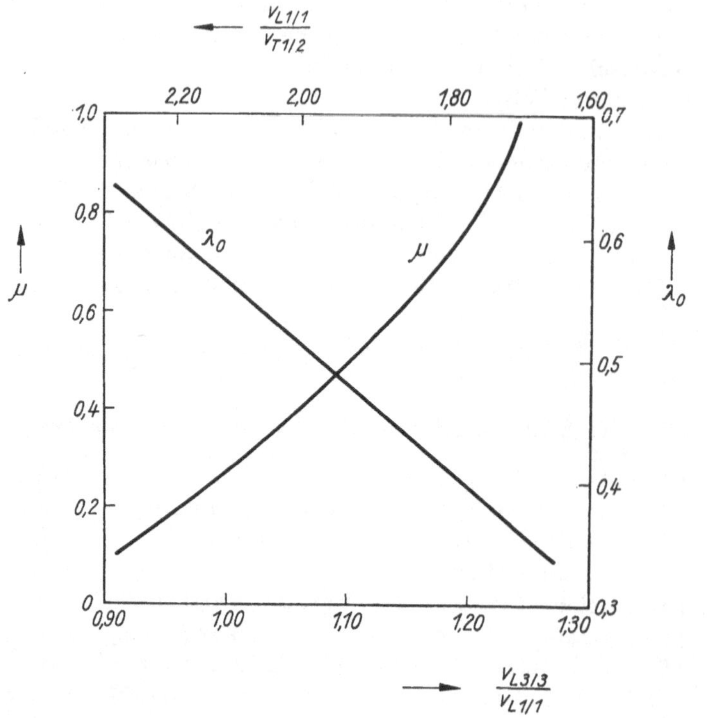

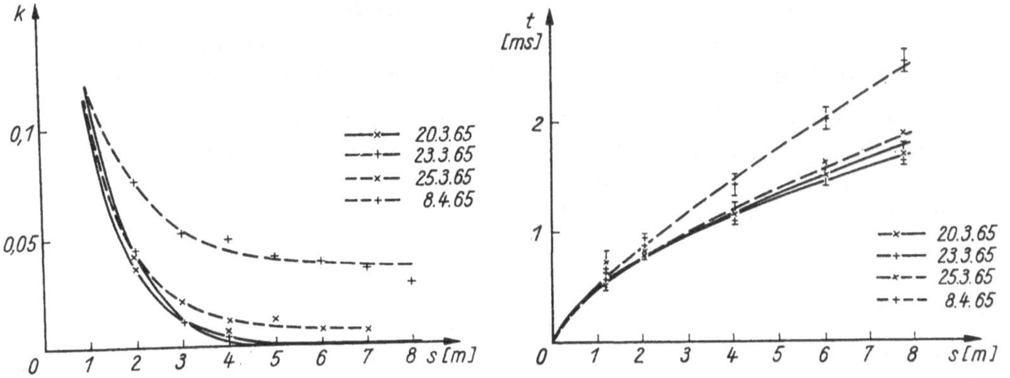


*Abb. 53. Laufzeitkurven und Klüftigkeitsprofile in Abhängigkeit von der Zeit für ein Bohrloch im Bogenstreb (t — Laufzeit, s — Bohrlochtiefe, k — Klüftigkeitskoeffizient (berechnet nach der Zeitmittelgleichung))*

Mit der Annahme einer statistisch-inneren Geometrie, die durch eine Kontaktzahl und einen Strukturwinkel ausgedrückt wird, konnten neue Erkenntnisse über das *elastische Verhalten nichtbindiger Gesteine* gefunden werden. Damit wurde es möglich, über eine theoretische Erklärung beispielsweise der Porositäts- und Druckabhängigkeit hinausgehend eine Ermittlung bodenmechanischer Parameter (Ruhedruckbeiwert und Winkel der inneren Reibung) zu bestimmen (Abb. 52). Die Beziehungen dieser Parameter zu seismisch bestimmten Geschwindigkeiten bieten heute die Möglichkeit zu einer *umfassenderen Baugrundbewertung mittels seismischer Messungen.*

Mit der für klüftige Gesteine modifizierten „Zeitmittelgleichung“ wurde der Ausgangspunkt für erste erfolgreiche *Klüftigkeitsuntersuchungen* im Festgestein gefunden. Dazu wurden hammerschlagseismische Messungen in Bohrlöchern zur Klärung abbautechnischer Fragen im Bergbau durchgeführt. Abb. 53 zeigt hierzu ein Beispiel aus dem Mansfelder Bogenstrebbau. Untersuchungen dieser Art erbrachten wertvolle Erkenntnisse über die räumliche Verteilung der Klüfte und deren zeitliche Veränderung.

Ähnliche Anwendungen sind aus dem Tunnelbau und aus Untersuchungen für hydrotechnische Anlagen publiziert worden. Es sei darauf hingewiesen, daß bei dem gegenwärtigen Erkenntnisstand die ermittelten Klüftigkeiten — besonders bei nichtwassergefüllten Klüften — vorerst den Charakter von „Abschätzungen“ haben. Die Ursache für diese Einschränkung wird in z. Z. noch nicht beherrschten „Umwegeffekten“ seismischer Wellen beim Durchgang durch klüftige Medien gesucht. Theoretische Untersuchungen an stark idealisierten Plattenmodellen zeigen, daß auch im Falle der Klüftigkeitsproblematik durch Bestimmung dynamischer Parameter gesicherte und zusätzliche Informationen — z. B. über die Kluftweite — zu erwarten sind.

Im Falle *homogen-isotroper Medien* lassen sich nach bekannten Beziehungen der Elastizitätstheorie aus der Kenntnis zweier Wellengeschwindigkeiten und der Dichte

Elastizitäts- und Schubmodul berechnen. Da diese Größen aus Vorgängen der Wellenausbreitung abgeleitet sind, werden sie häufig als „*dynamische bzw. seismische Moduln*" bezeichnet. Diese dynamischen Moduln werden mit seismischen Messungen bestimmt.

Andererseits jedoch sind für eine Vielzahl ingenieurtechnischer und geomechanischer Berechnungen *statische Moduln* erforderlich. Daher wurden verstärkt Bemühungen unternommen, Querbeziehungen zwischen dynamischen und statischen Moduln abzuleiten. Generell läßt sich feststellen, daß

$$E_{\text{dyn}} \geqq E_{\text{stat}}$$

($E$ = YOUNGscher Elastizitätsmodul; dyn = dynamisch; stat = statisch).

Experimentell wurde diese Beziehung von vielen Autoren bestätigt gefunden. Eine physikalische Erklärung wird meist mit den sich bei statischen bzw. langdauernden Spannungseinwirkungen vollziehenden irreversiblen Deformationen gegeben. Die Bezeichnung „statischer Elastizitätsmodul" ist jedoch streng genommen inkorrekt und ihre Benutzung ist lediglich dadurch gerechtfertigt, daß sie sich eingebürgert hat. Aus diesem Grunde wird sie auch an dieser Stelle übernommen.

Von den zahlreichen Versuchen, empirische Beziehungen zwischen statischen und dynamischen Moduln aufzustellen, sei beispielsweise auf die Beziehung

$$E_{\text{dyn}} = k\,E_{\text{stat}} + b$$

verwiesen. $k$ und $b$ sind dabei — vorwiegend unter Laborbedingungen — experimentell zu bestimmende Parameter. Die Beziehung gilt mit $k = 0{,}83$ und $b = 0{,}97 \cdot 10^5$ kp cm$^{-2}$ angenähert für $E_{\text{stat}} = 2{,}5 \cdot 10^5$ kp cm$^{-2}$. Es muß jedoch darauf hingewiesen werden, daß bisher aus solchen experimentellen Befunden keine allgemeingültigen Gesetzmäßigkeiten abgeleitet werden konnten. MORGENSTERN und PHUKAN sind zu der interessanten Feststellung gekommen, daß die aus Entlastungskurven statischer Versuche ermittelten Moduln eine wesentlich bessere Übereinstimmung mit dynamischen Moduln zeigen als die aus Belastungskurven abgeleiteten. Dieses Ergebnis unterstreicht die Wirkung irreversibler Vorgänge als Hauptursache der Unterschiede zwischen dynamisch und statisch bestimmten Moduln. Die Anwendung von Druckpatronen, Druckkissen und Radialpressen ermöglicht es, statische Moduln nicht nur an Gesteinsproben, sondern auch an größeren Gesteinspartien in ihrer natürlichen Lagerung zu bestimmen und damit Anhaltspunkte über das Gebirgsverhalten abzuleiten.

Die theoretische Durchdringung des Problemes statisch und dynamisch bestimmter Elastizitätsmoduln führt auf das Arbeitsgebiet der *Rheologie*. Bereits einfache Kombinationen (MAXWELL-Körper, KELVIN-VOIGT-Körper) aus viskosen und elastischen Elementen bringen zeitabhängige Deformations- bzw. Spannungsverläufe zum Ausdruck (s. Abb. 54).

Aufgrund von Untersuchungen am Modell des NAKAMURA-Körpers sind Versuche zur Aufstellung von Beziehungen zwischen statischen und dynamischen Kennziffern vorgenommen worden. Dabei zeigt sich, daß die *dynamischen Moduln* dem *HOOKEschen Teil* des Modells entsprechen und die *statischen Moduln von dem KELVIN-Element* mitbestimmt werden. Daraus folgt, daß aus seismischen Untersuchungen — speziell aus Laufzeitmessungen — keine direkten Aussagen über die Größe des statischen Elastizitätsmoduls gewonnen werden können. Möglicherweise sind jedoch unter Hinzuziehen des Absorptionskoeffizienten als Maß für das inelastische Verhalten Korrelationen zwischen beiden Moduln abzuleiten. Diese Annahme wird durch die Ergebnisse *„druckdynamischer Messungen“* weitgehend gestützt. Bei diesen Messungen werden dem Gestein in natürlicher Lagerung zeitlich veränderliche Drücke aufgeprägt und simultan die damit verbundenen Deformationen aufgenommen. In Abb. 55 ist ein Ergebnis druckdynamischer Untersuchungen an Sandstein dargestellt, das unter Verwendung einer Druckpatrone bei sin-förmigem Druckverlauf erzielt wurde (Perioden im min-Bereich). Zwischen aufgebrachter Spannung und beobachteter Defor-

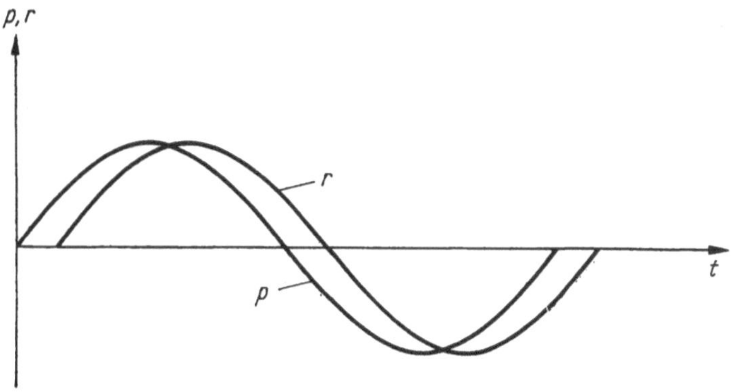


*Abb. 54a. Sinusförmige Änderung radialer Deformationen r in Abhängigkeit von der Spannung p als Funktion der Zeit t für rheologische Modelle mit viskosen Elementen*

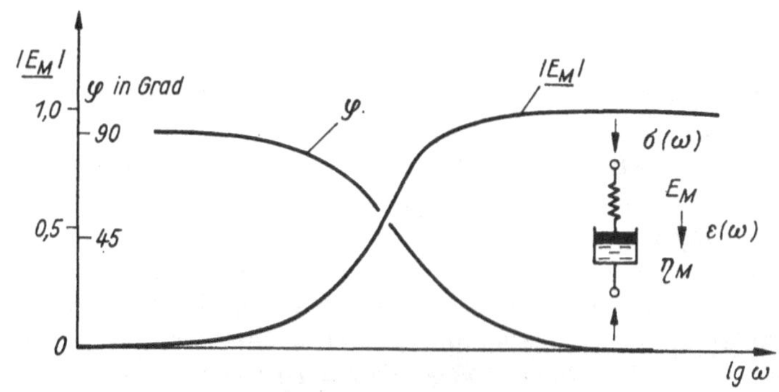


*Abb. 54b. Abhängigkeit des normierten Betrages des E-Moduls $|E_M|$ und der Phasenverschiebung $\varphi$ zwischen Deformation $\varepsilon$ und Spannung $\tau$ von der Frequenz $\omega$ für das Maxwell-Modell ($\tau$ — Relaxationszeit, — Viskosität)*

mation tritt infolge des nicht-ideal-elastischen Gebirgsverhaltens eine Phasenverschiebung auf (Abb. 55a); sie wird im Spannungs-Deformations-Diagramm als Schleife sichtbar (Abb. 55b).

Unter Annahme eines Maxwell-Körpers lassen sich derartige Phasenverschiebungen bzw. Dämpfungsschleifen rechnerisch ermitteln und damit auf den Einfluß der angenommenen Hooke- bzw. Kelvin-Voigt-Elemente zurückführen. Die Flächeninhalte der hierbei im langperiodischen Bereich von Minuten aufgenommenen

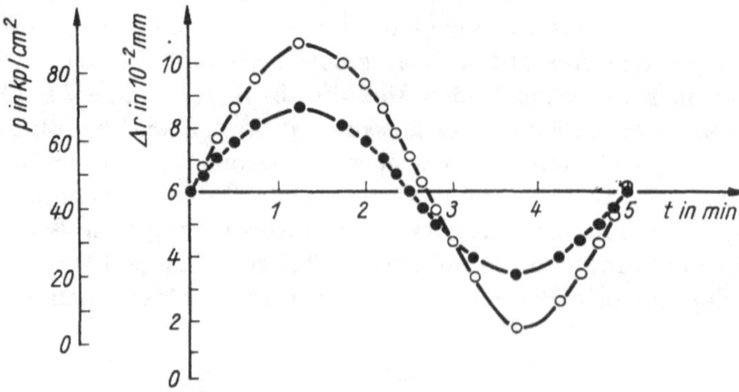


*Abb. 55a. Zeitlicher Verlauf der Spannung p (●——●) und der radialen Deformation Δr (○——○) in einem Sandstein*

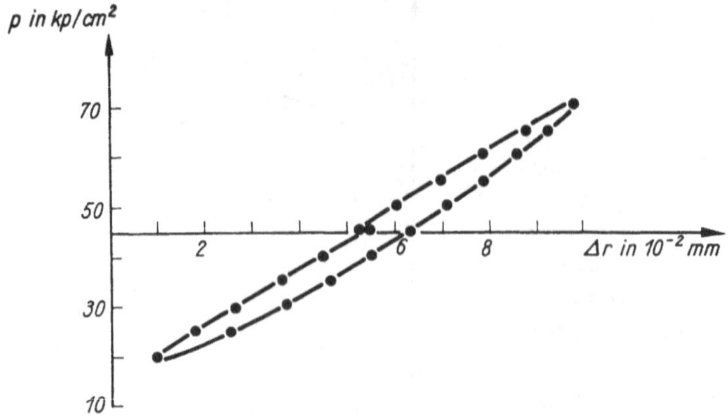


*Abb. 55b. Spannungs-Deformations-Schleife (Dämpfungsschleife) von Sandstein*

Dämpfungsschleifen entsprechen beim Durchgang einer elastischen Welle dem *Energieverlust* pro Periode. Damit sind erste Ansatzpunkte gegeben, aus Beobachtungen von Ausbreitungsgeschwindigkeiten und Absorptionskoeffizienten das rheologische Verhalten der Gesteine unter natürlichen Bedingungen näher zu erfassen und zur Klärung eines möglichen Zusammenhanges zwischen den auf verschiedene Weise bestimmten Moduln beizutragen.

Insbesondere von sowjetischen Autoren (Jamschikov, Papkin, Savič u. a.) wurden Anstrengungen unternommen, *aus seismischen Angaben physikalisch gesicherte Rückschlüsse auf Festigkeitseigenschaften der Gesteine zu ziehen*, die für alle Bruchprobleme von ausschlaggebender Bedeutung sind. Abb. 56 zeigt eine Gegenüberstellung von Druckfestigkeit, Ausbreitungsgeschwindigkeit und Absorptionskoeffizienten der elastischen Longitudinalwelle.

In zunehmendem Maße werden auch bei diesen Untersuchungen dynamische Parameter bzw. Absorptionskoeffizienten zwecks einer besseren Korrelation hinzugezogen. So lassen sich die Ergebnisse von Messungen an Gestein und Beton in folgender allgemeiner Form darstellen

$$D = a \frac{v_L^n}{\alpha_L^m},$$

($D$ = Druckfestigkeit; $v_L$ = Geschwindigkeit der Longitudinalwelle; $\alpha_L$ = Absorptionskoeffizient der Longitudinalwelle). Die Exponenten $m$ und $n$ sowie der Faktor $a$ sind dabei empirisch zu bestimmende und vom Gesteinsaufbau (Kornbindungen, Klüftigkeit, mineralische Zusammensetzung) und der Gesteinsgenese abhängige Größen.

*Seismoakustische Messungen* erbrachten in den letzten Jahren wesentliche Erkenntnisse über Ursachen und Verlauf natürlicher und künstlich herbeigeführter *Bruch- und Zerstörungsvorgänge* in Gestein und Gebirge (vergl. dazu Abb. 57).

Die Ergebnisse derartiger Untersuchungen stützen die der Theorie von GRIFFITH zugrunde liegenden Vorstellungen über den Bruchmechanismus und stellen Zusammenhänge dieser Mechanismen zu petrophysikalischen Eigenschaften sowie zu dem zeitlichen und räumlichen Spannungsregime her. Zwecks statistischer Bearbeitung seismoakustischer Ereignisse werden fast ausnahmslos Magnetbandregistrierungen und elektronische Anlagen zur Signalbearbeitung bzw. -analyse eingesetzt. Darstellungen der zeitlichen Variation von Impulsdauer, Amplitude und Energie, kumulativer Änderungen der Häufigkeit sowie das Studium von Amplituden- und Frequenzspektren ergeben charakteristische Phasen zur Kennzeichnung des Deformations-Bruch-Prozesses. In Verbindung mit Großscherversuchen lassen seismoakustische Messungen gesicherte Rückschlüsse über den Beginn und Verlauf von Bruch- und Schervorgängen zu. Gleichzeitig liefern sie erste Ansatzpunkte zur Unterscheidung von Trenn- und Gleitbrüchen.

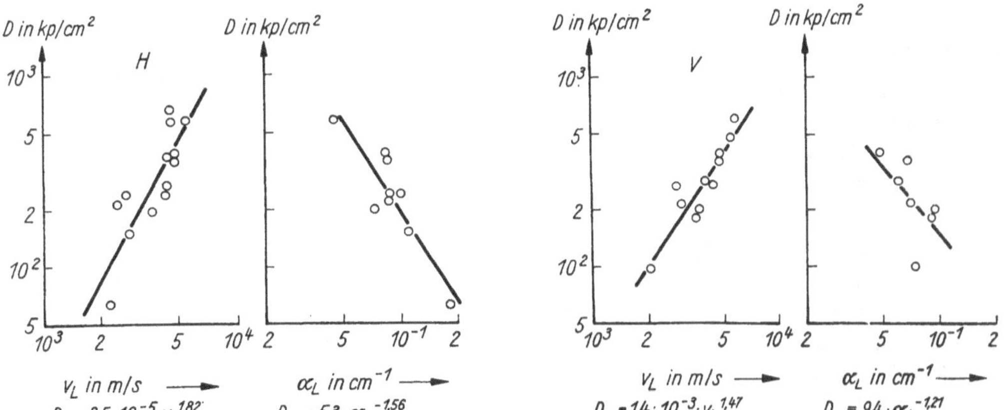


*Abb. 56. Darstellung des Zusammenhanges zwischen maximaler Druckfestigkeit $D$, Ausbreitungsgeschwindigkeit $v_L$ und Absorptionskoeffizienten $\alpha_L$ elastischer longitudinaler Wellen für Kalkstein*

*(V — vertikale Durchschallung des Gebirges,*
*H — horizontale Durchschallung des Gebirges)*

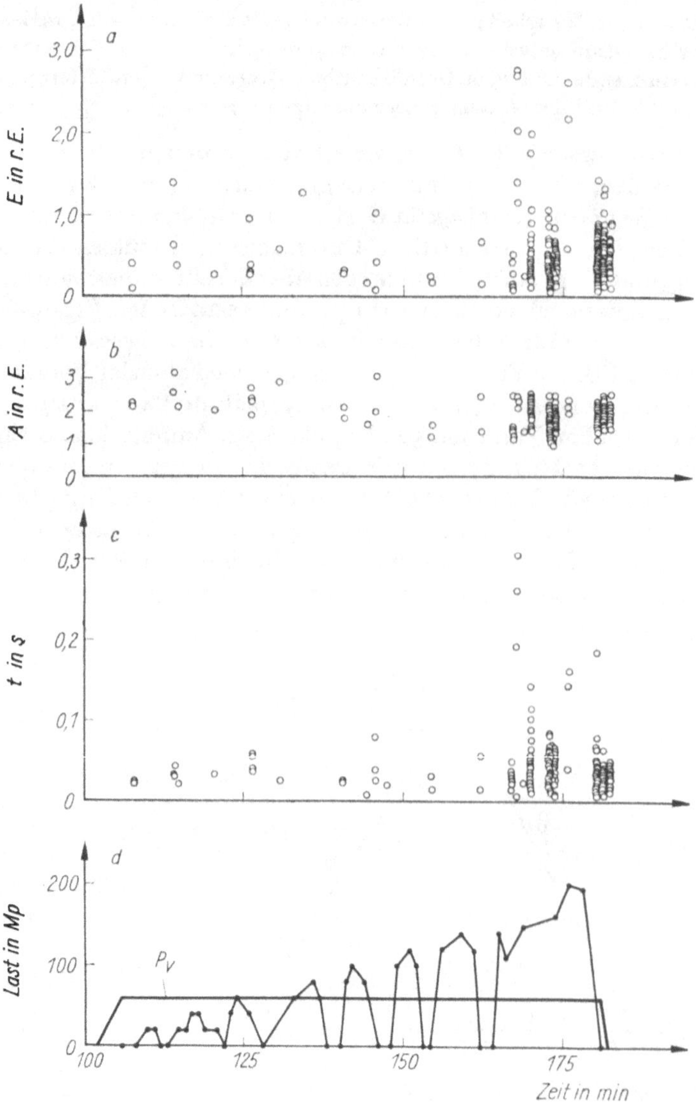


*Abb. 57. Zeitliche Verteilung der Impulscharakteristika seismoakustischer Signale und Lastschema für einen Großscherversuch im Gelände nach Magnetbandregistrierungen*

*a — relative Energieverteilung seismoakustischer Signale,*
*b — relative Maximalamplitude,*
*c — Zeitdauer der Impulse,*
*d — Lastschema ($p_v$ — Vertikallast)*

## 9.4. Das System Bauwerk-Gebirge hinsichtlich seines Deformations-, Bruch- und hydrodynamischen Verhaltens

Die fortlaufende Überwachung über- und untertägiger Großbauten und Anlagen hat zum Ziel, das *Verhalten des Systems Bauwerk-Gebirge* in Abhängigkeit von der Zeit bei konstanter oder wechselhafter Belastung möglichst genau und lückenlos zu erfassen. Dabei ist es von besonderem Interesse, Auskünfte über elastische und nichtelastische, irreversible Verformungen des Gebirges zu erhalten. Die Ermittlung des Ablaufes irreversibler Veränderungen ist für die Standsicherheitsbeurteilung der Bauwerke von besonderer Bedeutung.

Auf diesem Gebiet bestehen sehr enge Wechselbeziehungen zwischen der angewandten Geophysik und dem ingenieurtechnischen und dem bergmännischen Vermessungswesen, so daß des öfteren eine Unterscheidung weder von der Problemstellung noch von der Bearbeitung der Meßergebnisse her gegeben ist. Fortschritte werden vor allem durch apparativ-technische und methodische Neuentwicklungen bestimmt.

Für *Senkungs- und Neigungsmessungen* wurden von angewandt-geophysikalischer Seite hydrostatische Nivelliere (Schlauchwaagen) und kontinuierlich registrierende Neigungsmeßgeräte entwickelt und nach umfangreichen theoretischen Vorarbeiten und methodischen Erprobungen mit Erfolg in die Praxis eingeführt. Heute gehören hydrostatische Nivellements besonders mit den von Meisser entwickelten Meßsystemen zu den bewährten Untersuchungsmethoden für Senkungsbeobachtungen im Bergbau, an industriellen Großanlagen und an wasserwirtschaftlichen Speicherbauten. Sie werden darüber hinaus erfolgreich in Verbindung mit Großversuchen in situ und künstlichen Bodenstabilisierungsarbeiten eingesetzt. Die dabei erreichte Meßgenauigkeit beträgt $\pm 1 \cdot 10 \cdots 1 \cdot 10^{-3}$ mm. Trotz vieler Vorteile, die hydrostatische Nivellements dieser Art bieten, darf nicht übersehen werden, daß die Messungen bisher nur diskontinuierlich erfolgten und mit relativ hohem Aufwand bei der Einrichtung der Meßstrecken und der Vorbereitung der Messungen verbunden sind. Prinzipiell neue Möglichkeiten zur kontinuierlichen Aufzeichnung *vertikaler und horizontaler Baugrundverformungen* bzw. Deformationen an Bauwerken ermöglicht der Einsatz von *Extensometern* auf Invardraht- und auf Laserbasis. Mittels Invardraht-Extensometer werden Meßstrecken von 1 ··· 80 m überbrückt. Die erreichbare Meßgenauigkeit liegt bei etwa $\pm 1\ \mu$m. — Der Einbau solcher Extensometer in Bohrungen, Lotschächte oder dgl. gestattet es, Verformungsbeträge im Bauwerk und Baugrund voneinander getrennt und ohne Verfälschung der Meßergebnisse durch Witterungseinflüsse zu erfassen (vergl. dazu Abb. 58).

Auf dem Gebiet der *Neigungsmessungen* für ingenieur- und bergbaugeophysikalische Belange wurden die früher nahezu ausschließlich verwendeten hochastasierten Horizontalpendel durch eine Reihe anderer Neigungsmeßgeräte ersetzt.

Zielstellung dieser Entwicklung war die Gewährleistung einer hohen Nullpunktkonstanz. Dabei ermöglichte es die fortschreitende Entwicklung elektronischer Bauelemente, die mechanische Winkelvergrößerung zugunsten der Stabilität zu reduzieren und die erforderliche Empfindlichkeit durch elektronische Nachverstärkung der Meßgröße mittels eines geeigneten mechanisch-elek-

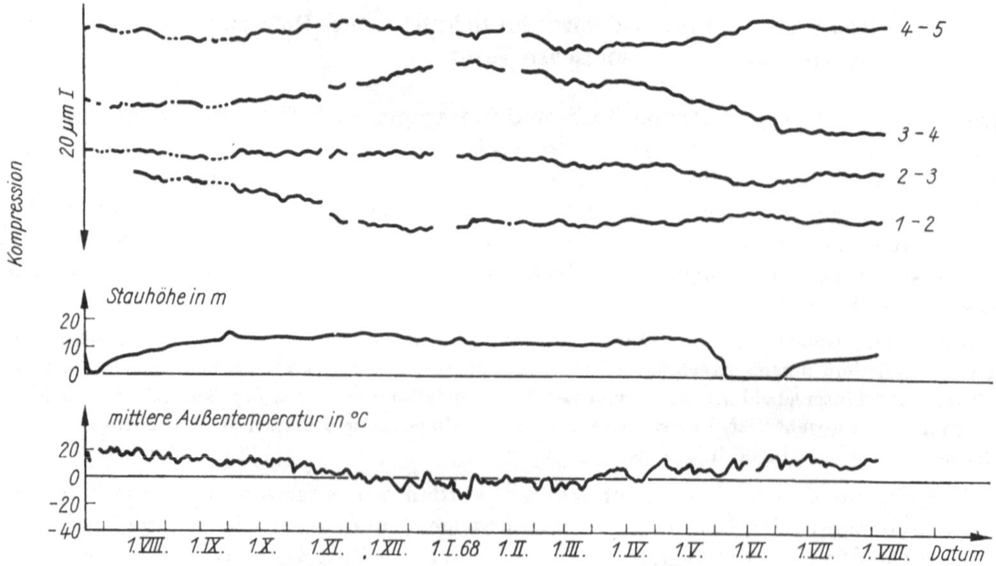


*Abb. 58. Vertikale Deformation im Gebirge unter dem Fundament einer Staumauer, ermittelt durch Differenzbildung von Vertikalextensometer-Registrierungen im Lotschacht einer Staumauer. Stauhöhe und mittlere Außentemperatur werden zum Vergleich aufgetragen.*

tronischen Wandlers zu erreichen. Eine interessante und in langjähriger Praxis erprobte Neuentwicklung stellt ein Neigungsmeßgerät mit Rollbandgelenkpendeln nach einer Grundidee von MEISSER dar. Dieses Gerät zeichnet Neigungen mit einer Meßgenauigkeit von 0,1 Bogensekunden über einen Bereich von 10 Bogenminuten bei automatischer Bereichsumschaltung auf. Es ist transportabel und besitzt eine Meßbasis von 0,5 m.

Die geringe Meßbasis auch all dieser Neuentwicklungen gestattet allerdings in erster Linie nur, Neigungsbewegungen der Aufstellungsfläche des jeweiligen Gerätes zu erfassen. Dadurch sind die Meßwerte in den seltensten Fällen für ein größeres Gebiet repräsentativ und schränken die Aussage für großräumig auftretende Bewegungen stark ein. Zur Lösung dieser Problematik wurden automatisch registrierende, *hydrostatische Nivelliere* entwickelt, die Neigungen bzw. Vertikalbewegungen längs einer im Prinzip beliebig großen Meßbasis kontinuierlich erfassen. Damit konnte das meßtechnisch schwierige Problem, nämlich die Ermittlung von Verbiegungen und Verkippungen in Bauwerken und Baugrund, die Aufnahme der Biegelinie von Sperrmauern, die Kontrolle über den Wirkungsgrad künstlicher Verdichtungsarbeiten in Lockerböden und Schüttmaterial, wie auch die Beobachtung rezenter Krustenbewegungen allgemein entscheidend gefördert werden.

Senkungs-, Neigungs- und Horizontalverschiebungsmessungen dienen in erster Linie der Zielstellung, langsam ablaufende Bewegungs- und Verformungsvorgänge im System Bauwerk/Baugrund bzw. im Gebirge zu erfassen. Plötzliche Spannungsauslösungen im Mikro- und Makrobereich, wie sie sich in Rißbildungen, Gesteins- und Gebirgsschlägen sowie in Gasausbrüchen, in Wasser- und Laugeneinbrüchen äußern, sind mit dem Ziel einer Prognose dieser Erscheinungen Gegenstand seismoakustischer und erschütterungsseismischer Untersuchungen.

Die Bedeutung dieser Arbeiten ergibt sich neben dem notwendigen Studium des *Mechanismus natürlicher Zerstörungsvorgänge* aus der weiteren Entwicklung der gewerblichen Sprengtechnik über- und untertage, der wachsenden Ausdehnung der Bergbau- und Steinbruchbetriebe sowie der Inbetriebnahme immer größerer Aggregate, die Fundamente und Untergrund ständig dynamisch beanspruchen, so daß bleibende Veränderungen im Baugrund und Ermüdungserscheinungen in den Baumaterialien Anlaß zu Rißbildungen und Schäden geben können. Darüber hinaus können durch sickernde und strömende Wässer Veränderungen im Baugrund (Zerstörungen, Zersetzungen, Ausspülungen) auftreten und die Standsicherheit beeinträchtigen. Geoelektrische Unterläufigkeitsmessungen, Temperatur- und Tracermessungen gehören heute zu den bewährten Methoden beim Erkennen und Lokalisieren derartiger Schadensstellen sowie zur Kontrolle über den Wirkungsgrad durchgeführter Sanierungsarbeiten.

## Literatur

Anstey, N. A.: Correlation Techniques. A Review. Geophysical Prospecting 12 (1964).

Autorenkollektiv: Hammerschlagseismische Untersuchungen zur Lösung geomechanischer Aufgaben (Prinzip und Ergebnisse). Freiberger Forschungshefte C 240 (1968).

Autorenkollektiv: Untersuchung des Gebirgsdrucks mit Hilfe geophysikalischer Methoden. (russ.) Verlag Nauka, Moskau 1967.

Autorenkollektiv: Publikation des Instituts für Geophysik der Polnischen Akademie der Wissenschaften Nr. 47, Warschau 1971.

Berzon, I. S.: Dynamische Parameter seismischer Wellen in realen Medien (russ.). Verlag der Akademie der Wissenschaft der UdSSR, Moskau 1962.

Besondere Mitteilungen zum IX. Talsperrenkongreß. VEB Verlag für Bauwesen 1967.

Brekhovskich, L. M.: Waves in layered Media. Academic Press, New York-London 1960.

Forkmann, B.: Untersuchungen von geologischen Strukturen und Ermittlung physikalischer Kennwerte mittels Bodenvibrator. Diplomarbeit am Institut für Angewandte Geophysik der Bergakademie Freiberg. 1965 (unveröff.).

Freudenthal, A. M.: Inelastisches Verhalten von Werkstoffen. VEB Verlag Technik, Berlin 1965.

Gerecke, W.: Ergebnisse felsmechanischer Versuche in situ an den Vorsperren Thoßfell und Neuensalz der Talsperre Pöhl/Vogtland. Freiberger Forschungshefte C 176 (1964).

Gluschkov, V. T. u. a.: Einige Resultate der akustischen Karottage zur Untersuchung der Gebirgseigenschaften des Donbaß (russ.). Vortrag zur Konferenz „Physik der Gesteine und Prozesse" am MGI, Moskau 1971.

Handbuch der Geophysik (russ.). Band 4: Seismik. Verlag Nauka Moskau 1967.

Jamschikov, V. S.: Einführung in die Geoakustik (russ.). Veröffentlichung des MGI, Moskau 1968.

Kögler, F.: Baugrundprüfung im Bohrloch. Bauingenieur H. 19/20 (1933).

Lange, F.-H.: Korrelationselektronik. VEB Verlag Technik, Berlin 1962.

Lange, F.-H.: Signale und Systeme. Band 1: Spektrale Darstellung. VEB Verlag Technik, Berlin 1966.

Langer, M.: Das Problem des Zusammenhanges zwischen dynamisch und statisch ermittelten Materialkennwerten in Anwendung auf den Felshohlbau. Felsmechanik und Ingenieurgeologie (1965) S. 109–119.

Lebedev, T. S., Korniec, D. V., Sapoval, V. I. und Korcin, V. A.: Elastische Eigenschaften des Gebirges bei hohen Drücken (russ.). Verlag „Naukova Dumka", Kiev 1972.

Levykin, A. J.: Absorption und Geschwindigkeit von Longitudinal- und Transversalwellen bei allseitigen Drucken bis 4000 kp/cm² (russ.). Fizika Zemli 2 (1965) S. 21–27.

Manthey, W.: Methodische und apparative Beiträge für kontinuierliche Senkungs- und Neigungsbeobachtungen. Freib. Forschungsheft C 253 (1969).

Meisser, O., Militzer, H. und Thon, H.-G.: Ingenieurgeophysikalische Untersuchungen in Verbindung mit Druck- und Scherversuchen zur Kennwertbestimmung von Felsgestein in situ. Bergakademie 7 (1964) S. 386–399.

Menárd, L.: Anwendung des Pressiometer-Verfahrens zur Untersuchung des Gebirges. Felsmechanik und Ingenieurgeologie IV/2 (1966) S. 160–171.

Militzer, H.: Entwicklung und Erprobung eines amplituden- und frequenzabhängigen Bodenvibrators für seismische Nahuntersuchungen. Freiberger Forschungsheft C 160 (1963).

Militzer, H.: Zur Problematik der Klüftigkeitsbestimmung im Gebirge mit Hilfe geophysikalischer Untersuchungsmethoden. Veröffentlichung des Internat. Büros für Gebirgsmechanik. Bericht über das 9. Ländertreffen des IBG 1968. Akademieverlag Berlin 1969.

Militzer, H.: Prinzip und Ergebnisse ingenieurgeophysikalischer Untersuchungen. Zeitschrift für Angewandte Geologie. Teil I: 9 (1963) 8, S. 424–433; Teil II: 9 (1963) 9, S. 470–474.

Militzer, H.: Die Bedeutung der Grundlagenforschung für die Entwicklung der angewandten Geophysik. Bergakademie (1963) 2, S. 83–91.

Militzer, H.: Prinzip und Ergebnisse moderner Schwingungsuntersuchungen an Großfundamenten. Bergakademie (1966) 12, S. 717–722.

Militzer, H.: Ein Beitrag zur Kennwertbestimmung von Erdstoffen in natürlicher Lagerung mit Hilfe geophysikalischer Methoden unter Einsatz von Hammerschlag-Refraktionsseismik und der Schlauchwaage. Freiberger Forschungshefte C 42 (1958).

Militzer, H. und Stoll, R.: Vibratorseismische Messungen zur Bestimmung eines frequenzabhängigen Absorptionskoeffizienten. Bergakademie 20 (1968) 9, S. 518–521.

Militzer, H. und Stoll, R.: Gesteinsphysikalische Untersuchungen mittels Rauschvorgängen. Z. f. msr 12 (1969) 3, S. 98–99.

Militzer, H. und Stoll, R.: Einige Beiträge der Geophysik zur Primärdatenerfassung im Bergbau. Neue Bergbautechnik 3 (1973) 1, S. 21–25.

Militzer, H., Rotter, D., Stoll, R. und Thon, H. -G.: Einige Probleme und Ergebnisse der Bestimmung geomechanischer Kennziffern mit Hilfe geophysikalischer Methoden. Bergakademie 20 (1968) 9, S. 523–527.

Militzer, H., Schön, J., Stoll, R. und Thon, H.-G.: Moderne Aspekte und Ergebnisse geophysikalischer Untersuchungen hinsichtlich der Lösung felsmechanischer Probleme. Beograd 1970.

Militzer, H., Hiller, G. und Burghardt, G.: Schlauchwaage – Theorie und Methodik moderner hydrostatischer Nivellements. Freiberger Forschungsheft C 262 (1971).

Morgenstern, N. R. u. a.: Nichtlineare Belastungs-Verformung-Beziehungen für einen homogenen Sandstein. Int. J. Rock Mech. (1969) 2, S. 127–142.

Müller, L.: Unterschiede der technischen Eigenschaften von Gestein und Gebirge — Definition der Gebirgseigenschaften Bericht 5. Ländertreffen IBG 1963. Abh. Kl. f. Bergb., Hüttenw. u. Montangeologie AdW (1964) S. 62—67.

Nikolajew, A. W.: Seismische Bodeneigenschaften (russ.). Verlag Nauka Moskau 1965.

Oberst, H.: Elastische und viskose Eigenschaften von Werkstoffen. Beuth-Vertrieb GmbH, Berlin, Köln, Frankfurt (Main) 1963.

Oelsner, Chr.: Schlagseismische Untersuchungen unter Tage zur Bestimmung physikalischer Eigenschaften des Gebirges in situ. Freiberger Forschungshefte C 178 (1965).

Olszak, G.: Zur Anwendung der Frequenzanalyse in der seismischen Erkundung. Geologie und Geophysik, Folge 6, Leipzig (1964) 6, S. 3—22.

Pusgrov, N. N., Krylov, S. V. und Potap'ev, S. V.: Punktförmige seismische Sondierung (russ.). Sammelband „Metodika sejsmorazvedki", Verlag Nauka Moskau 1965, S. 5—70.

Rshevskij, W. W. und Novik, G. Ja.: Grundlagen der Physik der Gesteine (russ.). Verlag Nauka Moskau 1964.

Rotter, D.: Ein Beitrag zur Untersuchung des Bruchverhaltens von Gestein in situ. Neue Bergbautechnik 3 (1973) 1.

Rotter, D.: Geophysik — fester Bestandteil geomechanischer Forschung. Wissenschaft und Fortschritt (1967) 4, S. 155—160.

Rotter, D.: Beiträge zur Untersuchung des Verformungs- und Bruchverhaltens von Gesteinen in situ. Dissertation (B) der Bergakademie Freiberg 1970 (unveröff.).

Rotter, D. und Heinitz, R.: Hydraulische Druckvorrichtung zur Erzeugung eines Spannungsfeldes, insbesondere im Gestein. DDR-Wirtschaftspatent 42116 vom 25. 10. 1965.

Rotter, D., Stoll, R. und Thon, H.-G.: Zu einigen Problemen der Bestimmung mechanischer Kennwerte von Felsgestein in situ aus experimenteller Sicht. Zeitschrift „Bergakademie" 19 (1967) 10, S. 575—579.

Savič, A. J. u. a.: Seismoakustische Methoden zur Untersuchung des Massivs fester Gesteine. (russ.). Verlag Nedra, Moskau 1969.

Seeber, G.: Auswertung von statischen Felsdehnungsmessungen. Geologie und Bauwesen 26 (1961) 3, S. 152—176.

Schön, J.: Ein Beitrag zur Ausbreitungsgeschwindigkeit elastischer Wellen in Lockerböden — Teil 1. Bergakademie 20 (1968) 6, S. 332—336.

Schön, J.: Ein Beitrag zur Ausbreitungsgeschwindigkeit elastischer Wellen in Lockerböden — Teil 2. Bergakademie Freiberg 20 (1968) 7, S. 382—384.

Schön, J.: Berechnung des Reibungsbeiwertes rolliger Erdstoffe aus strukturellen Angaben. Bergbautechnik 18 (1968) 9, S. 480—481.

Schön, J.: Ein Beitrag zum Ruhedruckbeiwert kohäsionsloser Böden. Bergbautechnik 18 (1968) 11, S. 558—560.

Schön, J.: Modellseismische Untersuchungen im Hinblick auf die Schallgeschwindigkeit in Lockergesteinen. Freiberger Forschungshefte C 173 (1964).

Schön, J.: Ausbreitungsgeschwindigkeit elastischer Wellen in Lockerböden und ihre Beziehung zu bodenmechanischen Kennwerten. Freiberger Forschungshefte C 250 (1969).

Schön, J.: Ein Beitrag zur Klassifizierung und Systematik petrophysikalischer Parameter. Neue Bergbautechnik 1 (1971) 1, S. 2—10.

Schön, J.: Klassifizierung und Systematik der Theorien zur Behandlung petrophysikalischer Parameter poröser Gesteine. Neue Bergbautechnik 3 (1973) 1, S. 7—18.

Schön, J.: Seismische Kennwertbestimmung bei Baugrunduntersuchungen. Wiss. Zeitschrift TU Dresden, 13 (1964) 4, S. 1063—1069.

Schön, J. und Stoll, R.: Verfahren und Anordnung zur Bestimmung von Absorptionskoeffizienten. WP 42c/129 138, Patentschrift DDR — Amt für Erfindungs- und Patenwesen, Berlin 1968.

Schön, J. und Stoll, R.: Ermittlung eines vom Einfluß der Ankopplung freien Absorptionskoeffizienten der Gesteine. Bergakademie Freiberg 22 (1970) 3, S. 133—135.

Schmidt, R.: Experimentelle Untersuchung von schwingungsdämpfenden Unterlagen für Maschinen. Gesundheitsingenieur 49 (1923) 6, S. 61—71.

Stoll, R.: Vibratorseismische Untersuchungen in realen Medien zur Nahortung und Kennwertbestimmung für ingenieurgeophysikalische Belange. Freiberger Forschungshefte C 274 (1971).

Stoll, R.: Vibratorseismische Messungen zum Zwecke der Schichtgrenzenerkundung, Pfeilerdurchschallung und Hohlraumortung. Bergakademie 19 (1967) 11, S. 604—666.

Stoll, R.: Apparatur zur Erzeugung elastischer Wellen. Patentschrift WP 42c/129 385, 1968.

Stoll, R.: Durchführung geophysikalischer Arbeiten zum geomechanischen Großversuch Altenberg. Berichte der Sektion Geowissenschaften der BA Freiberg 1970, 1971 und 1972.

Tamms, J. H.: Vergleich statisch und dynamisch bestimmter Elastizitätszahlen von Lockerböden in situ. (unveröff. Diplomarbeit Institut f. Angewandte Geophysik Freiberg, 1967).

Treibmann, K.: Vibratorseismische Messungen zum Nachweis von Schichtgrenzen ohne und mit Anwendung der Korrelationstheorie Diplomarbeit am Institut für Angewandte Geophysik der Bergakademie Freiberg 1966 (unveröff.).

Uhlmann, M.: Bestimmung elastischer Konstanten im Anstehenden. III. Internationales Kali-Symposium 1965 (Teil II. S. 147—166). Kali-Bücher. Deutscher Verlag für Grundstoffindustrie, Leipzig 1967.

Vibenga, B. A.: Verhältnisse zwischen den Parametern des Gesteins. Zerstörung und Mechanik des Gesteins. Moskau 1962.

Volarovič, M. P. u. a.: Električeskie i mechaničeskie s voistra gornich porod. Isdat. Nauka Moskva 1966.

Weller, S.: Methodische Weiterentwicklung der Vibratortechnik (Anwendung des Faltungssatzes). Diplomarbeit am Institut für Angewandte Geophysik der Bergakademie Freiberg 1967 (unveröff.).

Winter, K.: Beiträge zur Bekämpfung der Gas- und Laugengefahr im Kalibergbau mit komplexen geophysikalischen Verfahren. Dissertation an der Bergakademie Freiberg 1964 (unveröffentlicht).

# 10.

# Bohrlochgeophysik[1]

## 10.1. Einführung

Die geophysikalische Bohrlochmessung ist in den letzten 40 Jahren ein unentbehrliches Mittel zur Gewinnung geologisch-geophysikalischer Informationen in durch Tiefbohrungen geschaffenen Aufschlüssen und zur Untersuchung und Kontrolle der Tiefbohrlöcher selbst geworden. Unterschiede der Definition wichtiger Begriffe, die auch international bestehen, veranlassen uns zu Beginn unserer Ausführungen zu eigenen Definitionen.

Die *Bohrlochmessung* definieren wir als eine komplexe technisch-wissenschaftliche Disziplin, welche die Gesamtheit der zur Untersuchung von Tiefbohrlöchern und Dokumentation der Bohrprofile in den Bohrlöchern selbst eingesetzten physikalischen und geometrischen Meßverfahren einschließlich aller Aspekte ihrer technischen Realisierung und der Interpretation der Meßergebnisse umfaßt. „Bohrlochmessung" ist ein Oberbegriff der eigentlichen Bohrlochgeophysik.

Wir definieren die *Bohrlochgeophysik* als ein Teilgebiet der geowissenschaftlichen Disziplin „Angewandte Geophysik". Gegenstände dieses Teilgebiets sind alle zur maximalen Ausschöpfung der durch Bohrlochmessungen erhältlichen Informationen notwendigen Kenntnisse und Prozesse. „Geophysikalische Bohrlochmessungen" im engeren Sinne liefern Informationen über physikalische Parameter des durchbohrten Gesteins, dazu zählen also nicht z. B. Neigungs- oder Kalibermessungen.

Obige Definitionen umfassen *nicht* 1. die Bohrlochseismik und die seismische Vertikalprofilierung, 2. die in der Sowjetunion als „skvashinnaja geofizika" bezeichnete neue Unterdisziplin der angewandten Geophysik, welche den Nachweis und die Ermittlung der Geometrie von Erzkörpern oder anderen geologischen Strukturen zwischen bzw. in der Nachbarschaft von Bohrlöchern zum Ziel hat, 3. die Spreng- und Schießarbeiten in Tiefbohrlöchern, 4. die als „mud logging" bzw. „gazovoj karotash" bezeichneten Verfahren der Bohrspülungsüberwachung.

Seit Beginn der 50er Jahre haben Bohrlochgeophysik und Bohrlochmessung, vor allem befruchtet durch die Fortschritte der Elektronik, einen stürmischen Aufschwung genommen („Quan-

1 Von K. Lehnert und K. Hochstrate.

titative Phase" der Entwicklung nach Desbrandes (1968)). Mit Hilfe von Bohrlochmessungen werden aus den direkt nicht zugänglichen Tiefbohrlöchern in beliebiger Dichte Informationen über geologische, petrophysikalische, lagerstättenkundliche und technische Parameter gewonnen, die anderweitig nur mit zeit- und kostenaufwendigen mechanischen oder hydraulischen Verfahren bzw. überhaupt nicht erhältlich sind. Diese Informationen fallen weitgehend quantifiziert an, was ihre Weiterverarbeitung mit Mitteln der EDV sehr vereinfacht.

Gegenwärtig werden durch Bohrlochmessungen *Aufgaben aus folgenden Hauptkomplexen* gelöst:

1. Lückenlose geologisch-geophysikalische *Dokumentation von Bohrprofilen*;
2. Quantitative Bestimmung *geologischer* (petrophysikalischer, lagerstättenkundlicher) *Parameter*;
3. *Technische Untersuchung von Bohrlöchern,* komplettierten Tiefbohrungen und anderen untertägigen Aufschlüssen;
4. Laterale und/oder vertikale *Regionalauswertung* geologischer (petrophysikalischer) Parameter;
5. Gewinnung von Informationen zur *Unterstützung feldgeophysikalischer Untersuchungen* bzw. Gewinnung allgemein-geophysikalischer Informationen;
6. *Überwachung des Abbaues* von Erdöl- und Erdgaslagerstätten und des Betriebes von Untergrundspeichern.

Etwa seit Beginn der 60er Jahre ist eine relativ weitgehende Konsolidierung der Bohrlochmessung eingetreten, die sich u. a. darin ausdrückt, daß in den verschiedensten Ländern vergleichbare Meßverfahren und -programme angewendet werden. Grundsätzlich neue Verfahren werden z. Z. nur vereinzelt publiziert und finden, selbst angesichts erwiesener Vorzüge, nur unter Schwierigkeiten Eingang in die Meßpraxis. Die keineswegs zum Stillstand gekommene Entwicklung erstreckt sich auf die — z. T. durchgreifende — Vervollkommnung der Interpretationsmethodik und der technischen Ausrüstungen durch Anpassung an schwieriger werdende Bedingungen.

Als symptomatisch für den erreichten Entwicklungsstand erscheint die Tatsache, daß an die Stelle der zwischen 1950 und 1968 zahlreich erschienenen Lehr- und Handbücher über das Gesamtgebiet der Bohrlochmessung bzw. bohrlochgeophysikalischen Interpretation (letztes Werk dieser Art Desbrandes, 1968) eine Fülle vorwiegend in der Sowjetunion herausgegebener Handbücher und Monographien über einzelne Verfahrensgruppen getreten ist. Beispiele sind die Werke von Vendelštejn über Eigenpotentialmessungen (1966), Bulatova u. a. (1970) sowie Petkevič und Verbickij (1965) über akustische Bohrlochmessungen, Pljusnin (1968) über induktive Bohrlochmessungen, Zel'cman über die Konstruktion von Bohrlochmeßgeräten (1968), Grečuchin über die Untersuchung von Kohlebohrungen (1970), Larionov über radiometrische Verfahren (1969) u. a.

Die Zahl der bohrlochgeophysikalischen und -meßtechnischen Zeitschriftenartikel (z. Z. etwa 400 jährlich) steigt ständig an und nimmt in der angewandt-geophysikalischen Fachliteratur hinter der Seismik den zweiten Platz ein.

## 10.2. Fortschritte der Bohrlochmessung und Bohrlochgeophysik

### 10.2.1. Zur Entwicklung der Bohrlochmeßverfahren

Die Entwicklung der Bohrlochmessung in den 50er Jahren resultierte in der Einführung zahlreicher neuer Meßverfahren, aus denen sich die gegenwärtig eingesetzten Meßprogramme fast allein zusammensetzen. Dazu zählen:

a) *Akustiklog*, (dichtegeeichtes) *Gamma-Gamma-Log* und die *Neutronenverfahren* zur Bestimmung der Porosität und lithologischen Zusammensetzung des Gesteins;
b) *Induktionslog* und *Laterolog* zur Ermittlung des wahren spezifischen Gesteinswiderstandes und der daraus abgeleiteten Wasser- bzw. Kohlenwasserstoffsättigung;
c) fokussierte *Mikro-Widerstandsverfahren* zur Bestimmung des spezifischen Widerstandes der bohrlochnahen Zone und der daraus abgeleiteten produzierbaren Kohlenwasserstoff-Sättigung.

Diese werden durch Eigenpotential- (SP-), Gamma-, Kaliber- und, in abnehmendem Umfang, konventionelle Widerstandsmessungen ergänzt.

An der Wende der 50er zu den 60er Jahren wurden auch zahlreiche Meßverfahren und -geräte zur Lösung technischer Aufgaben in Tiefbohrungen entwickelt (z. B. akustisches Zementlog, Flowmeter).

Die seither bekannt gewordenen *Neuentwicklungen* (kernmagnetische Bohrlochmessung, Neutronengeneratorverfahren, akustische Parametermessung u. a.) fanden erst in beschränktem Umfang Eingang in die Routinepraxis.

Sehr aussichtsreich erscheint ein 1969 erstmals beschriebenes, irreführenderweise als „Borehole Televiewer" bezeichnetes Gerät (ZEMANEK, 1969), das mittels akustischer Abtastung der Bohrlochwand kontinuierliche, über Tage registrierte Bilder derselben liefert, welche Klüfte, Kavernen, Schichtgrenzen u. ä. sowie in Verrohrungen Schadstellen und Perforationsöffnungen unabhängig vom Typ der Bohrlochflüssigkeit erkennen lassen.

Außerordentlich wertvolle Erkenntnisse bei der Klärung des geologischen Baues einschließlich der Sedimentationsverhältnisse liefern kontinuierlich ausgeführte und auf EDVA ausgewertete Schichtneigungsmessungen (vgl. COX, 1970).

In Erweiterung der von S. G. KOMAROV (1970) gegebenen Aufzählung möchten wir die folgenden Entwicklungstendenzen als die wichtigsten herausstellen:

1. *Weiterentwicklung der Apparaturen* für „moderne" Meßverfahren (fokussierte Widerstandsmessungen, akustische und kernphysikalische Verfahren; Verfahren zur Untersuchung produzierender Erdöl- und Erdgasbohrungen [s. 10.2.2.]),
2. *Vervollkommnung der Geräte und Methoden* zur automatischen Bearbeitung und Interpretation der Meßergebnisse (s. 10.2.3.),
3. Lösung der mit der *Vermessung übertiefer Bohrlöcher* (bis 15 km) verbundenen technischen und methodischen Fragen (s. 10.2.5.),
4. Anpassung der technischen Ausrüstung an *spezielle Einsatzbedingungen* (Bewältigung extremer Klimaverhältnisse, Datenfernübertragung von entlegenen Einsatzstellen usw.),

5. *Steigerung der Verläßlichkeit* der Meßergebnisse durch erhöhte statistische Sicherung, diskrete oder differentielle statt integraler Messung (z. B. Verwendung von Szintillationsdetektoren mit Diskriminierung unerwünschter Energiebereiche anstelle von Geiger-Müller-Zählrohren), Ausschaltung der Einflüsse von tiefer Spülungsinfiltration und unregelmäßigem Bohrlochdurchmesser (z. B. Kombination von Induktions- und Laterologsonden mit unterschiedlicher radialer Charakteristik, Verwendung kaliberkompensierter Akustiklog- und kernphysikalischer Meßgeräte),
6. *simultane Registrierung* vieler bzw. aller Parameter eines Meßprogramms,
7. Anwendung analytisch bzw. experimentell *gesicherter Interpretationsmethodiken,* welche die variable Mineralzusammensetzung polymineralischer Gesteine berücksichtigen,
8. Erforschung der günstigsten Varianten der „*kabellosen Bohrlochmessung*" und schrittweise Einführung in die Meßpraxis (s. 10.2.6.).

Von den gegenwärtig praktisch angewendeten physikalischen Wirkungsprinzipien dürften den kernphysikalischen Verfahren die größten Potenzen innewohnen, die aber keineswegs völlig erschlossen sind. Solche Potenzen liegen vor allem in der Möglichkeit elementspezifischer Aussagen durch Aktivierungsanalysen oder spektrometrische Untersuchungen der natürlichen oder künstlich erzeugten Gammastrahlung (vgl. 10.2.7.).

### 10.2.2. Bohrlochmeßprogramme und Interpretationsmethodik

Die Forderung, bei einem Bohrlochmeßeinsatz mit minimalem Aufwand an Zeit und Mitteln ein Maximum an nutzbarer Information zu erzielen, zwingt zur sorgfältigen Auswahl aus den ca. 30 einem modernen Bohrlochmeßdienst verfügbaren Meßverfahren und deren Zusammenstellung zu einem optimalen Bohrlochmeßprogramm.

Ein Meßprogramm ist optimal, wenn es mit der kleinstmöglichen Anzahl an Meßverfahren die zur Einschätzung des Schichtprofils benötigten Parameter quantitativ zu bestimmen gestattet. In Erdöl- und Erdgasbohrungen erfordert das die Ausführung von mindestens 4 Meßverfahren, nämlich

a) 1—2 „lithologische" Verfahren (Gamma, SP),
b) 1—3 auf Porosität und Mineralbestand ansprechende Verfahren (Akustik-, Neutron-, Dichtelog),
c) 1—5 Widerstandsverfahren zur Sättigungsbestimmung,
d) Kaliberkurve.

Art und Anzahl der faktisch eingesetzten Verfahren richten sich nach dem Gesteinstyp (z. B. Sand-Schluff-Ton- oder Karbonatprofil) und der Infiltrationstiefe des Bohrspülungsfiltrats.

Die *Interpretation* erfolgt übersichtsmäßig nach sog. quick-look-Methoden (Fertl, 1968) und im Detail manuell oder maschinell. Bei der Detailinterpretation können eine erste und eine zweite Etappe unterschieden werden: In der ersten werden aus den Meßwerten die durch Spülung, Schichtmächtigkeit usw. bedingten Störungen eliminiert, also z. B. aus den scheinbaren die „wahren“ spezifischen Widerstände bestimmt. Bei modernen Bohrlochmeßverfahren (z. B. kaliberkompensiertem Akustik- oder Dichtelog) kann die erste Etappe oft entfallen. In der zweiten Interpretationsetappe werden die gesuchten petrophysikalischen bzw. lagerstättenkundlichen Parameter, d. s. in der Regel die Nutzporosität ($p$) und die Wassersättigung ($S_w$), bei anspruchsvoller Methodik auch die Gehalte an den wichtigsten Mineralkomponenten, die effektive Mächtigkeit ($h_{eff}$) und die produzierbare Öl- bzw. Gassättigung ($S_{(o,g)p}$), aus den korrigierten Meßwerten bestimmt. Dies kann für die Mittelwerte ausgewählter Horizonte oder halbkontinuierlich nach fixem Teufenschritt erfolgen.

Eine Grundlage der quantitativen Interpretation bilden noch immer die seit langem bekannten und bewährten Beziehungen zwischen Porosität und Formationsfaktor, Wassersättigung und Widerstandsindex, Porosität und Schallgeschwindigkeit (sogenannte Zeit-Mittel-Gleichung), Porosität und Gesteinsdichte (sogenannte Dichte-Mittel-Gleichung) und die halblogarithmische Beziehung zwischen Porosität und Neutron-Gamma-Intensität bzw. Neutronendichte.

Bei komplexer Lithologie, z. B. variablen Ton- oder Anhydritgehalten, ist eine genauere *Bestimmung der Porosität* durch Komplexinterpretation mehrerer „porositätsempfindlicher“ Meßverfahren möglich, wobei gleichzeitig Angaben über die Gehalte an den wichtigsten Mineralfraktionen anfallen.

Solche Methoden werden u. a. von Burke, Curtis und Cox (1967) und Roper und Jones (1969) ausführlich beschrieben und zusammen mit der Bestimmung der produzierbaren Kohlenwasserstoffsättigung aus Mikro-Widerstandsmessungen vor allem für Karbonatprofile angewendet.

Dasselbe Prinzip erlaubt die Analyse von Profilen in Lagerstätten fester Minerale, vgl. Crain und Anderson (1966) über die quantitative Analyse von Halit, Carnallit, Sylvin in Bohrprofilen kanadischer Kalilager.

Auf der Komplexinterpretation mehrerer „porositätsempfindlicher“ Meßverfahren beruhen auch die 1970 erstmals beschriebenen Programmsysteme CORIBAND (Poupon u. a. 1971) und SARABAND (Poupon u. a., 1970) für Schichtprofile mit wechselnder lithologischer Zusammensetzung bzw. für Sand-Ton-Speicher. Bei beiden Systemen werden das wahrscheinlichste Gesteinsmodell und eine Reihe der zur Interpretation erforderlichen Zusatzgrößen (z. B. die physikalischen Eigenschaften der Tonkomponente) im Rechenprozeß selbst mit Hilfe zahlreicher statistischer Auswertungen in Form sogenannter „cross-plots“ ermittelt. Unter anderem werden berechnet: Porosität, Gehalte der wichtigsten Gesteinskomponenten (z. B. Dolomit-, Anhydrit-, Tongehalt), Wassersättigung und Rest-Kohlenwasserstoff-Sättigung.

Ob mit Hilfe des SARABAND-Systems das alte Problem der Interpretation von Bohrlochmessungen aus tonigen Speichergesteinen endgültig gelöst wurde, kann noch nicht beurteilt werden. Die Schwierigkeiten sind durch die physikalischen Eigenschaften (elektrische Leitfähigkeit, Schallaufzeit, Neutronenbremslänge usw.) der dispers oder laminar im Gestein enthaltenen Tonkomponente bedingt, die infolge ihres Gehaltes an chemisch und physikalisch gebundenem Wasser in gleicher Richtung wie schichtwassergefülltes Porenvolumen, d. h. porositätsvortäuschend, wirkt. Zur Korrektur dieses Einflusses wurden zahlreiche Methoden entwickelt; neuere Beiträge zur Leitfähigkeit tonhaltiger Sandsteine lieferten Komarov u. a. (1971), Guyod u. a. (1972); zur Berücksichtigung bei der Interpretation vgl. beispielsweise die Arbeiten von Barlai (1971), Hossin u. a. (1971), Fertl u. a. (1972).

Ebenfalls noch nicht völlig gelöst ist das Problem der bohrlochgeophysikalischen Bearbeitung klüftiger und kavernöser Speichergesteine. Besonders aussichtsreich erscheint hierfür die Nutzbarmachung der im akustischen Signal enthaltenen Information (Kozjar und Dzeban', 1970).

## 10.2.3. Elektronische Datenübertragung und -verarbeitung

Die elektronische Datenverarbeitung hat — zusammen mit der Übertragung in digitaler Form registrierter oder nachträglich digitalisierter Bohrlochmeßergebnisse durch Telefon, Fernschreiber oder Funk — in den letzten 10 Jahren die Technologie der bohrlochgeophysikalischen Interpretation von Grund auf zu revolutionieren begonnen. Die auf diesem Gebiet eröffneten Möglichkeiten der vertieften Extraktion im Primärmaterial enthaltener Informationen erscheinen dabei noch keineswegs ausgeschöpft, so daß die Bedeutung der EDV in der kommenden Zeit weiter zunehmen wird.

Dabei hat die Anwendung der EDV auch in der Bohrlochmessung keineswegs dazu geführt, qualifizierte Arbeitskräfte freizusetzen. Vielmehr befreit sie den Interpretator von zeitraubender Routinearbeit und erlaubt es ihm, sich auf die geologisch-lagerstättenkundliche Deutung aufbereiteter Meßergebnisse zu konzentrieren. Wegen der hohen Eingabe-, Rechen- und Ausgabegeschwindigkeiten moderner EDV-Anlagen spielen dabei der Umfang der komplex verarbeiteten Bohrlochmeßprogramme und der Schwierigkeitsgrad der auszuführenden Rechnungen nur in den vorbereitenden Phasen (Algorithmierung, Programmierung, Probeläufe) eine Rolle. Die EDV hebt die Interpretation daher sowohl quantitativ (durch um mehrere Größenordnungen reduzierten Zeitaufwand, kontinuierliche Bearbeitung ohne Beschränkung auf ausgewählte Einzelhorizonte, Ausführung in beliebig vielen Varianten mit veränderten Parametern) wie auch qualitativ auf eine höhere Stufe (durch Ausführung für manuelle Technik zu komplizierter Rechnungen, statistische Ermittlung der bestgeeigneten Beziehungen und Parameter z. B. durch „Eichung" an Kerndaten usw.). Hinzu kommen der Wegfall aufwendiger Schreib-, Tabellier- und Zeichenarbeiten durch entsprechende Wahl des Ausgabeformats und die Möglichkeit, mittels moderner Datenübertragungstechniken Rechenzentren für die Entscheidungsfindung auf entlegenen Bohrpunkten zu nutzen, ohne daß die persönliche Anwesenheit eines qualifizierten Interpretators oder der zeitraubende materielle Datentransport erforderlich wären.

*Hauptanwendungsgebiete der EDV* sind gegenwärtig 1. die Interpretation spezieller Bohrlochmeßprogramme für variabel zusammengesetzte Karbonat- (Burke u. a., 1967; Roper/Jones, 1969; Poupon u. a., 1971), Sand-Ton-Schluff- (Poupon u. a., 1970) und Evaporitprofile (Crain/Anderson, 1966), 2. die Interpretation von Schichtneigungsmessungen (Cox, 1970), sowie 3. die Entwicklung neuer Interpretationsmethoden mit Hilfe der statistischen Auswertung großer Datenmengen. Gegebenenfalls wird dafür auf die Beteiligung an time-sharing-Systemen zurückgegriffen (Heslop, 1970). Ungenügend genutzt erscheint z. Z. die Verwendung bohrlochgeophysikalischer Parameter zur regional-geologischen Interpretation einschließlich der maschinellen Anfertigung von Fazies-, Trend- und anderen Karten (MATUSZAK, 1966). — Während die Grundideen und -beziehungen der klassischen bohrlochgeophysikalischen Interpretation bisher auch bei weitgehender Einbeziehung der EDV im wesentlichen beibehalten wurden, bieten sich grundsätzlich neue Wege durch Anwendungen der Statistik, Informations- und Signaltheorie an, die z. B. in der Sowjetunion durch Entwicklung und Anwendung der Mehrfachregression zur Ableitung von Interpretationsformeln (ELLANSKIJ u. a., 1968) sowie von „selbstlernenden" Interpretationsprogrammen genutzt werden (BONGARD u. a., 1966). Letztere sind besonders geeignet für große Lagerstätten mit gleichartigen geologischen Verhältnissen und zahlreichen Bohrlöchern.

Für die Zukunft ist zweifellos zu erwarten, daß die Registrierung von *Bohrlochmeßkurven* weitgehend, wenn nicht völlig zu Gunsten der *Digitalregistrierung auf Magnetband* verlassen wird und solche Kurven nur noch ausnahmsweise nachträglich für spezielle Zwecke vom digitalen Träger abgespielt werden, während der Auftraggeber einer Bohrlochmessung ausschließlich tabellarische oder graphische Darstellungen der benötigten geologisch-lagerstättenkundlichen bzw. technischen Parameter erhält.

Für die Auswertung und Interpretation der Messungen werden sich *komplexe Programmsysteme* durchsetzen, die den Gesamtprozeß der geophysikalisch-geologischen Informationsverarbeitung, beginnend bei der Vorbereitung der Messungen zur Auswertung (Teufenkorrekturen u. a.) bis hin zur Ermittlung lagerstättenkundlicher Parameter und deren Einbeziehung in geologische Entscheidungen (Vorratsberechnungen usw.) erfassen.

Ein als ASORK bezeichnetes „System zur automatischen Bearbeitung von Bohrlochmessungen" wurde in der Sowjetunion für die Erdöl- und Erdgaserkundung in Westsibirien entwickelt und ermöglicht mit Hilfe der über Funk übertragenen Bohrlochmeßergebnisse, eine Entscheidung über die Fortführung der Erkundungsarbeiten innerhalb von 12 Stunden zu fällen (DANILOV, 1970).

### 10.2.4. Bohrlochmessungen in produzierenden Bohrlöchern

Bohrlochmessungen in produzierenden Bohrlöchern (PWL, vom engl. „production well logging") haben in den letzten 10 Jahren große Bedeutung erlangt. Für diesen Sektor wurden zahlreiche Meßverfahren und -geräte entwickelt, die der Lösung folgender Aufgaben dienen:

1. *Lokalisierung von Flüssigkeits- und Gasströmungen* im Bohrloch, Ermittlung von Zufluß- oder Verlusthorizonten, Bestimmung von Fließraten durch Flowmeter-, Thermometer-, Differentialthermometer- u. a. Messungen.
2. Ermittlung der Art der im Bohrloch befindlichen Fluide und ihres Mischungsverhältnisses mit Hilfe von *Flüssigkeitsanalysatoren* (Dichtemesser nach Gamma-Durchstrahlungs- oder Druckdifferenz-Prinzip; Feuchtigkeitsmesser).
3. Untersuchung des *technischen Zustandes der Ringraumzementation und der Verrohrung* (akustisches Zementlog, Rohrinspektionsgeräte zur Ermittlung korrodierter und schadhafter Bereiche der Verrohrung u. a.).

4. Kontrolle von *Kontaktbewegungen* (z. B. Gas-Wasser-Kontakt) in produktiven Horizonten (vorwiegend durch Impuls-Neutronen-Verfahren).
5. Überwachung des *Deckgebirges* (z. B. Nachweis sekundärer Gas- oder Ölanreicherungen in permeablen Schichten im Hangenden einer Lagerstätte mittels Neutronenverfahren).

Bezüglich der Wirkprinzipien der genannten Verfahren und Geräte sei auf die wichtigsten Veröffentlichungen zu dieser Thematik verwiesen (Connolly, 1965, 1969; Gulin, 1971; Einsatz von Methoden ..., 1968).

Die Ergebnisse derartiger Messungen lassen in vielen Fällen Aussagen über die Lage und das Verhalten produktiver Horizonte zu, die mit herkömmlichen Mitteln überhaupt nicht zu erlangen sind. Diese gestatten es, Korrekturen der Komplettierung (Nachperforieren produktiver, Absperren Wasser produzierender Horizonte u. ä.) oder des Förderregimes anzubringen, die zur Vervielfachung der Produktion führen können. — Ähnliche Verfahren werden in Untergrundspeichern sowie zur Untersuchung von Injektionsbohrungen (Flutprojekte, Schluckbrunnen) und hydrogeologischen Bohrlöchern erfolgreich eingesetzt.

### 10.2.5. Bohrlochmessungen in übertiefen Bohrlöchern

Als „übertief" werden Bohrlöcher bezeichnet, deren Niederbringung und Komplettierung aus Gründen der Teufe an die Grenzen des technisch Möglichen reichen. Diese Begriffsbestimmung trifft z. Z. für Bohrteufen über 7 km zu.

Die Durchführung von Bohrlochmessungen in übertiefen Bohrungen erfordert aus folgenden Gründen einen besonderen, z. T. außerordentlich hohen organisatorischen und technischen Aufwand:

1. Die in Sohlennähe herrschenden *hohen Temperaturen* übersteigen die den herkömmlichen elektrischen Bauelementen und Isolierstoffen gesetzten Grenzen;
2. die angetroffenen *hydrostatischen Drücke* erfordern extrem widerstandsfähige Sondenhüllen sowie spezielle Kabelverbindungen und Abdichtungen;
3. Es werden sehr lange Meßkabel benötigt, die auch bei extremer *thermischer und mechanischer Beanspruchung* eine einwandfreie Signalübertragung gewährleisten müssen;
4. die mit der Niederbringung übertiefer Bohrungen verbundenen extremen Kosten erfordern trotz der in 1.—3. aufgezählten Erschwernisse *havariefreie Arbeit* der Bohrlochmessung bei höchstem Informationsgewinn.

Gegenwärtig sind Ausrüstungen verfügbar, welche die praktisch ungestörte Bearbeitung auch der tiefsten Bohrlöcher zuließen, auf deren Sohle Temperaturen um 240 °C und Drücke um 1500 kp/cm² auftreten[1]. Keinesfalls lassen sich jedoch solche Arbeiten routinemäßig ausführen. Sie setzen vielmehr zahlreiche Vorbereitungen voraus, von einer Temperatur- und Druckprognose über die Entwicklung und Fertigung entsprechender Untertagegeräte, deren Test unter simulierten Bohrlochverhältnissen

1 Welttiefstes Bohrloch seit 1974 1 Bertha Rogers (9583 m, 240 °C) in Oklahoma (USA).

in Hochdruckautoklaven bis zur Schulung des Meßpersonals und der Abwicklung eines genau bilanzierten Arbeitsplanes.

Im Zusammenhang mit in der Sowjetunion begonnenen bis 15 km tiefen Bohrlöchern hält Komarov (1970) die Entwicklung von Meßausrüstungen für Temperaturen bis 300 °C für erforderlich. Notwendig erscheinen ihm *Bohrlochmeßgeräte zur Untersuchung natürlicher Felder* (Gravitations-, Magnet-, Wärmefeld).

Über die technischen Möglichkeiten zur Vermessung 15 km tiefer Bohrlöcher berichteten Moran und Attali (1971) auf dem VIII. Welterdölkongreß.

### 10.2.6. Bohrlochmessungen während des Bohrprozesses

An dem Problem der Bohrlochmessung während des Bohrprozesses wird in der Sowjetunion und den USA bereits seit über 15 Jahren gearbeitet. Wegen ihrer großen technisch-ökonomischen Bedeutung muß diese Entwicklungsrichtung als sehr aussichtsreich beurteilt werden, obwohl die bisher entwickelten Verfahren nur in beschränktem Umfang kommerziell genutzt werden. Bohrlochmessungen während des Bohrens bieten folgende Vorteile:

1. Reduzierung der Stillstandszeiten der Bohranlage,
2. Schnellster Informationsgewinn über die durchteuften Gesteinsformationen,
3. Gewinnung von Meßwerten aus dem noch nicht von der Spülung infiltrierten Gebirge,
4. Ermöglichung der Vermessung von schwer oder nicht befahrbaren Havarie- und Richtbohrungen.

Gegenwärtig sind nur einfache Standardverfahren (z. B. Gamma- oder Widerstandsmessungen) ausführbar. Das erfolgt mit Hilfe von im oder auf dem unteren Teil des Gestänges angebrachten oder durch das Gestänge und die Meißeldüsen hindurchgespülten Meßfühlern. Die *Meßsignale werden auf elektrischem Wege* über das Gestänge oder das Gebirge (evtl. mit Hilfe zwischengeschalteter Verstärkerstufen) *oder hydraulisch* durch Druckimpulse über die Spülungssäule *übertragen* und über Tage als Bohrlochmeßkurve aufgezeichnet, oder sie werden auf einem in Sohlennähe befindlichen Magnetbandgerät registriert, das beim Gestängeausbau herausgenommen wird (vgl. z. B. Molčanov/Žuvagin 1971).

Der Gewinnung von Informationen über das Gesteinsprofil simultan zum Bohrfortschritt dienen auch die jüngst mehrfach publizierten Verfahren der Messung der Vibration des Bohrgestänges (Snap- oder „Aqui-Log“, vgl. Raynal u. a., 1973).

### 10.2.7. Nicht-Erdöl-Bohrungen

Im größten Umfang wird die Bohrlochmessung bei der Suche, Erkundung und Förderung von Erdöl und Erdgas eingesetzt. Ihr Einsatz und die Entwicklung auf anderen Gebieten stagnieren jedoch keineswegs.

Auf die Anwendbarkeit vieler für die Erdöl-Erdgas-Erkundung und -Förderung entwickelter Methoden zur Betriebskontrolle von Untergrundspeichern wurde bereits hingewiesen. Auf dem speziellen Gebiet der Errichtung und Überwachung von Kavernenspeichern bzw. Aussolobjekten haben sich Verfahren zur akustischen Ausmessung der Kaverne bewährt (vgl. z. B. Raynal u. a., 1968).

Vielfältig sind die Anwendungen der *Bohrlochmessung in hydrogeologischen Objekten*, das sind hydrogeologische Erkundungsbohrungen, Brunnen, Objekte der sekundären Wasseranreicherung, Schluckbrunnen und Entwässerungsvorhaben (z. B. im Vorfeld von Tagebauen). Neben der Ermittlung des lithologischen Profils mit Ausweis der Grundwasser führenden Horizonte stellt die Bestimmung *dynamischer Parameter* (Nachweis vertikaler und horizontaler Wasserströmungen, Richtung und Geschwindigkeit des natürlichen Grundwasserstroms) die wichtigste Aufgabe der Bohrlochmessung in derartigen Bohrlöchern dar (Internat. hydrolog. decade, Budapest 1969; Matvejev, 1963; Grinbaum, 1965; Repsold/Rülke, 1970). Besondere, noch unzureichend entwickelte und genutzte Potenzen dürften den *kerngeophysikalischen Bohrlochmeßverfahren* innewohnen. Über deren Anwendungsmöglichkeiten liegt ein ausführlicher, den 1970 erreichten Stand widerspiegelnder Bericht vor (Autorenkollektiv, Wien 1971), während eine Gesamtdarstellung der Bohrlochmessung und bohrlochgeophysikalischen Interpretation in der Hydrogeologie bis jetzt leider fehlt.

Für *Bohrlöcher auf Kali, Kohle und Erze* steht — wieder neben der lithologischen Profilgliederung — die mineralspezifische Aussage der Bohrlochmessung zur Ermittlung der Lagerstättenparameter im Vordergrund des Interesses. Auf die bohrlochgeophysikalische Bearbeitung von Kaliflözen durch „Mehrkomponenteninterpretation" wurde oben (10.2.2) bereits hingewiesen. Zum Nachweis von Kohleflözen und ihrer quantitativen Aschegehaltsbestimmung hat sich das dichtegeeichte Gamma-Gamma-Log durchgesetzt (Grečuchin, 1970; Christalle u. a., 1969). Eisenerze werden, soweit möglich, an Hand ihrer magnetischen Eigenschaften nachgewiesen; dem Nachweis und der Fe-Gehaltsbestimmung sedimentärer Eisenerze mittels der hochenergetischen (6,3 MeV) Einfanggammastrahlung dient das spektrale Neutron-Gamma-Log (Lötzsch/Gerstenberger, 1967). Für den Nachweis und die *Metallgehaltsbestimmung* anderer Erze einschließlich Fluorit und Bauxit haben sich vor allem Neutronen-Aktivierungs- und Röntgenfluoreszenz-Messungen bewährt, wie sie u. a. von Chajdarov (1969) beschrieben werden. Auch bei der Erkundung von Steinen und Erden lassen sich Bohrlochmessungen erfolgreich einsetzen (Lehnert u. a., 1969).

Interessante und vielversprechende neue Richtungen stellen die Anwendung der Bohrlochmessung zur *Kontrolle bergbaulicher Objekte* und Vorgänge (Baltosser/Lawrence, 1970) und die Ermittlung bzw. Rekonstruktion geologischer Strukturen sowie sedimentologischer Prozesse und Trends aus Bohrlochmeßergebnissen dar, die von Fons (1969) vorgeschlagen wird. Vor allem die auf letzterem Gebiet eröffneten Möglichkeiten erscheinen weitgehend unausgeschöpft und dürften ohne zusätzlichen technischen Aufwand u. U. eine Fülle neuer geologischer Informationen liefern können, besonders wenn dies mit Mitteln der elektronischen Datenspeicherung und -verarbeitung für größere regionale Einheiten erfolgt. Eine systematische Erforschung und Erprobung dieser Möglichkeiten wurde indessen bisher noch nicht vorgenommen.

## 10.3. Zusammenfassung

Im obigen Text konnten nur einige wesentliche Fortschritte und Entwicklungstendenzen der Bohrlochmessung und Bohrlochgeophysik aufgezeigt werden.

Als wichtigsten Fortschritt der Bohrlochmessung im zurückliegenden Jahrzehnt möchten wir die *Einführung der elektronischen Verarbeitung der Meßdaten einschließlich der digitalen Registrierung und elektrischen bzw. elektronischen Fernübertragung der Meßwerte* herausstellen. Da diese Entwicklung keineswegs abgeschlossen ist, liegt u. E. in der Vervollkommnung hierhergehöriger Verfahren und Methoden auch die wichtigste Entwicklungstendenz.

Als zweitwichtigste Tendenz, die sich erst in Anfängen bemerkbar macht, betrachten wir die Entwicklung und Einführung von Methoden der *kabellosen Bohrlochmessung bzw. Bohrlochmessung während des Bohrens,* da diese zweifellos zu einer bedeutenden Rationalisierung des Meßprozesses führen werden.

Dem Range nach folgen die übrigen, in 10.2.1. angeführten Entwicklungstendenzen. — Die Einführung neuer physikalischer Wirkprinzipien in die Bohrlochmeßpraxis, insbesondere z. B. zur Realisierung fernwirkender Meßverfahren, kann u. U. ebenfalls zu einer aussichtsreichen Tendenz werden. Jedoch fehlen hierfür noch konkrete Hinweise, wenn man von der den Rahmen dieses Berichtes übersteigenden sowjetischen „skvashinnaja geofizika“ (Autorenkollektiv, Leningrad 1971) absieht, die allerdings im wesentlichen auf aus der Feldgeophysik bereits bekannte Wirkprinzipien zurückgreift.

## Literatur

Autorenkollektiv: Nuclear well logging in hydrology. Techn. Reports Series No 126 d. IAEA, Wien 1971.

Autorenkollektiv: Skvashinnaja rudnaja geofizika (Bohrloch-Erzgeophysik, russ.). Leningrad 1971.

Baltosser, R. W. und Lawrence, H. W.: Application of well logging techniques in metallic mineral mining. Geophysics **35** (1970) 1, S. 143—152.

Barlai, Z.: Some principal questions of well logging evaluation of hydrocarbon bearing sandstones with a high silt and clay content ... Log Analyst **12** (1971) 3, S. 7—30.

Bongard, M. M., Guberman, Š. A. u. a.: Lösung geologischer Aufgaben mit Hilfe von Zeichenerkennungsprogrammen (russ.). Sowj. geol. **9** (1966) 7, S. 106—113.

Bulatova, Ž. M., Volkova, E. A. und Dubrov, E. F.: Akustische Bohrlochmessung (russ.). Nedra, Leningrad 1970.

Burke, J. A., Curtis, M. R. und Cox, J. T.: Computer processing of log data improves production in Chavaroo field. J. Petr. Techn. **19** (1967) S. 889—895.

Chajdarov, A. A.: Kernphysikalische Methoden der Analyse von Gesteinen und Erzen (russ.). Fan, Taschkent 1969.

Christalle, H., Tangelst, M. und Turek, W.: Bohrlochmessungen in der Braunkohlenerkundung der DDR. WTI **10** (1969) Sonderheft 3, S. 105—136.

CONNOLLY, E. T.: Handbook of production logging. Can. Petr. (1965); russ. Übersetzung: Nedra, Moskau 1969.

COX, J. W.: The high resolution dipmeter reveals dip-related borehole and formations characteristics. Trans. 11th Symp. SPWLA, Paper „D" (1970).

CRAIN, E. R. und ANDERSON, W. B.: Quantitative log evaluation of the Prairie Evaporite formation in Saskatchewan. 17th Ann. Techn. Meeting, Petr. Soc. of C.I.M., Edmonton 1966.

DANILOV, M. A.: Operative Bearbeitung von Bohrlochmessungen auf EDVA (russ.) VIEMS, serija geofizika, Moskau (1970).

DESBRANDES, R.: Théorie et interprétation des diagraphies. Éditions Technip, Paris 1968.

Einsatz von Methoden der Impuls-Neutronen-Bohrlochmessung unter Verwendung von Neutronengeneratoren in der Geophysik und Erdölgewinnungsindustrie (russ.). Sammelband von RGW-Vorträgen. Moskau 1968.

ELLANSKIJ, M. M. u. a.: Anwendung der mehrfachen Regressionsanalyse in der Erdöl-Erdgas-Geologie und Geophysik (russ.). „Matemat. met. geol.", Sammelband der Vorträge XXIII. geol. Kongreß, Moskau 1968.

FERTL, W. H.: Standard Logkombinationen in Verbindung mit FAL-Interpretationen in Bohrlochmeßverfahren. Erdoel-Erdgas-Ztschr. 84 (1968) 4, S. 121—132.

FERTL, W. H. und HAMMACK, G. W.: A comparative look at water saturation computations in shaly pay sands. Log Analyst 13 (1972) 2, S. 12—20.

FONS, L.: Geological applications of well logs. SPWLA 10th Annual Logging Symposium (1969).

GREČUCHIN, V. V.: Geophysikalische Methoden der Untersuchung von Kohlebohrungen (russ.). Nedra, Moskau 1970.

GRINBAUM, I. I.: Geophysikalische Methoden zur Bestimmung der Filtrationseigenschaften von Gesteinen (russ.). Nedra, Moskau 1965.

GULIN, JU. A.: Akustische und radiometrische Methoden zur Bestimmung der Zementationsqualität von Erdöl- und Erdgasbohrungen (russ.). Nedra, Moskau 1971.

GUYOD, H. und WICHMANN, P. A.: Theoretical notes on the resistivity of shaly sands. Log Analyst 13 (1972) 3, S. 11—16.

HESLOP, A.: Log analysis using a time share computer. CWLS-Journal 8 (1970) 1, S. 123—146.

HOSSIN, A. u. a.: Application to the Hassi-Messaoud Cambrian reservoir of a new quantitative interpretation method for shaly sands. Log Analyst 12 (1971) 5, S. 14—25.

International hydrological decade 1965—1974: Expert meeting on the Co-operative role of hydrogeology and geophysics in ground water exploration, Budapest 1969. (Vorträge von KEYS; GÀLFI u. a.; OGILVY).

KOMAROV, S. G.: Die Apparatur für geophysikalische Bohrlochmessungen (russ.) Geofiz. app. 42 (1970) S. 78—87.

KOMAROV, S. G. u. a.: Über den spezifischen Widerstand der Sandsteine (russ.). Prikl. geofiz. 64 (1971) S. 177—193.

KOZJAR, V. F. und DZEBAN', I. P.: Einfluß von Klüften auf den Charakter der Ausbreitung elastischer Wellen (russ.). Prikl. geofiz. 59 (1970) S. 186—198.

LARIONOV, V. V.: Bohrlochradiometrie (russ.) Nedra, Moskau 1969.

LEHNERT, K.: Zur quantitativen Bestimmung petrophysikalischer Parameter aus Bohrlochmessungen. Geophysik und Geologie, Folge 15 (1970) S. 48—54.

LEHNERT, K., TANGELST, M. und TITA, J.: Zum Einsatz von Bohrlochmessungen bei der Erkundung von Steinen und Erden. WTI 10 (1969) 11, S. 3—14.

LÖTZSCH, W. und GERSTENBERGER, W.: Eine Apparatur für Gammaspektrometrie in Bohrlöchern und erste Ergebnisse. Isotopenpraxis 3 (1967) 9, S. 375—379.

MATUSZAK, D. R.: Stratigraphic, trend studies by electronic computer. World Oil **163** (1966) 2, S. 61–65 u. 92.

MATVEJEV, B. K.: Geophysikalische Methoden zur Untersuchung der Bewegung unterirdischer Wässer (russ.). Gosgeoltechisdat, Moskau 1963.

MOLČANOV, A. A. und ŽUVAGIN, I. G.: Autonome Informations-Meßsysteme für geophysikalische Untersuchungen in Erdöl- und Erdgasbohrungen (russ.) Razv. geof. **44** (1971) S. 82–86.

MORAN, J. H. und ATTALI, G.: Wireline logging operation to 50000 feet. Vortr. VIII. Welterdölkongr. Moskau 1971.

PETKEVIČ, G. I. und VERBICKIJ, T. Z.: Akustische Untersuchungen der Gesteine in Erdölbohrungen russ.) Naukova dumka, Kiev 1965.

PLJUSNIN, M. I.: Induktive Bohrlochmessung (russ.). Nedra, Moskau 1968.

POUPON, A. u. a.: Log analysis of sand-shale sequences — a systematical approach. J. Petr. Techn. **22** (1970) 7, S. 867–881.

POUPON, A., HOYLE, W. R. und SCHMIDT, A. W.: Log analysis in formation with complex lithologies. J. Petr. Techn. **23** (1971) 8, S. 995–1005.

RAYNAL, J. u. a.: New logging tool sees, maps underground. Oilweek **19** (1968) 39, S. 12.

RAYNAL, J. u. a.: Diagraphie instantanée en forage — l'Aquilog et quelques applications possibles. Rev. Ass. Fr. Techn. Pétrole No 220 (1973) S. 31–41.

REPSOLD, H. und RÜLKE, O.: Der Flußmesser, ein Gerät zur Bestimmung von Wasserzuflußmengen in Brunnen. Beih. geol. Jb. **98** (1970) S. 95–105.

ROPER, W. A. und JONES, V. A. JR.: Improved simultaneous determination of formation properties from well logs. J. Petr. Techn. **21** (1969) S. 827–835.

SARKISOV, I. K.: Der elektrische Verbindungskanal von der Bohrlochsohle zur Oberfläche. Razv. geof. **42** (1970) S. 131–135.

VENDELŠTEJN, V. JU.: Untersuchung der Profile von Erdöl- und Erdgasbohrungen mit der Eigenpotentialmethode (russ.). Nedra, Moskau 1966.

ZEL'CMAN, P. A.: Konstruktion von Apparaturen für geophysikalische Bohrlochmessungen (russ.). Nedra, Moskau 1968.

ZEMANEK, J. u. a.: The Borehole Televiewer — a new logging concept for fracture location and other types of borehole inspection. J. Petr. Techn. **21** (1969) 6, S. 762–774.

# 11.

# Fortschritte der Petrophysik[1]

*Die Petrophysik als Wissenschaft von den physikalischen Eigenschaften der Gesteine* beschäftigt sich mit den theoretischen Grundlagen, den Methoden der Meßwertgewinnung, der Meßwertbearbeitung, der Meßwertdarstellung und der praktischen Verwendung der petrophysikalischen Parameter bzw. Werte. Der Begriff „Petrophysik" beinhaltet *alle* physikalischen Parameter der Gesteine und umfaßt inhaltlich das, was in der russisch-sprachigen Literatur unter „fizičeskaja svoistva" und in der englisch-sprachigen Literatur unter „physical properties of rocks" zusammengefaßt wird.

Obwohl die *Petrophysik sowohl eine wissenschaftliche Teildisziplin der Petrographie* (Laborpetrophysik, Modellpetrophysik) *als auch der Geophysik* (Bohrlochpetrophysik, Feldpetrophysik) ist, werden die petrophysikalischen Forschungs- und Routinearbeiten vorwiegend in Betrieben und Instituten der Geophysik, also bei den wesentlichsten Nutzern petrophysikalischer Meßergebnisse durchgeführt. Dadurch ist die Entwicklung der Petrophysik unmittelbar mit der Entwicklung der Feldgeophysik, Bohrlochgeophysik und Observatoriumsgeophysik verbunden. Diese enge Bindung zur angewandten Geophysik bestimmte eindeutig den Fortschritt der Petrophysik in den letzten Jahren. Auch weiterhin werden, insbesondere in der Erdöl- und Erdgaserkundung, die praktischen Forderungen der Geophysik perspektivisch und prognostisch die zu bearbeitenden petrophysikalischen Themen beeinflussen.

Da die Geophysik zunächst in geologisch weniger kompliziert aufgebauten Gebieten mit Hilfe relativ einfacher Feldapparaturen und Bearbeitungs- und Auswertemethoden tätig war, bedurfte sie zunächst kaum der Petrophysik. Der Vergrößerung der Erkundungstiefe und der größeren Kompliziertheit der zu untersuchenden geologischen Räume begegnete die Geophysik zunächst mit einer Verbesserung der Apparaturen und Auswerteverfahren. Nachdem es aber offenkundig wurde, daß der nunmehr enorm hohe gerätetechnische Aufwand nur dann ergebnismäßig voll auszuschöpfen ist, wenn die petrophysikalischen Grundlagen für die Projektierung, Reduktion, Korrelation, Bearbeitung, Auswertung und Interpretation der geophysikalischen Messungen möglichst genau bekannt sind, wurde die Entwicklung der Petrophysik etwa von dem Jahr 1955 ab sehr stark forciert.

*Zusammenfassende Darstellungen mit Lehrbuchcharakter* über das Gesamtgebiet der Petrophysik gibt es nicht. Lediglich über die Teildisziplinen Allgemeine Petrophysik und Spezielle Petrophysik liegen einige Bücher vor: Grazianova (1960); Kobranova (1962); Dortman und Oserska (1962); Rzevskij und Novik (1967); Clark jr. (1966, 1969); Gudok, (1970); Turčaninov u. a. (1967); Urasaev (1971).

1 Von M. Kopf.

## 11.1. Klassifizierung der Petrophysik

Es gibt noch keine allgemeingültige Klassifizierung der Petrophysik. Der Fortschritt der Petrophysik hat einen Stand erreicht, der es nunmehr erlaubt, hier eine erste Systematik der Petrophysik zu konzipieren, die primär nach dem Ausgangsmaterial der Datengewinnung und nur sekundär nach den petrophysikalischen Parametern selbst vorgenommen werden soll.

### 11.1.1. Gliederung nach der Datengewinnung, Datenbearbeitung und Datenverwendung

- Theoretisch-physikalische Grundlagen der Petrophysik
- Datengewinnung
  - A. Allgemeine Petrophysik
    - a) Laborpetrophysik
      speziell: Bohrkernpetrophysik
      Spülprobenpetrophysik
      Hochdruck-Hochtemperaturpetrophysik
      Lockergesteinsphysik
      Bodenpetrophysik
      Felsmechanik
      Bodenmechanik
    - b) Bohrlochpetrophysik
    - c) Feldpetrophysik
    - d) Modellpetrophysik
    - e) Theoretische Petrophysik
- Datenbearbeitung
  - B. Spezielle Petrophysik
  - C. Regionale Petrophysik
- Datenverwendung
  - D. Praktische Petrophysik
    speziell: Lagerstättenpetrophysik

### 11.1.2. Gliederung nach den petrophysikalischen Parametern

Die Zahl der physikalischen Parameter, die in der Petrophysik prinzipiell Verwendung finden können, ist sehr groß. Wegen der unmittelbaren Beziehung zur Geophysik ist aber die Zahl der praktisch herangezogenen petrophysikalischen Parameter noch gering. Es zeichnet sich ab, daß künftig in der Petrophysik einige bisher nur selten verwendete physikalische Eigenschaften in Forschung und Praxis vermehrt zum Einsatz kommen, wie z. B. der Mössbauer-Effekt bei der Abschätzung von Fe- und Sn-

Erzgehalten in Gesteinen (GOLDANSKIJ, 1965; HERZBERG und TAMS, 1966; DOLENKO, 1969), die Dielektrizitätskonstante (SCOTT u. a., 1967), das Eigenpotential, die induzierte Polarisation, die Sorptionskapazität (KOZEL, 1971).

Grundsätzlich werden routinemäßig folgende petrophysikalische Parameter speziell für die Belange der Geophysik untersucht:

*Porositäts-Parameter*: Gesamtporosität, Nutzporosität, Effektive Porosität, Porenziffer.

*Dichte-Parameter*: Korndichte, Trockenraumdichte, Lufttrocken-Raumdichte, Naß-Raumdichte, Teilsättigungs-Raumdichte, Sättigungs-Raumdichte, Blockdichte.

*Petroakustische Parameter*: Trocken-Schallgeschwindigkeit, Teilsättigungs-Schallgeschwindigkeit, Sättigungs-Schallgeschwindigkeit, Absorption und Anisotropie der longitudinalen und transversalen Wellen bei Zimmerbedingungen und bei erhöhtem einaxialem oder dreiaxialem Poreninnendruck und Porenaußendruck und bei erhöhten Temperaturbedingungen.

*Petromagnetische Parameter*: Suszeptibilität, Remanenz, Anisotropie, CURIE-Temperatur.

*Radioaktive Parameter*: Eigenradioaktivität der $\alpha$-, $\beta$ und $\gamma$-Strahlung, linearer radioaktiver Absorptionskoeffizient, $\gamma$-Spektrometrie.

*Petroelektrische Parameter*: Spezifischer elektrischer Widerstand, Anisotropie, elektrische Polarisation, Dielektrizitätskonstante, Eigenpotential, induzierte Polarisation, Sorptionskapazität.

*Petrothermische Parameter*: Wärmeleitfähigkeit, spezifische Wärme, Temperaturleitfähigkeit.

*Permeabilitäts-Parameter*: Absolute Permeabilität, effektive Permeabilität, relative Permeabilität, Kapillarität.

Auf der Grundlage einer funktionellen Beziehung werden aus diesen petrophysikalischen Meß-Parametern einige andere petrophysikalische Parameter „berechnet" (Schallhärte, $E$-Modul, POISSON-Zahl, Reflexionskoeffizient, Emissionskoeffizient, $K$-Faktor $\frac{v_p}{v_s}$, Formationsfaktor, Widerstandsindex, Koenigsberger Quotient, Wärmekapazität). In letzter Zeit werden die berechneten petrophysikalischen Parameter immer mehr in das Untersuchungsprogramm der Petrophysik einbezogen. In der Praktischen Petrophysik speziell als Hilfsmittel der Feldgeophysik und der Bohrlochgeophysik nehmen z. Z. die „berechneten" petrophysikalischen Parameter den gleichen Raum ein wie die noch vor Jahren dominierenden „direkt gemessenen" petrophysikalischen Parameter.

## 11.2. Theoretisch-physikalische Grundlagen der Petrophysik

Die theoretisch-physikalischen Grundlagen der Petrophysik werden bisher von der Petrophysik selbst nicht bearbeitet. Im allgemeinen werden die von der Physik, Chemie und Physikalischen Chemie bekannten Daten übernommen. Daß in Zukunft eine intensivere Übertragung der allgemeinen physikalischen Gesetzmäßigkeiten auf die spezielle Problematik der Petrophysik erfolgen sollte, zeigen die Arbeiten zur Klassifikation und Benennung der Gesteinsdichte von KOPF (1966) und zur Einführung des verbindlichen internationalen Einheitensystems in die Petrophysik von TURČANINOV u. a. (1967).

## 11.3. Allgemeine Petrophysik

*Die Allgemeine Petrophysik ist die Wissenschaft von der Methodik zur Bestimmung der physikalischen Eigenschaften der Gesteine,* wobei das Ausgangsmaterial für die Datengewinnung sehr verschieden sein kann.

### 11.3.1. Laborpetrophysik

Die klassische Methode der Gewinnung petrophysikalischer Daten ist die laborative Untersuchung von Gesteinsproben, die aus dem natürlichen Gesteinsverband herausgenommen sind; überwiegend von Bohrkernen (*Bohrkernpetrophysik*), von Proben aus Steinbrüchen, Felsanschnitten, Schürfen, Schächten, neuerdings interessanterweise auch von Spülproben (*Spülprobenpetrophysik*; TRUSHEIM, 1956, beschreibt die Einrichtung eines fahrbaren petrophysikalischen Spülprobenlabors) und notwendigerweise in immer steigendem Maße auch von Böden (*Bodenpetrophysik*; RENGER, 1970, gibt Anwendungsbeispiele bodenphysikalischer Kennwerte in der Bodenkartierung, Landwirtschaft und Hydrogeologie; NERPIN und CUDNOVSKIJ, 1967, beschreiben Methodik und Ergebnisse von Untersuchungen der elastischen, radioaktiven und thermischen Eigenschaften der Böden).

Bei Bohrkernen werden durch die Probeentnahme die in situ herrschenden Druck- und Temperaturbedingungen verändert. *Es ist eine der Hauptaufgaben der Petrophysik, die Beziehung zwischen petrophysikalischen Parametern und den verschiedenen Druck- und Temperaturbedingungen zu untersuchen.* Die *Hochdruck- und Hochtemperaturpetrophysik* ist der Zweig der Laborpetrophysik, der in den letzten Jahren am stärksten entwickelt wurde (AVČJAN 1972). Hierbei genügt die Simulierung des Überlagerungsdruckes allein nicht mehr, vielmehr muß noch der Poreninnendruck Berücksichtigung finden. So kann mit einem Gerät nach AVČJAN u. a. (1968) ein äußerer Druck bis 2500 kp/cm² und ein innerer Porendruck bis 900 kp/cm² erzeugt werden. Als Art der Belastung (möglich sind Druck, Zug, Biegung, Scherung) hat sich allgemein eine Druckbelastung durchgesetzt, während sich der Spannungszustand immer mehr von einer einaxialen zu einer dreiaxialen Druckübertragung hinwendet. In den letzten Jahren mehren sich die Angaben über Geräte, mit denen die Möglichkeit besteht, mit Hilfe von nur einer *Komplex-Hochdruck-Hochtemperaturkammer* mehrere petrophysikalische Parameter an einer Gesteinsprobe während eines Meßvorgangs zu bestimmen (AVČJAN u. a., 1967; PETORV, 1968). Hochdruck- und Hochtemperaturmessungen werden insbesondere auf dem Gebiet der Petroakustik durchgeführt. Hierbei zeigt es sich, daß die Schallgeschwindigkeit longitudinaler Wellen mit der Erhöhung des Druckes zu- und mit Erhöhung der Temperatur abnimmt (Abb. 59).

Durch eine Vielzahl von Laboruntersuchungen wurde der druck- und temperaturbedingte teufenabhängige Verlauf insbesondere der Schallgeschwindigkeit longitudinaler Wellen von einzelnen Gesteinsarten ermittelt, wobei die porösen Sedimentite (Abb. 60) eine wesentlich höhere Zunahme der Schallgeschwindigkeit longitudinaler

Wellen mit der Tiefe erkennen lassen als die nichtporösen Sedimentite (Abb. 60), die Tuffgesteine (Abb. 61), die Vulkanite (Abb. 61), die Magmatite (Abb. 62) und die Metamorphite (Abb. 62). Die Zunahme der Schallgeschwindigkeit longitudinaler Wellen setzt sich in abgeschwächter Form im oberen Mantel fort (Abb. 63).

Da das Gestein ein echtes mehrphasiges System — bestehend aus mono- oder polymineralischer fester, flüssiger oder gasförmiger Phase — darstellt, ist die Erfassung der petrophysikalischen Parameter für die Belange der Geophysik, insbesondere für die Ermittlung der Abhängigkeit der physikalischen Eigenschaften der Gesteine von Druck und Temperatur nur dann exakt, wenn die *in situ-Sättigung* Berücksichtigung findet. Es muß festgestellt werden, daß diese Forderung in der Petrophysik noch nicht genügend beachtet wird. So sind insbesondere die Fragen der Restwassersättigung, der absoluten Trocknung, der absoluten Sättigung, der Teilsättigung und des Haftwassers noch nicht gelöst. Besonders groß ist der Einfluß des Anteils und der stofflichen Zusammensetzung des den Porenraum füllenden Sättigungsmediums (ins-

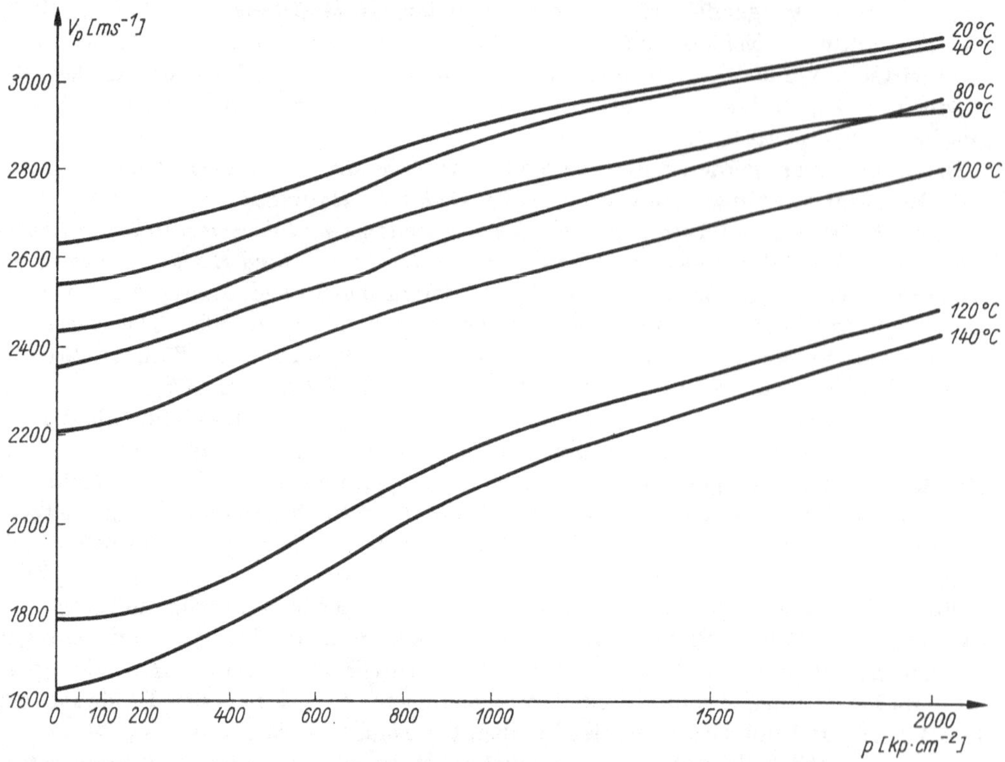


*Abb. 59. Die Abhängigkeit der Schallgeschwindigkeit longitudinaler Wellen von der Druckbelastung bei verschiedenen Temperaturen (Sandstein, feinkörnig, Porosität ~ 20%, gesättigt mit 20%iger NaCl-Lösung)*

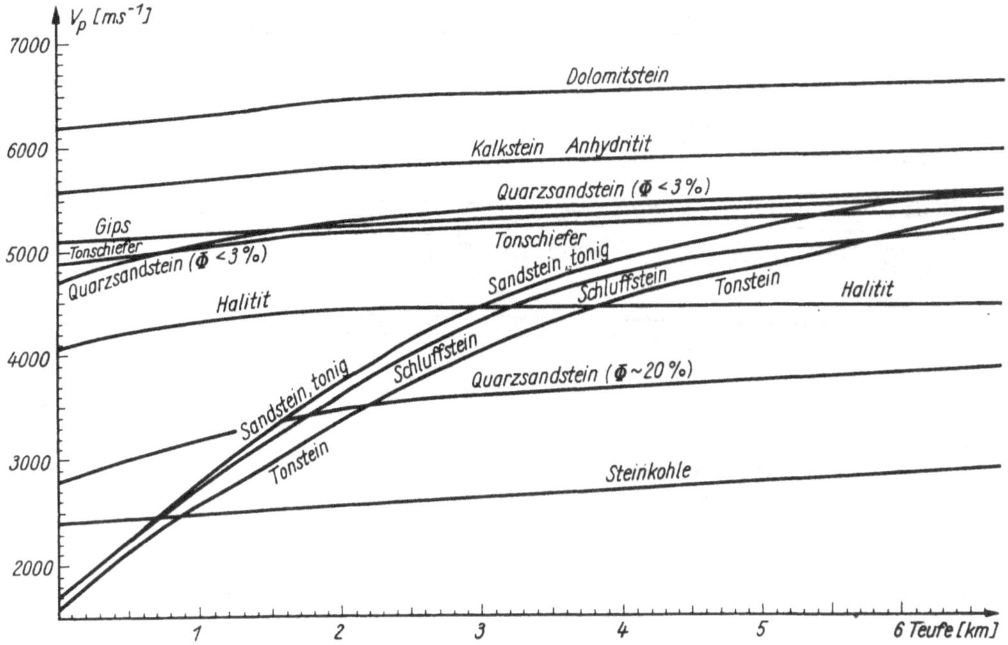


**Abb. 60.** *Der teufenabhängige Verlauf der Schallgeschwindigkeit longitudinaler Wellen für Sedimente und Sedimentite (Sättigungsschallgeschwindigkeit; für die jeweilige Teufe wurde der Überlagerungsdruck berücksichtigt)*

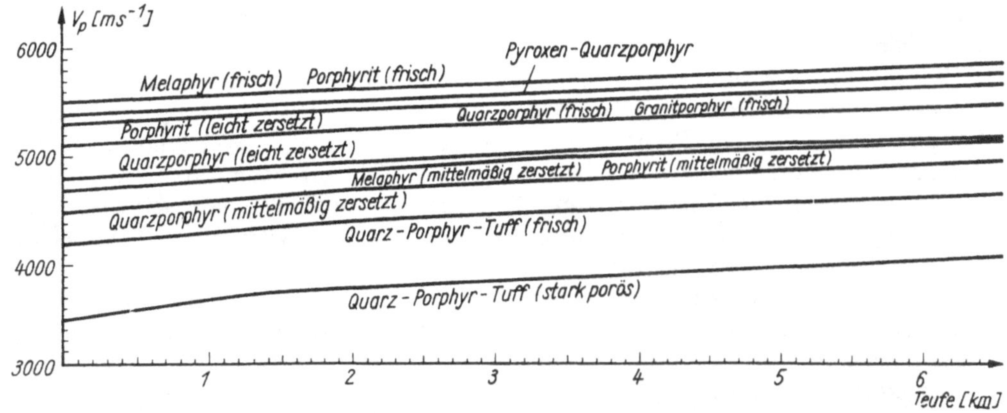


**Abb. 61.** *Der teufenabhängige Verlauf der Schallgeschwindigkeit longitudinaler Wellen für Tuffgesteine und Vulkanite (für die jeweilige Teufe wurde der Überlagerungsdruck berücksichtigt)*

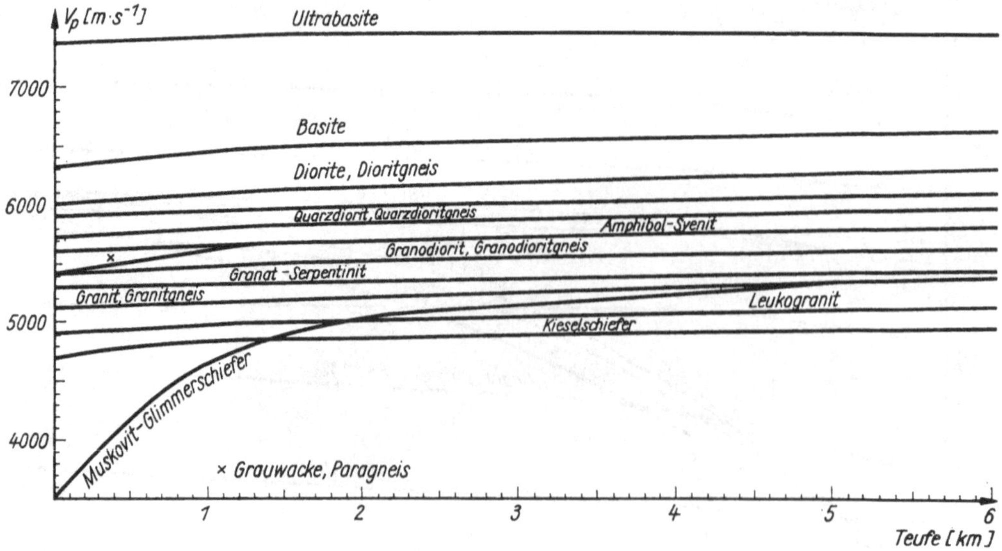


*Abb. 62. Der teufenabhängige Verlauf der Schallgeschwindigkeit longitudinaler Wellen für Magmatite und Metamorphite*
*(für die jeweilige Teufe wurde der Überlagerungsdruck berücksichtigt)*

besondere der Mineralisation der Sättigungsflüssigkeit) auf den spezifischen elektrischen Widerstand, die Dichte (Abb. 64) und die Schallgeschwindigkeit longitudinaler Wellen (Abb. 65), wobei bei letzterem Parameter durch Laboruntersuchungen bei der Sättigung 20—50% ein Minimum im sättigungsabhängigen Verlauf der Schallgeschwindigkeit beobachtet werden kann.

Demgegenüber wird in letzter Zeit der unmittelbaren Untersuchung der petrophysikalischen *Anisotropie* eine besondere Aufmerksamkeit geschenkt (Hurtig, 1968). Bei petrophysikalischen Routineuntersuchungen hat es sich allerdings noch nicht durchgesetzt, die Messungen in einer definierten Gefügerichtung vorzunehmen und anzugeben. Auch die Anisotropie der Schallgeschwindigkeit longitudinaler Wellen ist abhängig von Druck und Sättigung. So kann die größte Variation der Anisotropie $v_p$ bei absolut trockenen Gesteinen (Abb. 66, I) beobachtet werden, während unter erhöhtem Druck meist ein Anisotropiekoeffizient $< 1.1$ ermittelt wird (Abb. 66, III).

Die Methodik der Bestimmung der *Porosität* hat sich in letzter Zeit nur wenig geändert. Neu ist ein Verfahren zur Bestimmung der Porosität des Bohrschlammes (Masjukov, 1967), der Spülproben mit Hilfe von Dünnschliffuntersuchungen (Gees, 1966) und der Gesteine aufgrund von Abgüssen der Porenräume (Langa und Casian, 1963).

Auch die zur Bestimmung der *Dichte* vorwiegend angewendete Methodik der Auftriebswägung hat sich nur geringfügig verändert. So sind die Waagen verbessert,

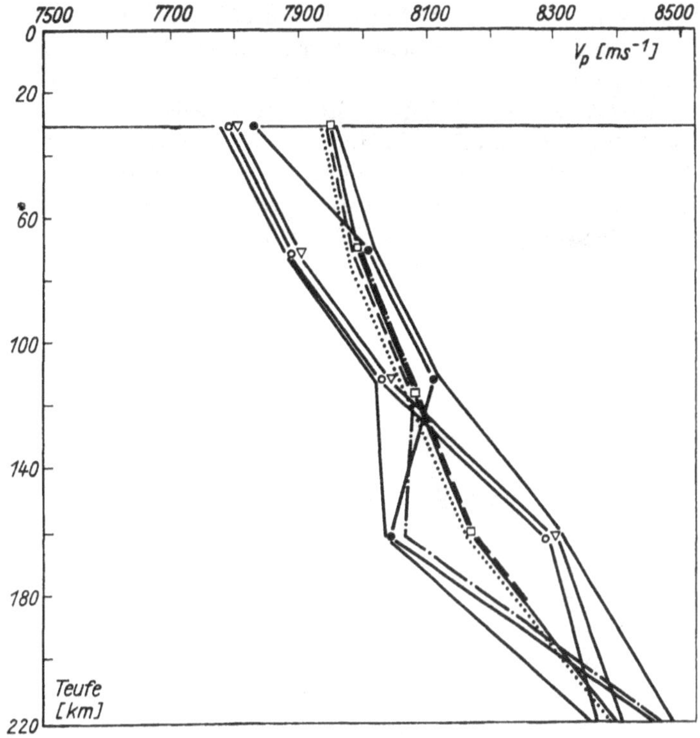


*Abb. 63. Der teufenabhängige Verlauf der Schallgeschwindigkeit (verschiedene $V_p$-Profile) für den oberen Mantel im Gebiet der japanischen Inseln und der Kurilen (n. S. A. FEDOTOV u. a., 1964)*

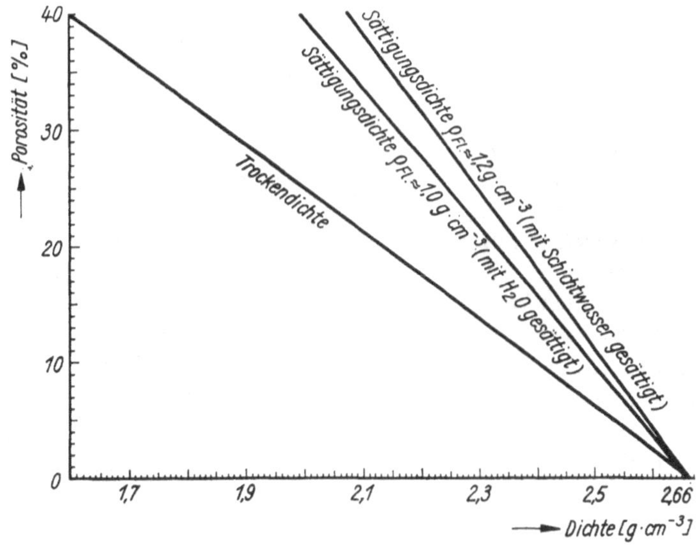


*Abb. 64. Der Einfluß der Sättigung auf die Dichte beim Quarzsandstein (> 90% Quarz)*

indem sog. „Densitometer" gebaut wurden, bei denen nach rascher Wägung die Dichte sofort an der Skala abgelesen werden kann (Rzewucki und Smolinski, 1968). Der Nachteil dieser Densitometer ist die geringe Höchstbelastung, die nur sehr kleine Gesteinsproben von < 120 g zur Messung zuläßt. Im VEB Geophysik der DDR wurden mit Erfolg oberschalige Präzisionswaagen mit Taraausgleich eingesetzt, bei denen ohne Gewichte und ohne manuelle Tarierung gearbeitet werden kann. Von praktisch nur geringer Bedeutung ist der Austausch des Paraffins gegen eine Gummilösung bei der Naßwägung (Abrol und Palta, 1968).

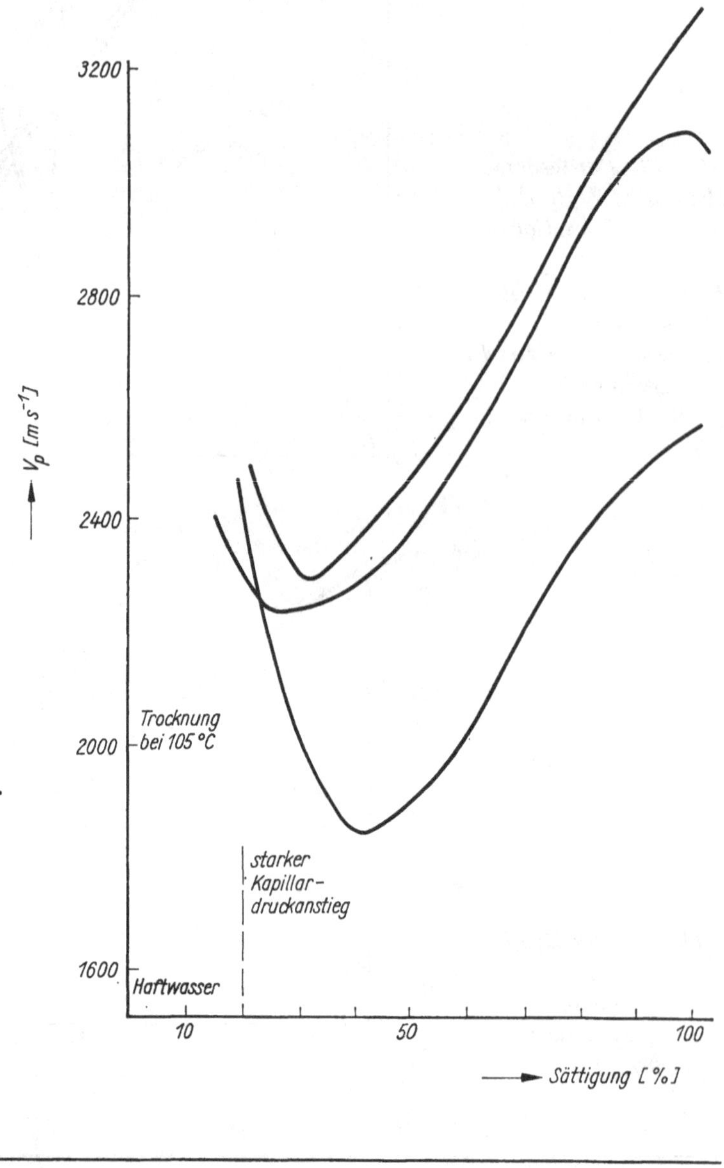


*Abb. 65. Der Einfluß der Sättigung auf die Schallgeschwindigkeit longitudinaler Wellen (Quarzsandstein mit ca. 20% Porosität; entsättigt mit Hilfe der Zentrifuge oder bei der unteren Kurve durch Austrocknung; Schallgeschwindigkeitsmessung unter atmosphärischen Bedingungen)*

*Abb. 66. Der Anisotropiekoeffizient in Abhängigkeit von Geschwindigkeit, Sättigung und Druck*

*I. Anisotropiekoeffizient von absolut trockenen, nicht geschieferten, wenig geschichteten Proben, gemessen unter atmosphärischen Bedingungen*

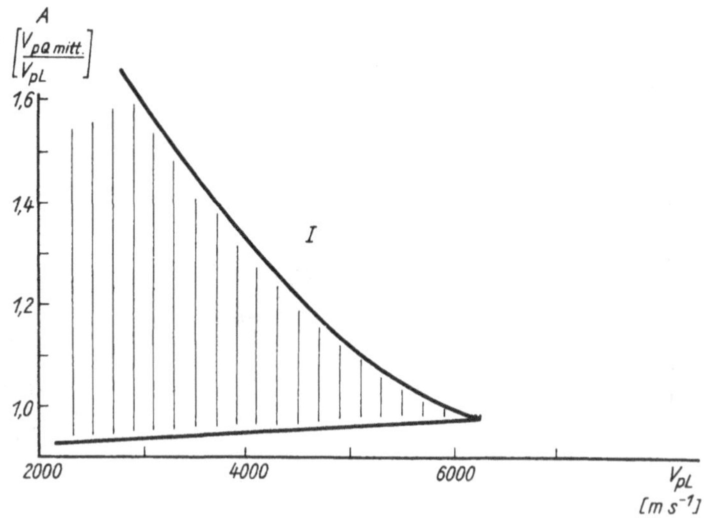


*II. Anisotropiekoeffizient von absolut gesättigten, nicht geschieferten, wenig geschichteten Proben, gemessen unter atmosphärischen Bedingungen*

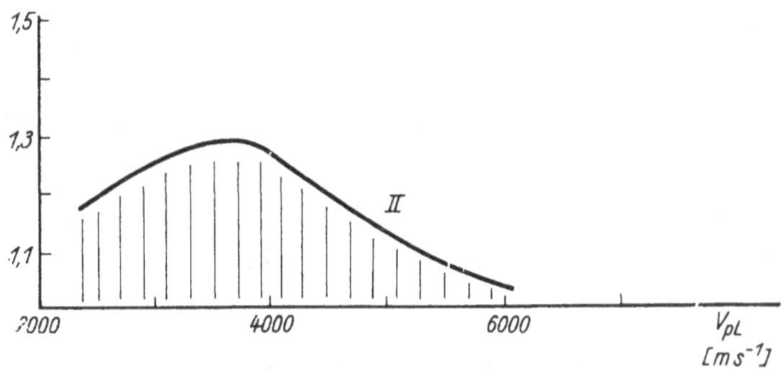


*III. Anisotropiekoeffizient von absolut gesättigten, nicht geschieferten, wenig geschichteten Proben, gemessen unter Überlagerungs-Druck-Bedingungen entsprechend der Teufe*

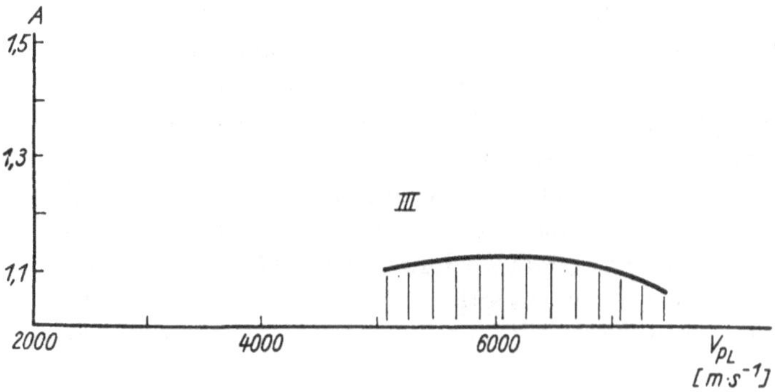

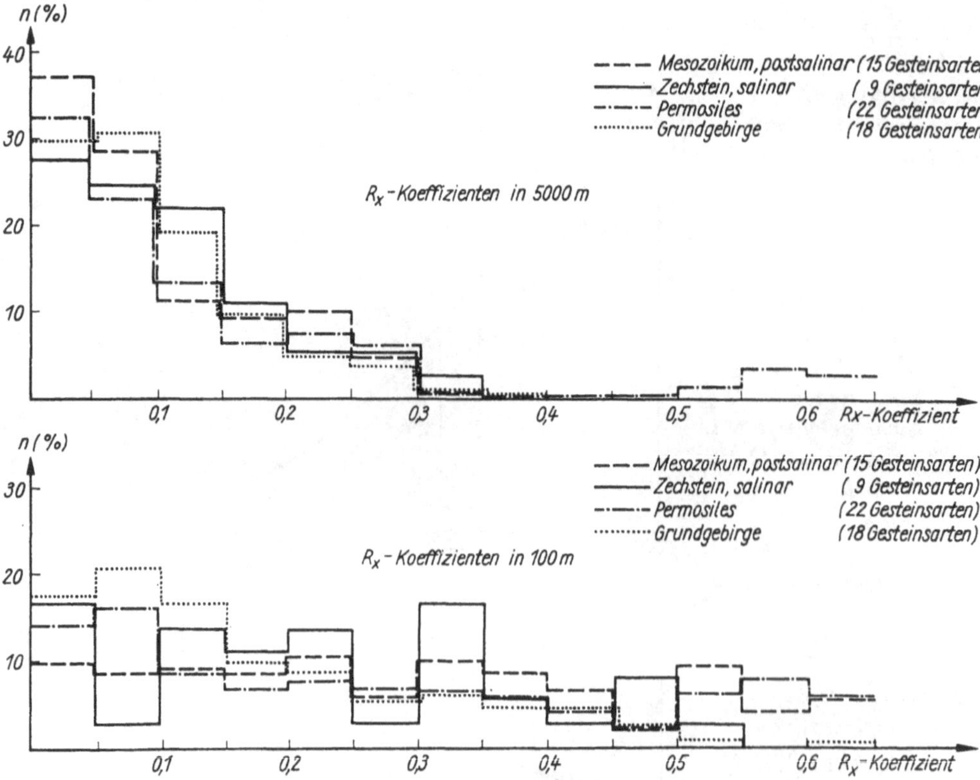


*Abb. 67. Prozentuale Verteilung des Reflexionskoeffizienten für verschiedene stratigraphische Einheiten im Tafeldeckgebirge*

Sehr große Fortschritte hat in letzter Zeit die Untersuchungsmethodik zur Bestimmung der *petroakustischen Parameter* gemacht, wobei zur Ermittlung der Schallgeschwindigkeit fast durchweg die Ultraschallimpulsverfahren eingesetzt werden. Als Meßgeräte finden Verwendung sowohl handelsübliche Apparate (in der DDR führte WAGNER, 1967, das sog. Fehlerortungsgerät der Fa. VEB Funkwerk Dresden in die Petrophysik ein, das bei einer Meßfrequenz bis 8 MHz auch die Untersuchung sehr dünner Scheiben zuläßt) als auch speziell für die Belange der Petrophysik konstruierte Apparate (RENTSCH und KROMPHOLZ, 1961; SCHRAGE und SCHUPPE, 1969; KUNORI u. a., 1969; DZABAN, 1970). Es wurde die Schallgeschwindigkeitsbestimmung an Lockergesteinen gerätetechnisch verbessert (BELINSKIJ u. a., 1969) und eine Automatisierung durch digitale Registrierung erreicht (THILL und BUR, 1969). Nachdem bisher vorwiegend die Schallgeschwindigkeit longitudinaler Wellen in der Petrophysik Verwendung fand, werden gegenwärtig Methoden entwickelt, mit deren Hilfe an

Gesteinen die *Schallgeschwindigkeit transversaler Wellen* zu erfassen ist (PESELNICK und WILSON, 1968). Da die seismische Erkundung immer mehr zur Anwendung dynamischer Parameter übergeht, ist ein Zentralthema petroakustischer Forschungsarbeiten z. Z. die Bestimmung der *Absorption* von Schallwellen in Gesteinen. Eine umfangreichere Literaturübersicht über den Absorptionskoeffizienten geben ATTEWELL und RAMANA (1966). Intensiver wurde untersucht die Abhängigkeit der Absorptionskoeffizienten von der Meßfrequenz (MERKULOVA, 1966; GORBATOVA, 1969; SCHÖN und STOLL, 1970; GARANIN, 1970), vom Gefüge (HURTIG u. a., 1967), von der Sättigung (APPA, 1967) und vom Druck (PETKEVIČ, 1966).

Den Erfordernissen der Seismik entsprechend wird die Berechnung der petroakustischen Parameter *Schallhärte, Reflexionskoeffizient und K-Faktor* immer mehr routinemäßig ausgeführt. Dabei wurde offenkundig, daß der Reflexionskoeffizient zwischen den einzelnen Gesteinsarten für verschiedene Formationen nach der Teufe abnimmt (Abb. 67), so daß dadurch die $R_x$-seismische Erfassung tiefer liegender Horizonte sehr erschwert wird (KOPF, 1969). Die Untersuchung des $K$-Faktors läßt insbesondere für die oberen 5 km eine teufenabhängige Abnahme erkennen, während im

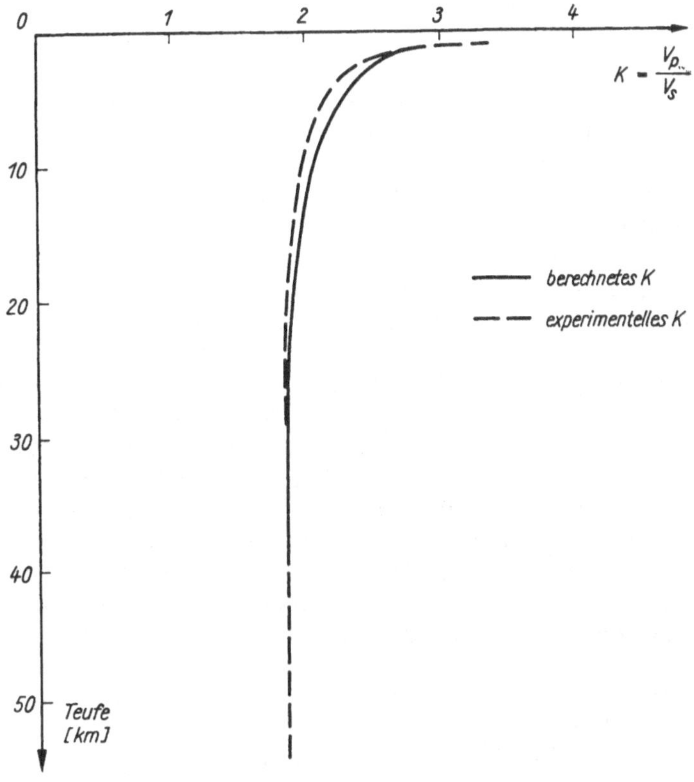


*Abb. 68. Der teufenabhängige Verlauf des K-Faktors in der Erdkruste (n. N. K. BULIN, 1968)*

oberen Erdmantel mit einem ordinatenparallelen Verlauf gerechnet werden muß (Abb. 68).

Die Messung der *petroelektrischen Parameter* wurde jahrelang von der Petrophysik vernachlässigt, da die Anwendung der petroelektrisch erzielten Ergebnisse in der Feld-Geoelektrik nicht möglich schien. Erst die Forderung der Bohrlochgeophysik, anhand bohrlochelektrischer Daten die Porosität und die Erdöl-Erdgas-Sättigung quantitativ anzugeben, ließ die Untersuchungsmethoden der Petroelektrik wieder beleben. Eine umfassende Darstellung der petroelektrischen Eigenschaften liegt in russischer Sprache (PARCHOMENKO, 1965) und in die englische Sprache übersetzt und erweitert (PARCHOMENKO, 1967) vor. Seitdem sind gerätetechnische Weiterentwicklungen nur geringfügig vorgenommen worden. Nach wie vor ist festzustellen, *daß der spezifische elektrische Widerstand als einzelner Parameter kaum Verwendung findet und nur in Verbindung mit anderen petrophysikalischen Größen in Form des Formationsfaktors und des Sättigungsindex speziell zur Auswertung und Interpretation bohrlochelektrischer Parameter herangezogen wird.* Besonders groß ist der Fortschritt zur Bestimmung des petrophysikalischen Parameters „*Sättigungsindex*“ $S_w^n = \frac{R_0}{R_t}$. KOTOV (1969) vergleicht die bis dahin eingesetzten Methoden zur Bestimmung des Sättigungsindex und gibt von den möglichen Verfahren der Entsättigung (Wasserfluten trockener Proben, Zentrifugieren nasser Proben, Kapillardruckmethode) den beiden letzteren den Vorzug. Um den natürlichen Bedingungen nahe zu kommen, werden auch die petroelektrischen Parameter unter erhöhten Druck- und Temperaturbedingungen gemessen (MOISEENKO, 1970, DVOŘAK, 1971). Als weitere petroelektrische Parameter finden — allerdings noch untergeordnet — Verwendung die Dielektrizitätskonstante (SCOTT u. a., 1967), das Eigenpotential, die induzierte Polarisation und die Sorptionskapazität (KOZEL, 1969).

Der komplexen Untersuchung der *petromagnetischen Parameter* wird leider noch nicht die Aufmerksamkeit geschenkt, die ihr zukommt. Dabei hat es sich gerade in letzter Zeit bei dem Vergleich von Ergebnissen der Störkörperberechnungen und der Bohrungen gezeigt, *daß die Kenntnis der Suszeptibilität allein nicht ausreicht, um die Deutung geomagnetischer Resultate den Genauigkeitsansprüchen entsprechend vorzunehmen.* Die Messung der Suszeptibilität wird in der DDR nach wie vor mit der geomagnetischen Feldwaage (FANSELAU, 1962), einem Spulenmeßgerät (POHLERS, 1966) und bei besonders hoher Empfindlichkeit mit einem astasierten Torsions-Suszeptometer (SCHMIDT, 1959/60) durchgeführt. Bemerkenswert auf dem Gerätesektor der Petromagnetik sind Entwicklungen von drei Apparaturen im Ústav Užité Geofiziky Brno (CSSR): Kappameter KF 2 für Suszeptibilitätsbestimmung, Meßbrücke KL-1 zur Messung der Suszeptibilität und der Anisotropie, Rock-Generator JR-2 zur Messung der Remanenz und Astatisches Magnetometer AM-1 zur petromagnetischen Komplexuntersuchung an unregelmäßig geformten Proben (JELINEK, 1969). Über die Fortschritte der Paläomagnetik s. „Physik des Planeten Erde“ (Berlin 1975), Kapitel 10.

Eine Darstellung über die Meßmethoden der Eigenradioaktivität liegt in deutscher Sprache von BARANOV (1959) und von THIELE (1971) vor. In verschiedenen, überwiegend nicht geowissenschaftlichen Institutionen sind in letzter Zeit Geräte entwickelt worden, die von der Petrophysik bereits übernommen wurden oder noch werden. *Besonders bei der Erfassung von Störungszonen* (LAUTERBACH, 1968) *und für die Untersuchung petrogenetischer Probleme* (LAUTERBACH, 1964) *hat sich die Methode der Radium-Metallometrie* (γ-Spektrometrie) erfolgreich in der Praxis durchgesetzt.

Der Ermittlung der *petrothermischen Parameter* wird in letzter Zeit auch hinsichtlich der Geräte mehr Aufmerksamkeit geschenkt. SCHUSTER (1968) beschreibt die apparativen und methodischen Entwicklungen der geothermischen Verfahren und zeigt Anwendungsbeispiele in Geologie und Bergbau. DJAKONOV und JAKOVLEV (1969) schildern die Technik der laborativen Bestimmung der Wärme- und Temperaturleitfähigkeit sowie der spezifischen Wärmekapazität nicht nur von Gesteinen, sondern auch von Schichtwasser.

Bei den *petromechanischen Eigenschaften*, die das Verhalten der Gesteine in verschiedenen mechanischen Kräftefeldern charakterisieren, zeichnet sich immer mehr die Tendenz ab, die Petromechanik in die Petrophysik einzuordnen (TURČANINOV u. a., 1967). Dabei muß in nächster Zeit je nach dem Verfestigungsgrad der zu bearbeitenden Proben die Petromechanik unterteilt werden in Felsmechanik, Bohrkernmechanik und Lockergesteinsmechanik mit der speziellen Arbeitsrichtung der Bodenmechanik.

### 11.3.2. Bohrlochpetrophysik

*Die bohrlochphysikalische Meßkurve ist eine kontinuierliche Registrierung petrophysikalischer Parameter unter in situ-Verhältnissen.* Obwohl dadurch eine lückenlose Erfassung der physikalischen Eigenschaften der Gesteine des gesamten Bohrprofils genauer und umfangreicher widergespiegelt wird als durch die laborative Untersuchung an Bohrkernen aus dem gekernten Bereich, ist mit Ausnahme des *Akustiklog, der Bohrlochseismik* (BOSS, 1970; KENNETT und IVESON, 1971), der *Vertikalprofilierung* (DEUBEL, 1968; GALPERIN u. a., 1970), der *Bohrlochgravimetrie* (MC. CULLOH, 1967; LUKAVTSCHENKO u. a., 1970) und der *Bohrlochthermie* (HEDEMANN, 1967; SCHLOSSER, 1970) die Bohrlochgeophysik in petrophysikalischer Sicht nur unvollkommen genutzt. Auf die Grenzen der Verwertbarkeit bohrlochgeophysikalischer Meßergebnisse für die Petrophysik, insbesondere auf die Störeinflüsse während der Messung im Bohrloch und auf die Veränderung des Druck-Temperatur-Sättigungsregimes durch den Bohrvorgang weist LEHNERT (1970) hin. Um die Umsetzung der bohrlochgeophysikalischen Meßergebnisse in solche der Bohrlochpetrophysik weiter voranzutreiben, bedarf es noch umfassender Untersuchungen über die Beziehungen der einzelnen petrophysikalischen Parameter untereinander und vergleichender Studien über bohrlochpetrophysikalische und bohrkernpetrophysikalische Meßergebnisse, wie sie in letzter Zeit von TUNN (1966); DATTA (1967); KARASNIK (1970) und ZSCHERPE (1971) durchgeführt wurden.

### 11.3.3. Feldpetrophysik

*Die Gewinnung petrophysikalischer Daten aus feldgeophysikalischen* — vor allem seismischen, gravimetrischen, geoelektrischen — *Daten erfolgt überwiegend routinemäßig in Verbindung mit den erkundungsgeophysikalischen Arbeiten.* Eine direkte Verwertung für die Belange der Petrophysik, d. h., eine Verknüpfung mit dem Stoff geschieht nur sporadisch (BEREŽNAJA und TELEGIN, 1966; BRJUSOV u. a., 1970; KONJUKA, 1970). Schon umfangreicher ist die Einbeziehung der Ingenieurgeophysik in den Prozeß der Datengewinnung petrophysikalischer Werte (MILITZER und STOLL 1968).

### 11.3.4. Modellpetrophysik

*Eine Abgrenzung der Modellpetrophysik von der Modellgeophysik ist noch nicht erfolgt* und kann wohl auch nur unter Beachtung zahlreicher Grenzfälle möglich sein. Ein wesentlicher Unterschied zwischen diesen beiden Teildisziplinen der Geophysik und Petrophysik besteht darin, daß der Schwerpunkt der *Modellgeophysik* in der Nachbildung *struktureller Veränderungen* und geophysikalischer (profilmäßiger) Erfassung der Inhomogenitäten im Raum liegt, während die *Modellpetrophysik stoffliche Veränderungen* simuliert und petrophysikalisch eine (Einzelwert-) Messung der Inhomogenitäten bei verschiedenen Randbedingungen wie Frequenz, Druck, Temperatur, Sättigung usw. erfolgt. Es zeichnet sich allgemein ab, daß die Verwendung von Fremdmodellen (z. B. Glaskugeln, Kunststoffplatten) die der Eigenmodelle (z. B. Sand, Ton) unbegründet immer mehr in den Hintergrund drängt.

Die umfangreichsten Resultate wurden in den letzten Jahren im Grenzbereich Modellseismik und Modellpetroakustik erzielt, wobei hierüber größere Publikationen mit Monographie-Charakter vorliegen (SCHICK, 1962; ANSORGE, 1964; GÖTHE, 1969; IVAKIN, 1969). Speziell in modellpetrophysikalischer Sicht untersuchen PETROV (1968) Veränderungen der Porosität, der Permeabilität, des spezifischen elektrischen Widerstandes unter *p-t*-Bedingungen bis 250 °C und 1500 atm an Schichtmodellen. SCHÖN (1964) führte modellakustische Untersuchungen zur Erfassung der Abhängigkeit der Schallgeschwindigkeit longitudinaler Wellen von Sättigung, Porosität und Korngröße durch. BEHRENS u. a. (1971) beschreiben modellakustische Untersuchungen an zwei- und dreidimensionalen Modellen.

Immer wichtiger wird die Einbeziehung der Modellpetrophysik bei Untersuchungen anderer geowissenschaftlicher Disziplinen. So ist Voraussetzung für die Wissenschaft von der Entstehung der natürlichen Gesteine, der Petrologie, die Kenntnis des physikalischen Verhaltens der Gesteine unter verschiedenen Druck-Temperaturkombinationen. Die Vorgänge bei der Gesteinsbildung müssen durch Laborexperimente nachgeahmt werden, wobei die zunehmende Verdichtung bei erhöhtem Druck eine besondere Aufmerksamkeit verdient (SCHREYER, 1971).

### 11.3.5. Theoretische Petrophysik

Die Theoretische Petrophysik umfaßt im wesentlichen drei Arbeitsrichtungen.

a) *Die Berechnung der physikalischen Eigenschaften der Gesteine aufgrund der qualitativen und quantitativen Mineralzusammensetzung, der mineralphysikalischen Daten, der qualitativen und quantitativen Porenraumfüllung und der physikalischen Eigenschaften des den Porenraum füllenden Mediums* ist bei petrophysikalischen Parametern mit skalaren Eigenschaften (z. B. Dichte) gut möglich (Kopf, 1967), während bei solchen mit vektoriellen Eigenschaften (z. B. Schallgeschwindigkeit) wegen des Anisotropieeinflusses auch die Struktur des Gesteines Berücksichtigung finden muß, wodurch die Berechnung unsicherer, z. T. unbrauchbar wird. Bei elastischen Eigenschaften erschwert der Einfluß der Korn-Korn-Kontaktbedingungen die theoretische Errechnung. Belikov u. a. (1970) können allerdings nachweisen, daß für polymineralische, wenig poröse Gesteine die berechneten Schallgeschwindigkeitswerte aus dem Volumenanteil der Mineralien und deren elastischen Eigenschaften gut mit den an Proben gemessenen übereinstimmen. Barlai (1970) leistet einen Beitrag zum sog. „Schluffproblem“ in der Bohrlochgeophysik, indem er ein Gesteinsmodell entwickelte, aus dessen sandigen, schluffigen und tonigen Volumenanteilen mit unterschiedlichen mineralelektrischen Parametern und aus dessen Porosität die petroelektrischen Kennwerte zu berechnen sind.

b) *Hinsichtlich der Berechnung eines physikalischen Parameters aus der Kenntnis eines anderen petrophysikalischen Parameters* läßt sich theoretisch ableiten, daß zur komplex-petrophysikalischen Beurteilung eines Gesteins die Kenntnis einiger grundlegender Parameter genügt (Novik, 1968) und daß die z. T. engen Beziehungen zwischen zwei petrophysikalischen Parametern zur theoretischen Ableitung des einen aus dem anderen möglich ist. Schön (1971) untersuchte an porösen Gesteinen die Grundabhängigkeiten der Parameter Schallgeschwindigkeit longitudinaler Wellen, spezifischer elektrischer Widerstand, spezifische Wärmeleitfähigkeit, hydrodynamische Permeabilität unter besonderer Berücksichtigung der Haupteinflußgrößen:

- Eigenschaften der Festsubstanz,
- Eigenschaften des Poreninhaltes,
- Anteile der Phasen und Bestandteile am Gesamtvolumen (Porosität, Sättigungsgrad),
- Wechselwirkungen zwischen Bestandteilen bzw. Phasen (Kontaktbedingungen, Zementation).
- Orientierung und Ausbildung der Phasen und Bestandteile (z. B. Gefüge),
- Lagerungsparameter (Druck, Temperatur, Teufe),
- Meßparameter (z. B. Frequenz).

c) *Die Aufgabe der theoretischen Behandlung bestimmter petrophysikalischer Parameter aufgrund bekannter Theorien* ist es, an statistisch definierten Gesteinsmodellen theoretisch petrophysikalische Parameter abzuleiten, so z. B. die Ermittlung des Volumenausdehnungskoeffizienten aus der Zustandsgleichung der Festkörper oder die strukturanalytische Bestimmung des elektrischen Leitungsmechanismus. Diese Arbeiten werden besonders im Zentralinstitut für Physik der Erde Potsdam der AdW der DDR, durchgeführt, wobei hier ein großer Akzent auf die praktische Überprüfung der theoretisch gewonnenen Ergebnisse durch das hochdruck-hochtemperatur-petrophysikalische Experiment gelegt wird (Stiller, 1971, siehe auch Physik des Planeten Erde, Berlin 1975; Kapitel 8).

## 11.4. Spezielle Petrophysik

*Die Spezielle Petrophysik untersucht die unmittelbaren Beziehungen zwischen Stoff und der physikalischen Wirkung des Stoffes.* Sie deckt die Beziehungen zwischen der Variation der petrophysikalischen Werte und der Variation der Gesteinszusammensetzung, des Gesteinsgefüges, der Druck- und Temperaturbeanspruchung sowie die Beziehungen zwischen den einzelnen petrophysikalischen Parametern untereinander auf. Diese Teildisziplin der Petrophysik ist bisher nur ungenügend entwickelt. So ist insbesondere der Einfluß von Gefüge, Korngröße, Kornbindung, mineralischen Zersetzungserscheinungen auf die physikalischen Eigenschaften noch ungenügend untersucht.

Eine wichtige Vorbedingung für die effektive Bearbeitung von Problemen der Speziellen Petrophysik ist die Verwendbarkeit von *Literaturangaben*, d. h. die Vergleichbarkeit der von verschiedenen Institutionen ermittelten Ergebnisse. *Das Fehlen von Hinweisen über die* — bei der Vielfalt der petrophysikalischen Verfahren — *benutzten meßtechnischen Parameter* wie Sättigung, Temperatur, Druck und die *bisher nur ungenügende petrographische Ansprache* erschweren den Vergleich der erzielten petrophysikalischen Ergebnisse sehr bzw. machen ihn unmöglich und lassen eine Verallgemeinerung nicht zu. *Dadurch verlieren die in der Literatur angeführten petrophysikalischen Angaben jeden Wert.* Leider fand mit dem Anwachsen der Publikationen über die Spezielle Petrophysik diese Erkenntnis kaum Beachtung, so daß der diesbezügliche Fortschritt auf dem Gebiet der Speziellen Petrophysik wesentlich geringer ist, als es nach der Seitenzahl der Veröffentlichungen den Anschein hat.

In dieser Hinsicht *müssen* sich Fortschritte abzeichnen, indem nicht nur der petrophysikalische Wert, sondern auch die Meßmethodik, die wesentlichsten Meßparameter (Außendruck, Poreninnendruck, Temperatur, Sättigungsgrad, Sättigungsflüssigkeit, Frequenz, Ankoppelungsbedingungen), Berechnungsformeln, Probenvorbereitung (Trocknen, Sättigen, Teilsättigen, Entsalzen, Entölen, Ummantelungsmedien bei Prüfkörpern, Parallelität der Prüfkörper, Korngröße bei Probenzerkleinerung), Probengröße, Probenanzahl, Probenzustand, Stratigraphie, regional-geologische Position, Teufe, qualitative und quantitative Mineralzusammensetzung und statistische Parameter (Mittelwert, Extremwerte, Korrelationskoeffizient, Streuung, Regressionskoeffizient) angegeben werden.

Es erscheint unbedingt notwendig, Normative oder Standards nicht nur für die Methodik der Bestimmung der verschiedenen physikalischen Gesteinsparameter, sondern auch für die Datenverarbeitung, insbesondere für die Darstellung der petrophysikalischen Werte zu erarbeiten.

Wie in vielen anderen geowissenschaftlichen Disziplinen hat auch der Einsatz der *Statistik* und der *elektronischen Datenverarbeitung* in der Petrophysik Einzug gehalten. Vichirev (1968a, b) nutzt die Variation der Gesteinsdichte in der Petrographie zur Abschätzung des Homogenitätsgrades aus. Szalai (1964), Elbert und Bronstein (1970) und Rasemann (1971) verwenden Lochkarten zur Speicherung und Auswertung der petrophysikalischen Daten. Es ist abzusehen, daß eine Magnetbandspeicherung die bis 80-spaltige Maschinenlochkarte ablösen wird und daß neben der Datendokumentation und Datenverarbeitung auch die Datengewinnung mit Hilfe des Rechners durchgeführt wird. In der Abt. Petrophysik des VEB Geophysik Leipzig werden bei der petrophysikalischen Datenverarbeitung aufwendige Rechenoperationen mit Hilfe des Computers durchgeführt: Mittelwertbildung für bestimmte petrographische, stratigraphische Einheiten, für bestimmte Teufenintervalle, für Intervalle zwischen den wichtigsten $R_x$-Horizonten; Berechnung von $t_0$-Zeiten, von Schallhärten, von Reflexionskoeffizienten; Regressionsrechnung der $F$-$\varphi$-Beziehung, der $I$-$S_w$-Beziehung; Berechnung synthetischer Seismogramme.

## 11.5. Regionale Petrophysik

Die regionale Darstellung petrophysikalischer Parameter erstreckt sich z. Z. im wesentlichen nur auf die Radioaktivität (z. B. Föhn und Rybach, 1967), auf die flächenhafte Darstellung der Variation der Dichtewerte eines Plutons (Cain, 1964) oder eines Metamorphit-Komplexes (Kopf, 1968). Es zeichnet sich ab, daß die Regionale Petrophysik aufgrund der in das Untersuchungsprogramm einzubeziehenden großen Probenanzahl eine wesentliche Hilfe für die Regionale Petrographie ist, die sich ihrerseits notwendigerweise nur auf eine Stichprobenanalyse beschränken kann. Desweiteren gewinnt die Regionale Petrophysik größere Bedeutung für die Angewandte Geophysik, indem von bestimmten regional begrenzten Gebieten Übersichten z. B. zur petroakustischen Situation angefertigt werden.

## 11.6. Praktische Petrophysik

*Die Praktische Petrophysik beinhaltet die Datenanwendung, d. h. die Verwendung petrophysikalischer Parameter in den verschiedensten geowissenschaftlichen Diziplinen.* Man muß feststellen, daß die Petrophysik hinsichtlich ihrer Anwendung immer neue Räume erschließt. Es soll an dieser Stelle die Einsatzmöglichkeit der einzelnen petrophysikalischen Parameter in Geologie und Geophysik tabellarisch dargestellt werden (Tab. 4).

## 11.7. Entwicklungstendenzen der Petrophysik

Die Petrophysik kann heute gekennzeichnet werden als eine in Forschung und Praxis sich stets erweiternde wissenschaftliche Disziplin. *Die Hauptschwerpunkte der Entwicklung liegen dabei*

- in einer Sortimentserweiterung; d. h. einer Erfassung immer neuer, wenig beachteter petrophysikalischer Parameter,
- in einer Einbeziehung verschiedener Druck- und Temperaturbedingungen in den laborativen Meßvorgang (Intensivierung der Hochtemperatur-Hochdruckpetrophysik);

*Tabelle 4. Die Verwendungsmöglichkeit petrophysikalischer Parameter in Geophysik und Geologie*

| | Porosität | Permea-bilität | Dichte | petro-akustische Parameter |
|---|---|---|---|---|
| Seismik | | | ×× | ××× |
| Gravimetrie | × | | ××× | ×× |
| Geomagnetik | | | | |
| Geoelektrik | × | | | |
| Geothermie | | | | |
| KW-Prospektion | × | × | × | |
| Ra-Metallometrie | | | | |
| Bohrlochgeophysik | ××× | × | ××× | ××× |
| Stratigraphie | × | | × | |
| Fazies | × | | × | |
| Kartierung | | | ×× | |
| Gesteinsgenese | × | | ×× | ×× |
| Diagenese | ××× | × | ××× | ×× |
| Magmagenese | | | ××× | |
| Metasomatose | | | ×× | × |
| Petrographie | ××× | | ××× | × |
| Gesteinsklassifikation | ××× | | ××× | × |
| Gefüge | | × | | ×× |
| Tektonik | ×× | | ×× | ×× |
| Paläographie | × | | × | × |
| Fe-Bestimmung | | | | |

××× sehr gute Anwendungsmöglichkeit
×× gute Anwendungsmöglichkeit
× befriedigende Anwendungsmöglichkeit

| | petro-elektrische Parameter | petro-magnetische Parameter | Radio-aktivität | petro-thermische Parameter |
|---|---|---|---|---|
| Seismik | × | | | |
| Gravimetrie | ×× | | | |
| Geomagnetik | | ××× | | |
| Geoelektrik | × | | | |
| Geothermie | | | | ×× |
| KW-Prospektion | × | | | |
| Ra-Metallometrie | | | × | |
| Bohrlochgeophysik | ××× | × | ××× | ××× |
| | | | | |
| Stratigraphie | | ×× | ××× | |
| Fazies | | × | × | |
| Kartierung | | × | ×× | |
| Gesteinsgenese | | × | | |
| Diagenese | | | | |
| Mamagenese | | × | ×× | |
| Metasomatose | × | ×× | | |
| | | | | |
| Petrographie | × | ×× | ××× | |
| Gesteinsklassifikation | | ×× | ×× | |
| Gefüge | × | × | | |
| Tektonik | | | | |
| Paläographie | | × | | |
| Fe-Bestimmung | | × | ×× | ×× |

— in einer Berücksichtigung der Füllung der Poren mit natürlicher Sättigungsflüssigkeit;
— in einer stets zunehmenden routinemäßigen Ermittlung der sog. „berechneten" petrophysikalischen Parameter (vor allem Schallhärte, Reflexionskoeffizient, $F$-$\varphi$-Beziehung, $I$-$S_w$-Beziehung);
— in einer umfangreicheren Heranziehung der bohrlochgeophysikalischen Meßwerte für die Ermittlung petrophysikalischen Datenmaterials;
— in einer direkten Anwendung feldpetrophysikalischer Verfahren zur Gewinnung petrophysikalischen Datenmaterials;
— in einer zunächst nur zögernden, in einigen Jahren jedoch stark forcierten Anwendung der Modellpetrophysik bei besonderer Heranziehung der Eigenmodelle;
— in einer Erschließung neuer Bereiche der praktischen Anwendung; d. h. die Petrophysik, die bisher vor allem in den geophysikalischen Potentialmethoden Anwendung fand, wird in Zukunft verstärkt in den seismischen, bohrlochgeophysikalischen und nichtgeophysikalischen geowissenschaftlichen Methoden eingesetzt;
— in einer sehr starken Entwicklung der Lagerstättenpetrophysik auf dem Gebiet des Kohlenwasserstoffabbaus.

## Literatur

ABROL, J. P. und PALTA, J. P.: Bulk density determination of soil clods using rubber solution as a coating material. Soil Sci., **106** (1968), 6 465—468.

ANSORGE, J.: Modellseismische Arbeiten II. Teil: Experimentelle Untersuchungen über zweidimensionale Wellenausbreitung im elastischen Halbraum mit und ohne Oberflächenschicht. Veröffentl. d. Landeserdbebendienstes Baden-Württenberg, Stuttgart 1964, 75 S.

APPA, R. A.: Untersuchung der Dämpfung elastischer Wellen in Gesteinen. — Bull. NGRJ 5 Neu-Delhi (1967) 183—194.

ATTEWELL, P. W. und RAMANA, Y. V.: Wave attenuation and internal friction as function of frequency in rocks. Geophysics, Tulsa, **31** (1966) 5, 1049—1056.

AVČJAN, G. M. und MATVEENKO, A. A.: Über die Methodik der komplexen Bestimmung physikalischer Gesteinsparameter bei hohen Drücken. Prikl. Geof. **49** (1967) 164—173.

AVČJAN, G. M., MATVEENKO, A. A. und STEFANKEVIČ, Z. B.: Einfluß des Schichtendruckes auf die physikalischen Eigenschaften von Sandstein. Raz, geof. **26** (1968) S. 82—92.

AVČJAN, G. M.: Physikalische Eigenschaften von Sedimenten bei hohen Drücken und Temperaturen, Verlag Nedra, Moskau 1972, 144 S.

BARLAI, Z.: Same principal questions of well logging evakation of hydrocarbon — beaving sandstones with a high silt (and clay) content. — Trans. 11-th Am. Log. Symp., Los Angeles 1970.

BEHRENS, J., DRESEN, L. und VANIÉK, L.: Modellseismische Untersuchungen an 2- und 3-dimensionalen Testmodellen. I.-Studia geophys. et geol., **15** (1971).

BELIKOV, W. P.: Elastische Eigenschaften der gesteinsbildenden Minerale und der Gesteine. — Izdat. Nauka, Moskau 1970.

BELINSKIJ, B. A., MORIN, D. V., und SINIJ, L. L.: Apparatur und Methode für die Untersuchung der akustischen Eigenschaften rolliger Medien. — Nefti i Gaz, Baku, H. 10 (1969) 3—8.

BEREZNAJA, L. T. und TELEGIN, M. A.: Bestimmung der Dichte aus gravimetrischen Daten. Prikl. geofis 47 (1966) 130—139.

BRJUSOV, B. A. und EPIFANOV, A. A.: Möglichkeiten der Abschätzung der Dichte der Haupthorizonte der Erdkruste nach dem Verfahren der vielfachen Korrelation seismischer und gravimetrischer Daten. Prikl. geofiz. 60 (1970) 135—147.

BOSS, F. E.: How the sonic log is used to enhance the seismic reference service velocity survey. Can. Well logging soc. J., Toronto, 3 (1970) 1, 17—31.

BULIN, N. K.: Werte des Parameters $Vp/Vs$ in der Erdkruste bei Vorhandensein einer Sedimentschicht. Prikl. Geofiz. 52 (1968) 73—82.

CAIN, J. A.: Flächenhafte Variabilität der Dichtewerte eines Granodiorit-Plutons. Am. J. Sci. 4 (1964) 532—540.

CLARK jr., S. P.: Handbook of physical constants. The geol. Soc. of Am. Inc. New York 1966, 587 S. — in russisch: Verl. Mir, Moskau 1969, 544 S.

MC. CULLOH, TH. M.: Borehole gravimetry: New developments and applikations. 7-th congr. Mund. Petrol., Mexiko 1967, PD-6, 85—99.

DATTA, S.: Messungen elastischer Gesteinseigenschaften im Labor und in situ. — Geoexploration 5 (1967) 115—126.

DEUBEL, K.: Vertikalprofilierungen als Hilfsmittel der Erkundungsseismik. Geophysik und Geologie, F. 13 (1968) 23—28.

DJAKONOV, D. J. und JAKOVLEV, B. A.: Bestimmung und Ausnutzung der thermischen Gesteinseigenschaften und der Schichtwässer von Erdöllagerstätten. Izdat. Nedra, Moskau 1969, 116 S.

DOLENKO, A. V., EGIASAROV, B. G., SEMLERUB, L. A., REICHMANN, E. N. und SAPAROSHEZ, W. M.: Versuch zur Ausnutzung des MÖSSBAUER-Effekts zur Schätzung des Zinngehaltes in Bohrungen. Razved. i ochrana nedr 35 (1969) 2, 59—60.

DORTMAN, N. B. und OSERSKA, M. L.: Methodische Anleitung zur Bestimmung der physikalischen Eigenschaften der Gesteine und nutzbarer Minerale. Staatl. wiss.-techn. Verl. d. Erdöl- und Brennstoffliteratur, Moskau 1962, 459 S.

DVORAK, Z.: Temperatur- und Frequenzabhängigkeit der elektrischen Parameter von Gesteinen. Stud. Geophys. et Geodaet., 15 (1971) 82—91.

DZABAN, J. P.: Gerät und Methode für die Untersuchung elastischer und absorbierender Eigenschaften der Gesteine und die Ultraschallmodellierung unter angenäherten Schichtbedingungen. Fiz. Semli 8 (1970) 90—100.

ELBERT, A. J. und BRONSTEIN, A. N.: Die Anwendung von Lochkarten zur Systematisierung und Analysis der Resultate der physikalischen Eigenschaften von Gesteinen. — Geofiz. sbornik, Akad. Nauk Ukrain. CCR, 33 (1970) 78—83.

FANSELAU, G.: Geomagnetische Feldwaagen. Z. f. angew. Geol., 8 (1962) 2, 62—65.

FEDOTOV, S. A., MATVEEVA, N. N., TARAKANOV, R. Z., und JANOVSKAJA, T. B.: Über die Geschwindigkeiten von Longitudinalwellen im oberen Mantel des Gebietes der japanischen Inseln und der Kurilen. Isv. Ak. Nauk, SSSR, Ser. geofiz., H. 8 (1964).

FÖHN, P. und RYBACH, L.: Das Radioaktivitätsprofil Fuorcla da Punteglias. Schweiz. Min. Petr. Mitt., 47 (1967) 581—598.

GALPERIN, E. J. AMIROV, A. N., und TROICKIJ, P. A.: Über die Methode der Wellentrennung bei der seismischen Vertikalprofilierung. — Fiz. Zemli, H. 6 (1970) 92—95.

GARANIN, V. A.: Über die Dämpfungs- und Elastizitätseigenschaften zementierter zweiphasiger poröser Medien bei Ultraschallfrequenzen. Prikl. Geofiz. 60 (1970) 44—52.

GEES, R. A.: Porosity determination using modal analysis and thin sections of rock and core material an simulated well cuthings. Geol. Rundschau, 55 (1966) 3, 848—855.

GOLDANSKIJ, V. D.: Untersuchung der Mössbauer-Spektren von eisenschüssigen Mineralien. — Prikl. Geofiz. 44 (1965) 202—211.

GORBATOVA, V. P.: Über die Absorptionseigenschaften verfestigter zweiphasiger Medien. Prikl. Geofiz. 57 (1969) 99—111.

GÖTHE, W.: Modellseismik — Aufbau einer Apparatur zur Durchführung von Untersuchungen für Probleme der Erkundungsseismik. Diss. an der Bergakademie Freiberg, 1969, 145 S.

GRAZIANOVA, O. P.: Nachschlagewerk der Geophysik I. — Staatl. wiss.-techn. Verl. der Erdöl- und Brennstoffliteratur, Moskau 1960, 636 S.

GUDOK, N. S.: Die Untersuchung physikalischer Eigenschaften von porösen Medien. Verlag Nedra Moskau 1970, 204 S.

HEDEMANN, H. A.: Geologische Auswertung von Temperaturdaten aus Tiefbohrungen. Erdöl und Kohle. 5 (1967) 337—343.

HERZBERG, C. L. und TAMS, D.: MÖSSBAUER-Absorptionsmessungen in eisenhaltigen Mineralien. Journ. Geophys. Res., 71 (1966) 2661—2677.

HURTIG, E., PROS, Z. und VANĚK, J.: Untersuchungen über die Absorptionsanisotropie longitudinaler Wellen in Sandsteinen. — Studia geoph. et geol. 11 (1967) 3, 281—290.

HURTIG, E.: Zum Problem der Anisotropie petrophysikalischer Parameter in geologischen Körpern. Geophysik und Geologie, H. 12 (1968) 3—36.

IVAKIN, B. N.: Methoden der seismischen Modellierung. Izd. Nauka, Moskau 1969, 287 S.

JELINEK, V.: Rock magnetism instruments. Gerätekatalog des Ústav Užité Geofyziky, Brno 1969, S. 1—7.

KARASNIK, V. M.: Vergleich der elastischen Eigenschaften von Sedimengesteinen aufgrund bohrlochseismischer sowie laborativer Meßwerte. Neft. Geol. i Geof. 6 (1970) 53—56.

KENNETT, P. and IVESON, R. L.: Rezent development in well velocity survey and the use of calibrated acoustic log. — Geophys. Prosp. 19 (1971) 395—411.

KOBRANOVA, B. N.: Physikalische Eigenschaften der Gesteine. Staatl. wiss.-techn. Verl. d. Erdöl- und Brennstoffliteratur, 490 S. Moskau 1962.

KONJUKA, A. J.: Bestimmung der Gesteinsdichte mit Hilfe von Drehwaagenmessungen in Schachtanlagen. Razved. geofiz., Moskau 1970, 92—95.

KOPF, M.: Zum Begriff der Dichte in Geologie und Geophysik. Z. f. angew. Geol. 12 Berlin (1966) 3, 145—153.

KOPF, M.: Zur Abschätzung der Farbzahl basaltischer Gesteine mit Hilfe der Dichte. Ber. deutsch. Ges. geol. Wiss., B, 12 (1967) 1, 49—71.

KOPF, M.: Zur petrophysikalischen Untersuchung und Abgrenzung von metamorphen Para- und Orthokomplexen. — Rep. of the Twenty-Third Session 1968, CSSR, Sect. 4 Prag 1968, 237 bis 252.

KOPF, M.: Teufenabhängigkeit petrophysikalischer Parameter und deren Verwendung in der angewandten Geophysik. Magyar geofiz. 10 (1969) H. 2—4, 148—156.

KOTOV, P. T.: Zur Methodik der experimentellen Untersuchung des spezifischen Widerstandes kohlenwasserstofführender Gesteine. Razved. Geofiz. 31 (1969) 94—103.

KOZEL, J.: Die Abhängigkeit der Eigenpotentiale von der spezifischen Oberfläche sedimentärer Gesteine. — Sborn. Geol., VED, UZITA Geof. 8 (1969) 117—136.

KUNORI, S., ABE, M., und SIMAZAKI, T.: An apparatus for measuring the velocities of ultrasonic waves in rocks. — Butsuri-Tanko, Tokyo, 22 (1969) 5, 267—273.

LANGA, F. und CASIAN, J.: Experimentelle Untersuchung an Abgüssen von Porenräumen eines Speichergesteins einer Kohlenwasserstofflagerstätte der VR Rumänien. Petrol si Gaze, Bukarest, 14 (1963) 12, 598—602.

LAUTERBACH, R.: Geologische Ergebnisse und Probleme der Gamma-Spektrographie von Gesteinsproben (in Handstückgröße und ohne erhöhte Radioaktivität). Geologie und Geophysik, 6 (1964) 51—59.

LAUTERBACH, R.: Radium-Metallometrie zum Nachweis verdeckter tektonischer Brüche. — Geophysik und Geologie, F. 13 (1968) 80—83.

LEHNERT, K.: Zur quantitativen Bestimmung petrophysikalischer Parameter aus Bohrlochmessungen. Geophysik und Geologie, F. 15 (1970) 48—54.

LUKAVTSCHENKO, P. J., BELKIN, M. A. und PETROVA, E. M.: Das Quarz-Bohrlochgravimeter mit elektromechanischer Fernsteuerung GSM-1. Razv. geof. 38 (1970) 96—102.

MASJUKOV, V. V.: Über die Möglichkeit zur Bestimmung der Porosität von Gesteinen aus dem Bohrschlamm. — Sammelband met. i geol. rezulta geofyz. issled. Moskau 1967, 79—83.

MERKULOVA, V. M.: Frequenzabhängigkeit der Dämpfung des Ultraschalls in Gesteinen im MHz-Bereich. Fiz. Zemli, 8 (1966) 47—60.

MILITZER, H. und STOLL, R.: Vibratorseismische Messungen in situ zur Bestimmung des frequenzabhängigen Absorptionskoeffizienten. — Bergakademie, 20 (1968) 9, 518—521.

MOISEENKO, U. J.: Die elektrischen und thermischen Eigenschaften unter den Bedingungen normaler und hoher Temperaturen und Drücke. — Izdat. Nauka, Novosibirsk 1970, 66 S.

NERPIN, S. V. und CUDNOVSKIJ, A. F.: Physik des Bodens. Izdat. Nauka, Moskau 1967, 583 S.

NOVIK, G. J.: Zum Problem der Beurteilung des Einflusses von Zusammensetzung und Struktur der Gesteine auf ihre physikalischen Eigenschaften. Gornyj zurnal 12 (1968) 3—9.

PARCHOMENKO, E. J.: Die elektrischen Eigenschaften der Gesteine. Izdat. Nauka, Moskau 1965, 165 S.

PARCHOMENKO, E. J.: Electrical properties of rocks. Collet's Verlag, London 1967, 310 S.

PESELNICK, L. und WILSON, W. H.: Wave velocities and hysteresis in Solnhofen limestone for pressures up to 12 kilobar. J. Geophys. Res. 73 (1968) 10, 3271—3280.

PETKEVIC, G. J. und VERBICKIJ, T. Z.: Untersuchung der Geschwindigkeiten und der Dämpfung elastischer Wellen in Sedimenten mit Porenfüllung unter Belastung. Geofiz. u astronomija 9 (1966) 29—31.

PETROV, L. P.: Universalgerät für die Untersuchung der physikalischen Eigenschaften von Gesteinsproben bei Schichtmodellen. Neft i Gaz, Baku, 7 (1968) 3—7.

POHLERS, H.: Ein transportables Gerät zur Bestimmung der magnetischen Suszeptibilität. Geophys. und Geol. 8 (1966) 73—77.

RASEMANN, W.: Probleme der Datengewinnung und Datenverarbeitung auf mathematisch-statistischer Grundlage am Beispiel der physikalischen Bewertung von Speichergesteinen. Neue Bergbautechnik 1 (1971) 7, 555—556.

RENGER, M.: Die Bedeutung bodenphysikalischer Kennwerte für die Bodenkartierung und ihre kulturtechnische und hydrologische Verwendbarkeit. Nachr. deutsch. geol. Ges. 1 (1970) 21—22.

RENTSCH, W. und KROMPHOLZ, G.: Zur Bestimmung elastischer Konstanten durch Schallgeschwindigkeitsmessungen. Bergakademie 13 (1961) 7/8, 492—504.

RZEVSKIJ, V. V. und NOVIK, G. J.: Grundlagen der Gesteinsphysik. Verlag Nedra, Moskau 1967, 288 S.

RZEWUCKI, A. und SMOLINSKI, J.: Das Densitometer GS-2, ein Gerät zur Bestimmung der Dichte von Gesteins- und Mineralproben. Techn. Poszuk., Warschau, 6, 25 (1968) 6, 18—21.

SCHICK, R.: Modellseismische Arbeiten I. Teil: Methodische Grundlagen und technische Einzelheiten. Veröff. d. Landeserdbebendienstes Baden-Württenberg, Stuttgart 1962, 107 S.

SCHLOSSER, P.: Einbeziehung petrophysikalischer Bohrlochmeßergebnisse in Bestimmungen des terrestrischen Wärmeflusses. Geophys. und Geol. 15 (1970) 36—42.

SCHMIDT, H.: Ein Torsions-Suszeptometer. — Wiss. Z. Karl Marx-Uni., 9 (1959/60)

SCHRAGE, I. und SCHUPPE, F.: Entwicklung und Erprobung eines neuen Ultraschallmeßplatzes zur Ermittlung der Schallgeschwindigkeit von Bohrkernen unter Feldbedingungen und unter erhöhtem Druck im Laboratorium. Z. f. angew. Geologie 15 (1969) 7, 363—367.

SCHREYER, W.: Experimentelle Petrologie und die Gesteinsbildung im Erdinnern. Umschau 71 (1971) 691—696.

SCHÖN, J.: Modellseismische Untersuchungen im Hinblick auf die Schallgeschwindigkeit in Lockergesteinen. Freib. Forsch. H., C 173 (1964) 62 S.

SCHÖN, J. und STOLL, R.: Ermittlung eines vom Einfluß der Ankopplung freien Absorptionskoeffizienten der Gesteine. Bergakademie 22 (1970) 3, 133—135.

SCHÖN, J.: Ein Beitrag zur Klassifizierung und Systematisierung petrophysikalischer Parameter. Neue Bergbautechnik 1 (1971) 1, 2—10.

SCHUSTER, K.: Methodische und apparative Entwicklungen geothermischer Verfahren für Anwendungen im Bergbau und in der Tiefenerkundung. Freib. Forsch. H. C 232, Leipzig 1968, S. 5—46.

SCOTT, J. H., CARROLL, R. D. und CUNNINGHAM, D. R.: Dielectric Constant and Electrical Conductivity Measurements of Moist Rock: A New Laboratory Method. J. Geophys. Res. 72 (1967) 20, 5101—5115.

STILLER, H., WAGNER, C., FREUND, D. und VOIGT, M.: Eine Methode zur Bestimmung der Schallgeschwindigkeit *Vp* poröser flüssigkeitsgesättigter Gesteine unter Gebirgsdruck bis 2000 at. Neue Bergbautechnik 1 (1971) 333—339.

SZALAI, M., SZENAS, G. und SEBESS, L. Z.: Die Verschlüsselung gesteinsphysikalischer Parameter und deren Speicherung auf Lochkarten für die maschinelle Datenverarbeitung. Geofiz. Közlun. 13 (1964) 495—502.

THIELE, G.: Messung der natürlichen Radioaktivität. In: Die chemische, mineralogische und physikalische Analytik für die geologisch-geochemische Praxis: Berlin 1971, S. 84—90.

THILL, M. E. und BUR, T. P.: An automated ultrasonic pulse measurement system. Geophysics 34 (1969) 1, 101—105.

TRUSHEIM, F.: Über die Spülprobenbearbeitung. Erdöl-Z. 72 (1956) 351—361.

TUNN, W.: Ermittlung einiger wichtiger gesteinsphysikalischer Daten von Erdöl- und Erdgas-Speichergesteinen und Vergleich der mit verschiedenen Methoden gewonnenen Daten. Erdöl-Erdgas Z. 82 (1966) 10, 404—413.

TURČANINOV, J. A., MEDVEDEV, R. V., und PANIN, V. J.: Moderne Methoden der komplexen Bestimmung der physikalischen Eigenschaften der Gesteine. Verlag Nedra, Leningrad 1967, 199 S.

URASAEV, B. M.: Physikalische Eigenschaften von Gesteinen und geophysikalischen Feldern. Verlag Nauk, Alma-Ata 1971, 245 S.

VICHIREV, B. V.: Nutzung der Streuung der Gesteinsdichte in Geophysik und Geologie. Prikl. Geof. 52 (1968) 134—138.

VICHIREV, B. V.: Verwendung von Lochkarten-Rechenmaschinen zur Auswertung von Angaben über die physikalischen Eigenschaften von Gesteinen. Prikl. Geofiz. 51 (1968) 101—114.

WAGNER, C.: Zur Verwendung eines Fehlerortungsgerätes für Ultraschallmessungen. Bergakademie 19 (1967) 623.

ZSCHERPE, G.: Untersuchungen zur Reindichte- und Rohdichtebestimmung von Braunkohlen im Labor, am Anstehenden und in Bohrungen. Neue Bergbautechnik 1 (1971) 7, 487—492.

# 12.

# Angewandte Geophysik und Geochemie[1]

## 12.1. Allgemeine Beziehungen zwischen Geophysik und Geochemie

Ziel einer jeden geophysikalischen Arbeit ist nicht nur die Erweiterung unserer *Kenntnisse über den strukturellen Bau der Erdkruste,* sondern auch über die *geochemische Natur der physikalisch erfaßten Medien.* Nahezu kein Bereich geophysikalischer Aktivität, über den z. B. in dem Band „Physik des Planeten Erde" (Akademie-Verlag, Berlin, 1975) berichtet wurde, kam ohne eine mehr oder weniger umfangreiche geochemische Interpretation aus. Das gilt besonders für das Kapitel „Physik und Chemie des Erdinneren" von H. Kautzleben und H. Stiller. Für die *Erdkruste* ziehen diese Autoren folgende *geochemische Schlußfolgerungen*:

Die *untere Erdkruste* ist vorwiegend aus *Normaldruck-Alumosilikaten* zusammengesetzt, die als Folge des zunehmenden Druckes nach unten in *Hochdruck-Silikate* übergehen. Bei etwa 400 km Tiefe befinden sich diese in einem Druck-Temperatur-Bereich, der bei wachsender Instabilität zunehmend den Übergang in eine stabile *Spinellstruktur* hervorruft.

Die Klärung der quantitativen *Verteilung der chemischen Elemente* in der Erdkruste ist eine der Hauptaufgaben der Geochemie. Ihr widmeten sich besonders F. W. Clarke (1889) oder V. I. Vernadskij (1930) neben vielen anderen. Nach Clarke wurde der durchschnittliche *Anteil eines Elementes am Stoff der Erdkruste* bezeichnet. Er wird in Masse-%, in parts per million (ppm) in g/t oder in Atom-% angegeben. Der Ausdruck „Clarke" als entsprechende Einheit wurde von dem bedeutenden sowjetischen Geochemiker Fersman angesichts der besonderen Verdienste F. W. Clarkes eingeführt.

Auf Clarke und Washington (1924) gehen folgende „Clarkes" der *neun häufigsten chemischen Elemente der Erdkruste* zurück:

1 Von R. Lauterbach.

| Element | | Clarke (in Masse-%) | Element | | Clarke (in Masse-%) |
|---|---|---|---|---|---|
| Sauerstoff | O | 46,71 | Natrium | Na | 2,75 |
| Silizium | Si | 27,69 | Kalium | K | 2,58 |
| Aluminium | Al | 8,07 | Magnesium | Mg | 2,08 |
| Eisen | Fe | 5,05 | Wasserstoff | H | 0,14 |
| Kalzium | Ca | 3,65 | | | |

Wegen dieses hohen Sauerstoffanteils, der allerdings in $SiO_4$-Tetraedern sehr fest gebunden ist, hat man (nach V. M. Goldschmidt) die Erdkruste auch als *Oxysphäre* bezeichnet.

## 12.2. Geochemie und Geophysik der Erdkruste

Ohne auf die zahlreichen geochemischen, geologischen und geophysikalischen Modelle der Gliederung der Erdkruste vor allem auf Grund geophysikalischer und geochemischer Ergebnisse und Erwägungen näher einzugehen, sei hier nochmals auf die auch geochemisch wichtige *Gliederung der Kruste und des oberen Mantels* nach der *mechanischen Festigkeit* hingewiesen, die von Kautzleben und Stiller (1975) näher erörtert wurde:

von 0 bis 100 km Tiefe *Lithosphäre* (starr, spröde)

von 100 bis 200 km Tiefe *Asthenosphäre* (zähflüssig)

von 200 bis 700 km Tiefe *Mesosphäre* (schwach fließfähig).

Die Tiefenangaben variieren — worauf die Autoren hinweisen — dabei von Ort zu Ort beträchtlich.

Die Erdkruste im kontinentalen Bereich wird durch die Conrad-*Diskontinuität* untergliedert. Es ist zweifelhaft, daß diese als durchgehende Grenzfläche (in 10 ... 20 km Tiefe) aufzufassen ist, wie überhaupt die Struktur der Erdkurste gegenüber früheren Modellen erheblich komplizierter anzusehen ist. Dies gilt für die vertikale und horizontale Gliederung der Kruste. Auch die Grenzfläche zwischen Kruste und Mantel — die Mohorovičić-*Diskontinuität* — dürfte keine Diskontinuität 1. Ordnung sein, wie Kautzleben und Stiller (1975) hervorheben. Es wird sich um eine *Übergangszone* von 0,5 ··· 3 km Mächtigkeit handeln, wobei noch offen bleibt, ob sie einen lamellenartigen Aufbau besitzt. Auch die *kontinentale Kruste* erscheint als eine wechselhaft differenzierte Folge von Schichten und Komplexen sowohl höherer wie niedrigerer seismischer Geschwindigkeiten. Wahrscheinlich reicht dieser abwechslungsreiche Bau bis in den *oberen Erdmantel,* bis etwa 60 ··· 80 km Tiefe.

Die Ursachen dieses geophysikalisch erwiesenen Krustenbaues liegen in geochemischen Tatsachen begründet, die in ihrer komplexen Vielfalt hier nicht umfassend dargestellt werden können.

Die *kontinentalen älteren Gesteinsserien* sind zweifellos das *Differentiat des oberen Mantels* der Erde. Die als Wärmequelle wichtigsten langlebigeren Isotope der *Uran- und Thoriumreihe* sowie das $^{40}K$ sind nach *Aufschmelzung und Wanderung* mit und in Magmen aus dem oberen Mantel in die Kruste eingewandert. RINGWOOD (1969) hat ein Modell der fraktionierten Aufschmelzung und *aufwärts gerichteten Differentiation* leichterer chemischer Elemente entworfen. Dabei kann man annehmen, daß der *obere Mantel* aus Gesteinen besteht, die dem *Gabbro, Peridotit und Eklogit* nahestehen. Mineralogisch bedeutet dies eine Kombination von Olivin, Pyroxen und Granat mit basischen Feldspäten:

Olivin $(Mg, Fe)_2\ SiO_4$

Pyroxen $(Ca, Mg, Fe)\ SiO_3$,

Granat $(Ca, Mg, Fe, Al)\ SiO_4$,

Anorthit $(CaO \cdot Al_2O_3)\ 2\ SiO_2$.

Das von RINGWOOD vorgeschlagene Modell für den oberen Mantel sieht ein besonderes Gestein vor, das den dortigen Druck- und Temperaturbedingungen im Chemismus optimal angepaßt ist: den *Pyrolit* (bestehend aus Pyroxen, Olivin, Plagioklas und Granat sowie Spinellen). Die *fraktionierte Aufschmelzung und Differentiation* hätte die Erdkruste formiert, wobei die hier erfolgte Akkumulation der Radionuklide zugleich ein Maß für Intensität und Tiefgang dieser Prozesse abgibt.

Die MOHOROVIČIĆ-*Diskontinuität* dürfte auch angesichts ihres Charakters als breitere Übergangszone *keine Phasengrenze* sein. Die dafür erforderlichen Drücke, z. B. für den Übergang gabbroider Gesteine in Eklogit (Dichtezunahme von etwa 3 auf etwa 3,5 g $cm^{-3}$), liegen wesentlich höher als die real vorhandenen.

Es ist nicht auszuschließen, daß die MOHOROVIČIĆ-Diskontinuität als mechanische Unstetigkeit Reliktstrukturen einer *protoplanetaren Oberfläche* enthält, so wie der Mantel der Erde möglicherweise palimpsestische (durchschimmernde) Relikte der protoplanetaren Materie sehr unterschiedlicher, geochemisch-petrologisch einheitlicher Bereiche (Boliden, Planetoiden u. a.) aufweist.

Die Geochemie hat sich in dem Bemühen, die geochemischen Stockwerke und geologischen Einheiten immer besser zu beschreiben und detailliert zu analysieren, in den letzten Jahren methodisch hauptsächlich auf *physikalischem Gebiet* gewaltig entwickelt. Es sei nur auf die methodischen Fortschritte etwa auf den Gebieten der *Kolorimetrie*, der *Chromatographie*, der *Polarographie*, der *Flammenspektrometrie*, der *Röntgen- und Röntgenfluoreszenzanalyse*, der *Differentialthermoanalyse*, der *Isotopenanalyse* oder der *Neutronenaktivierungsanalyse* verwiesen, um die wichtigsten Verfahren zu nennen. Nicht zuletzt haben auch die *radiochemischen Methoden*, darunter die spektrale Untersuchung der Kernstrahlungen, neue Erkenntnisse erbracht.

Die *Wechselbeziehungen der Geochemie und der (angewandten) Geophysik* sind sehr vielseitig. Vor allem können folgende Aspekte hervorgehoben werden:

- Angewandt-geochemische und geophysikalische Kartierung ergänzen einander besonders dann, wenn *oberflächennahe Störkörper* oder *stoffliche Diskontinuitäten* zu klären sind.
- Die *Interpretation geophysikalischer Ergebnisse,* oft mit mehreren Verfahren komplex gewonnen (z. B. Seismik, Gravimetrie, Magnetik, Elektrik), muß neben den geologischen Randbedingungen die *geochemisch möglichen Modelle* beachten.
- Bei diesem Prozeß spielt die *Petrophysik* als Mittler zwischen Substanz und physikalischer Eigenschaft im Kleinbereich eine wichtige Rolle. Hier stehen *geochemische wie petrographische Untersuchungen zur Substanzidentifizierung* wie -genese gleichberechtigt neben Bestimmung der elastischen Eigenschaften, der Dichte, magnetischen Suszeptibilität, der elektrischen oder Wärmeleitfähigkeit, radioaktiven und weiteren Gesteinsparametern.

Die Modellierung der tieferen Erdkruste wie des oberen Erdmantels hat auch die *Rolle der Geochemie und Petrographie* wieder stark in den Vordergrund gerückt. A. W. SIDORENKO (1971) hat zu diesen Zusammenhängen u. a. folgendes festgestellt: „Die Geochemie selbst wurde zur Wissenschaft hauptsächlich nach der Bestimmung der „Clarkes“, die zuerst mehr verallgemeinerte Ergebnisse der durchschnittlichen chemischen Zusammensetzung der Gesteine waren. Die Geochemie entsprang stärker der Petrographie als der Mineralogie, obwohl die Mineralogie sie geschaffen hat. Die Petrographen müssen daher die Rolle und Bedeutung ihrer Wissenschaft so steigern, daß sie das Niveau der wichtigsten fundamentalen geologischen Wissenschaft erreicht. Denn allein auf ihrer Grundlage können sich die Geophysik wie die Geochemie oder die Lehre von der Erzgenese entwickeln“.

Insofern ergeben sich wichtige Querbeziehungen zu dem Kapitel 11, *Petrophysik,* von M. KOPF in diesem Buch. Wenn A. W. SIDORENKO erwartet, daß in zunehmendem Maße petrophysikalische Daten kontinuierlich im Anstehenden und nicht nur an Probenmaterial gewonnen werden, dann gilt dies erst recht für die parallel aufzunehmenden geochemischen Parameter. Wir kommen damit noch zu einem weiteren Problem- und Aufgabenbereich, der Geochemie und Geophysik gemeinsam ist: die *geophysikalischen Feinstruktur-Untersuchungen* über anstehendem oder nur gering überdecktem Untergrund (wie z. B. mikromagnetische Messungen, radiometrische oder gravimetrische Feinaufnahmen bis in den Meterbereich) erlauben mit paralleler *petrographischer Analyse* Aussagen zu *geochemischen Unterschieden* (z. B. Magnetitschlieren in Magmatiten, Schwermineralkonzentrationen in Sedimenten, Zersetzungs- und Stoffumwandlungsprozesse — endogener wie exogener Natur —, ausgehend etwa von dem Stofftransport oder dem tektonisch verursachten Muster von Zerlegungs- und Scherflächen). Derartige *geochemisch und petrographisch untermauerte geophysikalische Mikroanomalien-Muster* können sehr charakteristisch und spezifisch für bestimmte geologische Komplexe sein (z. B. LAUTERBACH, 1959).

## 12.3. Beziehungen zwischen geophysikalischen und geochemischen Parametern

Bestehen direkte *Beziehungen zwischen geophysikalischen und petrophysikalischen Größen* wie Schallgeschwindigkeit, Dichte, magnetische Permeabilität, Radioaktivität, elektrische Leitfähigkeit und weiteren Parametern auf der einen sowie den *Clarkes für bestimmte Elemente* oder Verbindungen auf der anderen Seite?

Die Antwort lautet, daß generell derartige Beziehungen leider nicht bestehen. Für die *Dichte* z. B., die in die *Schallgeschwindigkeit* ebenso eingeht, wie sie für die *gravimetrischen Anomalien* grundlegend wichtig ist, hat keineswegs nur die chemische Zusammensetzung der Gesteine Bedeutung. Das *Gefüge,* also Struktur und Textur sowie die Porosität der Gesteine spielen eine sehr viel größere Rolle in der obersten Erdkruste. Analoges gilt auch für die *elektrischen Eigenschaften* und die *Wärmeleitfähigkeit.*

Besser liegen die Dinge bei der Messung der *Radioaktivität* für geophysikalische Zwecke, also der Emanometrie oder der $\beta$- bzw. $\gamma$-Messung mit Einschluß der Spektrometrie. Die Kernstrahlungen gehen unmittelbar von den Radionukliden aus, und somit kann nach entsprechender Reduktion der Meßergebnisse und Interpretation direkt auf die Anwesenheit der radioaktiven Elemente geschlossen werden, sogar ihre Häufigkeit, ihr *Clarke,* kann in den obersten Schichten ermittelt werden.

Unter günstigen Umständen können auch die Ergebnisse *erdmagnetischer Messungen* auf einzelne *geochemische und petrogenetische Randbedingungen* schließen lassen. Dies liegt daran, daß der Hauptträger des Krustenmagnetismus das *Mineral Magnetit* ist. Wenn die geologischen Untergrundverhältnisse wenigstens einigermaßen bekannt sind, läßt sich in der Regel auf einen der folgenden *sechs Fälle* schließen:

1. *Magnetitanhäufung* als Quelle erdmagnetischer Anomalien *in basischen Magmatiten* (Basalten, Gabbros oder Peridotiten z. B.) oder in magmatischen, meist komplexen Erzlagerstätten.

2. *Magnetitanreicherung in der basischen Randfazies saurer und intermediärer Plutone* bzw. von Schachtelplutonen (Brockenpluton z. B.). Die geochemischen Stoffwanrungsprozesse während der Erstarrung zeichnen sich im plutonischen Randbereich in gewissem Sinne geomagnetisch nach.

3. *Magnetit als Leitmineral des meso- und besonders des katazonalen Stockwerkes,* also als Indikator weitgehender *Regionalmetamorphose.* Auch kinetische Metamorphose kann die Neubildung von Magnetit bewirken.

4. *Magnetit* bildete sich oft in ehemals hyperthermen Gebieten neu, z. B. in äußeren und inneren *Kontakthöfen.* Hier pflegt seine Magnetisierung besonders charakteristisch zu sein. Man kann also mit magnetischen Messungen auch diesen Prozeß teilweise aufhellen. Auch Variationen des primären Fe-Gehaltes im metamorphosierten Gesteinsverband können sich analog auswirken, wie zahlreiche Beispiele zeigen.

5. In *Sedimenten* ist magnetisch nachweisbarer *Magnetit* oft zugleich Leitmineral von *Schwermineralanreicherungen*, fossilen Seifen u. ä.

6. Es bestehen gewisse Hinweise darauf, daß *Magnetit* unter günstigen Bedingungen auch die *Stoffazies von Tiefenbrüchen* selbst dann schwach andeutet, wenn keine magmatischen Intrusionen oder Mineralisationen bekannt geworden sind. Hierzu bedarf es allerdings präziser Feinstrukturmessungen.

Sehr viel komplizierter ist in der Regel der Nachweis direkter Relationen *geoelektrischer Anomalien mit geochemischen Zuständen* und ehemaligen Prozessen. Unter günstigen Umständen kann man die Indikation über massiven, z. B. *sulfidischen Vererzungen* hierher rechnen. So weitgehende Informationen wie aus radioaktiven oder magnetischen Resultaten werden sich in geochemischer Beziehung aber nicht ableiten lassen. Auszunehmen sind allerdings die elektrischen *Eigenpotentialmessungen* und auch eine Reihe tellurischer Phänomene. Die schon 1830 von Fox eingeführte Eigenpotentialmethode der Geoelektrik untersucht natürliche Ströme (Gleichströme), die an bestimmten Erzkörpern durch *Oxydation entstehen*, als Folge der Kontaktpotentiale im sauerstoffreichen Grundwasser. Dieser elektrochemische Prozeß verrät in geochemischer Hinsicht etwas über die Natur der Vererzung: Sulfidische Erzlagerstätten (Bleiglanz, Arsenkies, Pyrit, Magnetkies u. a.), Manganoxide, auch Graphit, Anthrazit wie Steinkohle kommen in erster Linie in Frage. Die *geochemische Aussage* ist aber sehr *unscharf*. Da es sich bei der Oxydation um exotherme Prozesse handelt, können ergänzende, exakt reduzierte *Präzisions-Temperaturmessungen* wenigstens Graphit und nicht erzführende Kohlen von den sulfidischen Erzen zu trennen erlauben.

Der sogenannte „*Direktnachweis*" *von Erdöl und Erdgas* gehört ebenfalls mit in diese Problematik hinein. Es ist nur selten und unter außerordentlich günstigen Bedingungen geglückt, eine Erdöl- oder Erdgaslagerstätte mit seismischen oder gravimetrischen Mitteln direkt nachzuweisen. In der Regel geht der geochemische Parameter Kohlenwasserstoff-Konzentration nicht parallel mit Resultaten reflexionsseismischer oder auf reduzierter Dichte beruhender gravimetrischer Präzisionsmessungen. Meist werden bei derartigen Versuchen eher die strukturellen Verhältnisse des Speichers erfaßt als etwa die Substanz direkt nachgewiesen. Wo dies — meist im Nachgang, d. h., wenn die Lagerstätte im Prinzip schon bekannt war — dennoch gelang, sind es selten die gravimetrischen Mikroanomalien, sondern die von der Grenzzone zweier Medien (Gestein und Öl bzw. Gas sowie Gestein und Wasser) ausgehenden Reflexionen. Bislang spielen diese Beziehungen eher die Rolle einer noch seltenen Kuriosität als einer Beziehung von Gebrauchswert in der Prospektion.

Eine in gewissem Sinne hierher zu zählende Gruppe von geochemischen und geophysikalischen Indikationen wird durch eine gemeinsame Objektbezogenheit, durch kausale genetische Verknüpfung im Bereich der Krustenstruktur hergestellt. Es handelt sich um *geochemische und geophysikalische Anomalien* und Indikationen *über Verwerfungen*, über Brüchen der oberen Erdkruste. Die Tatsache, daß diese mehr oder weniger fast senkrechten Bruchstrukturen zur *Migration* (senkrecht zum Druckgefälle und Konzentrationsgefälle) in der Erdkruste benutzt werden (Strömung und

Diffusion) bewirkt eine Reihe geochemisch und geophysikalisch wichtiger Effekte gleichzeitig. Umgekehrt werden Brüche mit ihren Zerrüttungszonen der Verwitterung und Zersetzung von der Oberfläche her besonders zugänglich sein, zu der auch die endogenen Lösungen mit beitragen (*Taschenbildung* mit guter Leitfähigkeit).

So sind *tektonische Störungen* durch direkte Indikationen nicht nur geochemischer Natur (z. T. sehr kräftige Migrationsaureolen über dem oder im Bereich des Ausgehenden) gekennzeichnet, sondern auch durch die mit den stofflichen Veränderungen unmittelbar verknüpften *geophysikalischen Anomalien*:

- *Verwitterungstaschen* im Ausgehenden der Verwerfung mit guter elektrischer Leitfähigkeit, elektrische Widerstandsminima!
- *Lockerung des Gesteinsverbandes* (Gefügelockerung durch Klüftung) in Verbindung mit der resultierenden Zersetzung (große reaktionsfähige innere Oberfläche im Bruchbereich), schwache gravimetrische Minima.
- Als Folge der Gefügeänderungen in der Regel schlechtere Wärmeleitfähigkeit, daher schwache *Temperaturminima,* falls nicht höher temperierte Tiefenwässer zusitzen.
- Meist Verminderung der magnetischen Suszeptibilität im Gestein als Folge der *Gesteinszersetzung* in der tektonisch angelegten Zerrüttungszone, dann schwache *magnetische Minima* (mikromagnetische Anomalien, die in Testflächen von etwa $30 \times 30$ m sogar zur Aufsuchung von tektonischen Störungen verwandt werden können).

Dem stehen folgende *geochemische Indikationen* gegenüber, die meist auch praktisch genutzt werden:

- *Dispersionsaureolen* mit mehr oder weniger ausstrichparalleler Anordnung von — je nach spezieller Situation — verschiedenen Elementen.
- *Maxima der Radioaktivität* (emanometrische Maxima, d. h. Rn-Anreicherung; Ra-metallometrische Maxima, d. h. höhere Konzentration des leicht migrierenden, mobilen Radiums mit oder ohne Uran).
- Bei Anwesenheit von Kohlenwasserstoffen im tieferen Untergrund: positive *Kohlenwasserstoff-Konzentrations-Anomalien.* Vor allem in Gebieten früheren Vulkanismus mit einfacher Technik leicht nachweisbare positive *Konzentrations-Anomalien des* $CO_2$ (z. B. mit Erfolg durchgeführt bei Quellspaltuntersuchungen mehrerer Heilbäder).

Am Objekt der tektonischen Störungen läßt sich also zeigen, daß die Zusammenhänge zwischen geophysikalischen und geochemischen Indikationen bzw. Anomalien sehr eng sein können. Doch darf man nicht übersehen, daß es sich einmal mehr um eine qualitative, diagnostisch begrenzt verwertbare Parallelität handelt und nicht etwa um eine quantitative Korrelation. Die Ursache der Gemeinsamkeiten ist in diesem Fall die *Migrationsdynamik* im Bereich von Störungen, die *strukturelle Veränderung* in der Bruchzone, die daraus resultierende *große innere Oberfläche* und die verstärkte

Wirksamkeit der Poren- und Kluftlösungen – exogenen wie endogenen – bei der chemischen Veränderung der Gesteinssubstanz. Es gibt auch andere geologische Objekte, die derartige geochemische und geophysikalische Parallelitäten verursachen können (Mineral- und Erzgänge, Schlierenzonen in Magmatiten, Karstzonen, Vulkane und ihre postvulkanische Gefolgschaft usw.).

In *Tabelle 5* wird versuchsweise eine Korrelation *angewandt-geophysikalischer Methoden* und ihrer Ergebnisse mit einer Auswahl *geochemischer Kriterien* vorgenommen. Im allgemeinen sind nur (schwache) Andeutungen oder allgemeine Hinweise aus geophysikalischen Resultaten für geochemische Zustände zu erhalten. Für eine komplexe Interpretation geochemisch-geophysikalischer Untersuchungsergebnisse verdienen aber auch mögliche qualitative Ergebnisse Beachtung.

*Tabelle 5. Hinweise der angewandten Geophysik auf geochemische Parameter*

| *Geophysikalische* Verfahren (rechts) *Geochemische* Kriterien (Ausw.) (unten) | Magnetik | Gravimetrie | Elektrik | Radiometrie | Seismik |
|---|---|---|---|---|---|
| Clarke | × Fe u. a. über Magnetit und Magnetkies | × Fe, Cr u. a. z. B. über Siderit- oder Cr-Lagerstätten | × Pb, Cu, As u.a. (sulfid. Erze) × Ionenkonzentrat. im Porenwasser | ××× Radionuklide: U/Ra, Th, $^{40}$K | ? |
| Mineralanreicherungen | ××× Ferromagnetika | × diverse Elemente | ×× sulfidische Erze | ××× radioaktive Erze | ? |
| Gesteinsfazies | ×× z.B. basische Randfazies; Thermometamorphose | ×× basische Randfazies von Plutonen | × Kontakthof-Fazies | ? | ? |
| Migrationsprozesse | ? | ? | ? | ××× Ra-Metallometrie | ? |
| Metasomatose | ××× metasomatische Lagerstätten | ? | × bei Beteiligung v. Tonmineralen | ? | ? |

*Tabelle 5 (Fortsetzung)*

| *Geophysikalische* Verfahren (rechts) / *Geochemische* Kriterien Ausw. (unten) | Magnetik | Gravimetrie | Elektrik | Radiometrie | Seismik |
|---|---|---|---|---|---|
| Oxydationsvorgänge | ? | ? | ××× Eigenpotential | ? | ? |
| Geochem. Anomalien über Bruchtektonik | × Fe (Ni ...) | ? | × Zersetzungsprozesse | ××× U/Ra-Migration | ? |
| Kohlenwasserstoffe (Direktnachweis) | ? | ? | ? | × $\gamma$-Minima | ×× bei günstigen Strukturverhältnissen |

*Erläuterungen*: × bisweilen Andeutungen, ×× Andeutungen, ××× Hinweise, ? generell nicht zu beantworten.

## 12.4. Geochemische Migration

Vernadskij (1924) hat alle Vorgänge die — in Abweichung von einer homogenen Verteilung — zu einer Konzentration oder Dispersion von Elementen in der Erdkruste führen, als *Migration* bezeichnet (genauer: als geochemische Migration der Elemente).

Die *Migrationsfähigkeit der chemischen Elemente* ist sehr unterschiedlich. Allgemein hängt sie vor allem von folgenden Tatsachen ab:

1. Vom Atombau, d. h. vor allem dem Bau der Elektronenhülle und den daraus resultierenden chemischen Eigenschaften. Die sogenannten *inneren Migrationsfaktoren* sind damit z. B.: Teilchengröße, Ionenpotential, Elektronegativität, Potentiale, Gitterenergie u. a.

2. Von den Mileubedingungen, denen die betreffenden Elemente im konkreten geologischen Verband ausgesetzt sind oder in der geologischen Evolution unterworfen waren. Demzufolge sind die *äußeren Migrationsfaktoren* u. a.: Radioaktivität, Gravitation, Temperatur, Druck, pH-Wert, Eh (Redoxpotential), Sorption.

Das Zusammenwirken meist mehrerer dieser Faktoren bestimmt im Großen wie im Kleinen die Elementenassoziation. Auch die für die Erde als Planet bekannte chemische Gruppenbildung der Elemente resultiert aus der Migrationsfähigkeit (siderophile, chalkophile, lithophile, atmophile und biophile Elemente). Der geochemische Charakter, das Verhalten der Elemente in und auf der Erde wird vor allem durch die Elektronenanordnung der Atome und Ionen bestimmt.

Im speziellen geologischen Schichten- bzw. Gesteinsverband spielt das *physikochemische Milieu* eine besonders wichtige Rolle (Redoxpotential, pH-Verteilung). Der *Grad der Beweglichkeit der verschiedenen Elemente* wird neben Ionenradius, Stellung im Periodischen System der Elemente vor allem durch *Filtrations- und Diffusionseffekte* bestimmt bzw. variiert. Der Filtrationseffekt wird durch die Porosität des filtrierenden Mediums und die Durchmesser der filtrierten Teilchen sehr verschieden ausfallen. Die Diffusionsgeschwindigkeit ist in einer Lösung dem Konzentrationsabfall proportional. Der Diffusionseffekt wirkt nur auf begrenzte Entfernung. Er ist für die Migration, den Stofftransport von insgesamt geringfügiger Wirkung.

Besonders für relativ rasche Migrationsprozesse von Porenlösungen, also z. B. Verwitterungslösungen, von hydrothermalen Lösungen, aber auch von Gasen sind die *physikalischen Milieufaktoren* von großer Bedeutung. Neben der Temperatur ist das vor allem die Druckverteilung und damit die Tatsache, daß überall dem *Druckgefälle* folgend zu den isobaren Flächen orthogonale *Strömungen* in Gang gesetzt werden, soweit nur Poren- und Klufträume dies ermöglichen.

Jede Diffusion und Strömung unterliegt den bekannten Gesetzen von Fick und Darcy. Man kann beide nach Pirson miteinander kombinieren und wie folgt schreiben:

$$Q = -\eta \cdot \frac{dp}{dh}.$$

Hierbei ist $Q$ die pro Zeit- und Flächeneinheit diffundierende oder strömende Gasmenge und $dp/dh$ der Druckgradient. Die zur Erdoberfläche migrierende Flüssigkeits- oder Gasmenge ist also dem Druckgradienten direkt proportional $\left(\text{wobei in den Diffusionsgesetzen an die Stelle des Druckgradienten der Konzentrationsgradient tritt: } \frac{dC}{dh}\right)$. Die Größe $\eta$ ist der Proportionalitätsfaktor, der bei konstanten Milieueigenschaften u. a. die Viskosität der Flüssigkeit und des Gases beschreibt, aber auch die Milieueigenschaften kennzeichnet.

Für relativ *rasche Migrationsvorgänge*, die also in der Gegenwart erfolgen und sich nicht in der geologischen Geschichte abspielten, ist anzumerken, daß die theoretische Interpretation trotz aller Fortschritte noch zu wenig gesichert ist. Für Kohlenwasserstoffanomalien hat vor allem Sokolov (1936) Ansätze gemacht, die auch eine Teufenbestimmung der Lagerstätten zulassen sollen. Es handelt sich hier (wie allgemein infolge unzureichender Kenntnis der die Migration bestimmenden Faktoren) im Vertikalschnitt nur um grobe Näherungslösungen. Ähnliches gilt auch bei der sogenannten

*Metallometrie,* die den Rückschluß von klein- und mittelmaßstäblichen Oberflächenanomalien in der Konzentration bestimmter Metalle wie z. B. Kupfer (Cuprometrie), Blei (Plumbometrie), Quecksilber (Merkurometrie oder Hydrargometrie), Zinn (Stannometrie) u. a. auf die Quellen der Dispersionsaureolen zum Ziel hat. Trotzdem sind die Methoden deshalb sehr wertvoll, weil sie in der Regel gemeinsam mit anderen geologischen und vor allem geophysikalischen Methoden eingesetzt werden. Die kleinräumigen geochemischen (metallometrischen) und hydro- sowie gasgeochemischen Verfahren werden darüber hinaus fast in aller Welt wegen der ähnlichen Meßtechnik durch geophysikalische Meßgruppen oder in enger Verbindung mit ihnen betrieben. So ist die unvollständige Kenntnis der Migrationsbahnen, der Strömungsgeschwindigkeit in den einzelnen Abschnitten, der oft langen und unregelmäßigen Migrationswege und die unzulängliche Kenntnis der die Quellen bestimmenden Parameter zwar ein empfindliches Defizit, aber keine prinzipielle Schranke, die Verfahren zu nutzen. Mit einer (z. T. großen) Unschärfe projizieren sich ja im Prinzip stoffliche Konzentrationsgebiete an die Oberfläche. Allein dieser Hinweis ist wegen seiner Unmittelbarkeit in der Regel so wertvoll, daß die theoretischen Unzulänglichkeiten in Kauf genommen werden können, obgleich allerorten an ihrer Beseitigung gearbeitet wird. Da diese Verfahren meist in Zusammenhang mit praktisch bedeutsamen Aufgaben eingesetzt werden, ist oft ein sehr wesentlicher Kenntniszuwachs aus den geologischen (meist Bohrungen) und geophysikalischen Resultaten für diese geochemischen Methoden zu erwarten.

Die *geochemische Migration* ist für die geophysikalische Arbeit eine besonders wichtige, ergänzende *Informationsbrücke* in die Tiefe bzw. aus der Tiefe. GINSBURG (1963) teilt mit, daß sogar entfernt von großen Brüchen und Spalten in der Vertikalen Mineralisationshöfe des Quecksilbers 300 bis 350 m weit reichen können, bei Bor wurden 500 m gemessen und bei leicht beweglichen Elementen und Gasen werden nicht selten 1000 m erreicht und überschritten.

*Tabelle 6* (nach KRASNIKOV und LAUTERBACH) zeigt die Einteilung der auf die Resultate *geochemischer Migration* zurückgehenden *Erkundungsmethoden.* Wie man sieht, wird das Untersuchungsobjekt überwiegend aus Dispersionsaureolen und -strömen gebildet. Diese Aureolen werden der Migration in Gewässern, im Verwitterungsboden, ihrem Gasgehalt; oder im oberflächlich anstehenden Gestein ermittelt, sie können in konzentrierter und selektiver Form auch mittels organischer Systeme abgegrenzt werden. Die Tabelle gibt zugleich einen Überblick über die verwendeten Analysenmethoden und die Aufgabe dieser geochemischen Methoden.

Die besondere Bedeutung der *Kombination geophysikalischer und geochemischer Untersuchungsmethoden* besteht in der Verschiedenartigkeit der zu erhaltenden Informationen, die sich meist optimal ergänzen. Hinzu kommt die qualitative Konkretheit geochemischer Resultate. Nicht allein die Existenz einer *Dispersionsaureole* ist von Bedeutung, sondern auch die *Natur der chemischen Elemente.* Oft können weitere Rückschlüsse aus der Art der Kombination mehrerer Elemente gezogen werden. Diese *chemische „Fernwirkung"* über den Migrationsmechanismus ist in der Lage, die *physikalische Fernwirkung* der Geophysik sehr konstruktiv interpretieren zu helfen.

*Tabelle 6. Einteilung geochemischer Erkundungsmethoden*

vereinfacht nach V. I. Krasnikov, erweitert von R. Lauterbach

| Art | Untersuchungsobjekt | Material | Analysenmethode*) | Wo einsetzbar? | Optimale Randbedingungen |
|---|---|---|---|---|---|
| *Lithogeochemische Methoden* | | | | | |
| Gewässernetzmessungen | Dispersionsströme | Holozän, Bodensedimente (feine Fraktion) | 1, 2 | Geol. Aufnahme 1:100000 u. kleiner | Hügeliges Relief, gutentwickeltes Gewässernetz |
| Metallometrie | Sekundäre Dispersions-Aureolen | Verwitterungsprodukte (feine Fraktion) | 1 | Mit geophys. Arbeiten 1:100000 | Gegliedertes Relief mit junger Decke |
| Radium-Metallometrie | dto. | Verwitterungsboden, B-Horizont | 7 | Mit geophys. u. geol. Aufnahmen Nachweis v. Brüchen | Überall einsetzbar |
| Festgesteins-Metallometrie | Primäre Disp.-Aureolen | Anstehendes Gestein in Zonen tekton. Beanspr. u. Zerrüttung | 1, 3, 9 | Geol. Kartierung u. letzte Phasen d. Erkundung | Gut aufgeschl. Gebiete, schichtige Vererzung |
| *Hydrogeochemische Methoden* | | | | | |
| | Aureolen im Grund- u. Oberflächenwasser | Natürliche Wässer | 1, 4 | Geol. Sucharbeiten z. T. mit Metallometrie | Ausgeprägtes Relief, Gewässernetz |
| *Biogeochemische Methoden* | | | | | |
| Botanische Meth. | Sekundäre Aureolen u. Dispersionsprozesse | bestimmte Teile von Pflanzen | 1 | Vorarbeiten | Ausgeprägte Pflanzendecke |
| Mikrobiolog. Meth. | Dispersions-Aureolen | Bodenbakterien | 5 (Kohlenwasserstoffe) | Suche von Erdöl-Erdgas | Bodendecke gleich gut |

*Tabelle 6. (Fortsetzung)*

| Art | Unter-suchungs-objekt | Material | Analysen-methode*) | Wo ein-setzbar? | Optimale Randbedin-gungen |
|---|---|---|---|---|---|
| *Gasmethoden* | | | | | |
| Radioaktive Messungen | Gasaureolen v. Emana-tionen | Bodenluft | 7 | Suche nach radioakt. Erzen | Überall einsetzbar |
| Kohlen-wasserstoffe (KW) | Gasaureolen höherer KW | Bodenluft, Bohrspülung | 5, 6, 8 | Suche nach KW-Lager-stätten | dto. |
| $CO_2$-Mes-sungen | Gasaureolen des $CO_2$ | Bodenluft Bohrspülung | 3 | Suche nach Relikten vulkan. Aktivität (Mineral-quellen u. a.) | dto. |

*) 1 = Spektralanalyse, 2 = Lumineszenzunters., 3 = chemische Analyse, 4 = Polarographie, 5 = Chromatographie, 6 = Mikrochemie, 7 = Radiometrie, 8 = Kohlenwasserstoff-Analyse, 9 = Mineralogisch-petrographische Untersuchungen.

Hirche (1962) hat die *metallometrische Prospektion* als Hilfsmittel der geophysikalischen Erkundung speziell für das Beispiel der *Nickelhydrosilikatlagerstätten* des sächsichen Granulitgebirges allseitig dargestellt. Man findet kombiniert:

Geophysik: Magnetik
Geoelektrik
Radiometrie

Geochemie: Metallometrie des Nickels
Metallometrie des Kobalts
Metallometrie des Chroms
Metallometrie des Blei
Metallometrie des Zink

Geologie: Spezialkartierung, durch Schürfbohrungen unterstützt.

Mit Hilfe dieser Kombination war es leicht, die lagerstättenkundliche Vieldeutigkeit der magnetischen, elektrischen und radioaktiven Messungen erheblich einzuschränken.

Wichtig ist die neuere Erkenntnis, daß die *Migration* nicht allein geringe *Deckgebirgsschichten durchsetzt,* sondern auch mehrere 100 m mächtige. Dabei ergeben sich zusätzlich Informationen über permeable Aufstiegswege, wie z. B.

- Bruchzonen,
- Karst- und Senkungszonen,
- strukturell aufgeschleppte Schichten guter Durchlässigkeit (Sandsteinhorizonte an Salzstockrändern z. B.).

Nicht immer ist die chemische Elementenassoziation das primär wichtige Erkundungsresultat, der Weg aus der Tiefe in seiner tektonischen Bedingtheit kann gleichermaßen bedeutungsvoll sein (*Tiefenbrüche,* mineralisierte Bruchzonen, Antiklinalflanken, Überschiebungen u. a.).

## 12.5. Radium-Metallometrie

Unter Metallometrie versteht man — wie dargelegt — besonders in der sowjetischen geowissenschaftlichen Literatur (z. B. N. I. Sofronow (1936)) ein Arbeitsgebiet der geochemischen Prospektion, das sich mit dem Nachweis vor allem von Schwermetallen als migirierenden Haupt- und Begleitelementen in Dispersionsaureolen befaßt (vgl. Tabelle 6).

Mit dieser Verfahrenstechnik kann man auch die natürlich vorkommenden *radioaktiven Nuklide im Boden* untersuchen (Uran, Radium, Thorium, Kalium). Da *Radium* besonders *migrationsfreudig* ist und auch losgelöst vom Uran in der oberen Erdkruste, wandert, ist die Analyse seiner Verteilung in vieler Hinsicht besonders vorteilhaft. Man spricht deshalb von *Radium-Metallometrie.* Sie ist ein geochemisches Teilgebiet der (in der angewandten Geophysik) sogenannten Radiometrie.

Bei der Radium-Metallometrie werden, wie bei der Metallometrie überhaupt, Boden- oder Gesteinsproben nach bestimmten einheitlichen Vorschriften entnommen. Sie müssen zunächst trocknen und das gestörte *radioaktive Gleichgewicht* wieder erlangen (Radon-Verlust!). Dann werden sie serienweise vor allem mit Hilfe der *$\gamma$-Spektrometrie* oder kombiniert mit chemischer Analyse und radioaktiver Messung untersucht.

Die Radium-Metallometrie ist zugleich die Weiterentwicklung eines der ältesten klassischen geophysikalischen Prospektionsverfahren: der Radium-Emanometrie oder kurz *Emanometrie.*

Hier mißt man mit Hilfe von Elektrometern in einer Ionisationskammer die von der Radiumemanation erzeugte Ionisation in der Bodenluft, die im Untergrund vorwiegend in Zerrüttungszonen erhöht ist. Deshalb sind vor allem die Bereiche über zutage ausstreichenden Brüchen durch einen erhöhten Gehalt von Radon in der Bodenluft gekennzeichnet. Dies stellte von dem Borne bereits 1905 in seiner Habilitationsschrift fest. Gockel hat 1908 in der Physikalischen und in der Meteorologischen Zeitschrift auf die Bedeutung der Durchlässigkeit des Erdbodens hingewiesen. Ambronn war Anfang der zwanziger Jahre einer der ersten, der die Bedeutung einer guten Zirkulation von Lösungen und Gasen auf geologischen Störungsflächen erkannte. Er hatte 1918 über Verwerfungen in der Nähe von Bad Blankenburg emanometrische Anomalien mit erhöhter $\alpha$-Strahlung des Bodenmaterials gefunden, nachdem bereits 1902 ELSTER und GEITEL erste Messungen dieser Art publiziert hatten.

Lord RAYLEIGH hatte 1906 darauf hingewiesen, daß die Konzentration radioaktiver Isotope in der oberen Erdkruste besonders hoch sei, nach der Tiefe aber abnehmen müsse. Daraus folgt, daß für die Methoden der Radiometrie in der Geophysik grundsätzlich überall mit günstigen Voraussetzungen zu rechnen ist. Als AMBRONN seine ersten emanometrischen Untersuchungen — teils im Feld, teils an Bodenproben im Labor — ausführte, zog er die Schlußfolgerung, daß radioaktive chemische Verbindungen längs der Brüche in der oberen Erdkruste migrieren und sich eine Anreicherung im Ausgehenden der Bruchzonen einstellen müsse. Das Problem der Migration wurde auch in Zusammenhang mit der Untersuchung von Lagerstätten radioaktiver Verbindungen aktuell. Hierzu hat F. BEHOUNEK (z. B. 1927) oder das Freiberger ehemalige Institut für Radiumkunde unter Leitung von G. AECKERLEIN (vgl. z. B. 1963) neben anderen beigetragen. Aus dem Kreis der großen Zahl der Arbeiten zur Emanometrie sei nur noch auf die Bearbeitung des Leinetal-Grabens durch PATRICIU (1930), veranlaßt durch H. STILLE, oder auf die Untersuchungen von LINK und SCHOBER bzw. von F. MÜLLER hingewiesen.

Die *Radon-Anomalien* werden in der Regel auf zwei Ursachen zurückgeführt, einmal die verbesserten *Aufstiegsbedingungen* des Radons aus größerer Tiefe in klüftigen Gesteinen und zum anderen auf das bessere *Emaniervermögen* geklüfteter Gesteine, also die höhere Rate des freigesetzten Radons als Folge des mechanischen Aufschlusses.

Die Migration der radioaktiven Gase (Radon und Thoron, letzteres mit der kurzen Halbwertszeit von $54{,}5^{s}$) erfolgt bei verdeckten Störungen auch durch die Hangendschichten hindurch. So schrieben z. B. WILLIAMS und LORENZ (1957) von der „Migration radioaktiver Gase durch poröse Sedimentschichten", einem Prozeß, der über hunderte von Metern durch die den Störungsausbiß überdeckenden Schichten hindurch noch effektiv ist. Diese Verfasser hatten gezeigt, daß mittels sehr großer *Ionisationskammern* auch über 1000 bis 2000 m mächtigem Deckgebirge *verdeckte Brüche* an der Oberfläche noch nachgewiesen werden können.

War zunächst angenommen worden, daß diese radioaktiven Effekte, die von geophysikalischer Seite genutzt werden, im wesentlichen auf die *Diffusion der Gase*, darunter die des Radons, zurückzuführen sind, so wurde im Laufe der Zeit deutlich, daß dieser konzentrationsabhängige Diffusionsprozeß nicht für die Erklärung der Intensität der Effekte ausreicht. Offenbar spielt auch hier die *druckabhängige Strömung* von Flüssigkeiten und Gasen eine große Rolle.

Dazu kamen noch eine Reihe wichtiger chemischer bzw. geochemischer Gesichtspunkte. Bereits VERNADSKY (1930) hatte darauf hingewiesen, daß natürliches Wasser stets radioaktiv ist. Dabei spielt Radium eine viel größere Rolle als bis dahin angenommen worden war. Radium bewegt sich in der Erdkruste unabhängig vom Uran nach eigenen chemischen Gesetzen. Insgesamt aber weist die verbreitete Anwesenheit von *Uran und Radium in allen Gewässern* auf den Umstand hin, daß deren Migration in der Erdrinde mit erheblicher Geschwindigkeit vor sich gehen muß.

Eine am ehemaligen Institut für Geophysikalische Erkundung der Karl-Marx-Universität Leipzig durch VOGLER (1960) vorgenommene Überprüfung der Ursachen emanometrischer Anomalien brachte weitgehende Klarheit, daß das Radon allein keine entscheidende Rolle spielt. VOGLER zeigte, daß oberflächliche Radon-Anomalien drei Hauptursachen haben:

1. Uran-Radium-Akkumulation durch im Untergrundwasser enthaltene Kationen mittels Ionenaustausch.
2. Uran-Radium-Akkumulation durch Ionenaustausch und Radon-Diffusion sowie
3. Radon-Diffusion allein als relativ seltener Fall (!).

Gleichzeitig war begonnen worden, den Zusammenhang zwischen der Uran- bzw. *Radium-Konzentration im Verwitterungsboden* mit der Lithologie der anstehenden Gesteine einerseits und den Zusammenhängen mit unterlagernden tektonischen Störungszonen zu untersuchen. Auch hier ergab sich, daß die *Zuwanderung von Radon* durch Diffusion und Strömungsprozesse nicht in erster Linie bestimmend ist, sondern die Anreicherung von Uran und vor allem *Radium aus migrierenden Lösungen.*

Für den damit erwiesenen möglichen Ferntransport radioaktiver Isotope spielen die gleichen Gesetze eine Rolle, wie sie für die Beweglichkeit der Elemente in der Erdkruste allgemein dargelegt wurden.

Infolgedessen sind *Bruchzonen* als *Bereiche der Druckminderung* zugleich stärker durchströmt, so daß in der Aureole im Hangendgebirge bis in den Bodenbereich sich eine erhöhte Konzentration der gesuchten Elemente bzw. Verbindungen einstellt, falls diese migrationsaktiv sind.

Es ist unschwer einzusehen, daß Rang und Rolle der geochemisch-radiogeophysikalischen Verfahren schon durch die Erkenntnis gewachsen ist, wonach nicht nur starke Quellen wie Uranerze von Bedeutung sind, sondern auch geringe Konzentrationen. In disperser Form sind Uran und insbesondere Radium in der oberen Erdkruste allgegenwärtig. Hinzu kommt die Tatsache, daß nicht — wie früher allgemein angenommen — die Diffusion des Radons in der Bodenluft den Motor für die radiogeochemische Migration darstellt, sondern die Strömungskomponente der Migration und zwar vor allem in der Porenflüssigkeit der Gesteine mit komplexen Uran- und Radiumverbindungen. Dadurch wurde klar, daß die *oberflächliche Isotopenkonzentration* indirekt eine *wichtige Informationsquelle* von erheblichem Tiefgang darstellt.

Zu dieser Tatsache kommt schließlich noch eine weitere Erkenntnis. Bei verschiedenen regionalen Untersuchungen der Radium-Konzentration im Verwitterungsboden fiel schon auf, daß die erwartete *Abhängigkeit von Bodentyp und Lithologie* des anstehenden Gesteins im Einflußbereich tektonischer Störungen nicht oder zu schwach ausgeprägt ist. Wurde dem zunächst wenig Aufmerksamkeit geschenkt, so konnten Untersuchungen an *Bodenproben vom Seegrund* bzw. dem *Boddensediment* über geologisch und geophysikalisch nachgewiesenen Störungen diesen Effekt sehr klar aufweisen. Die von HARTMANN (1966) z. B. mit dem Verfasser vorgenommenen gammaspektrometrischen Arbeiten zeigen, daß über einer tektonischen Störung dieser Gebiete immer ein Maximum der Radium-Konzentration im Boddengrund-Sediment auftritt, und zwar fast ohne Rücksicht auf die adsorptiven Qualitäten des Sedimentes. Es war also nahezu gleichgültig, ob es sich um einen Quarzsand, einen Mergel, Lehm, Ton oder gar eine organische Mudde handelt. *Der lithologische Faktor ist ausgesprochen sekundär!* Das bedeutet aber, daß der Nachschub ständig erfolgt. *Die adsorptive Akkumulation durch die Lithologie wird von der tektonisch begünstigten Migration mit ihrem Stoffnachschub erheblich übertroffen.*

Folgende Bilanz läßt sich somit ziehen:

1. Im *Verwitterungsboden* kommen neben dem durch die sogenannte Emanometrie erfaßten *Radon* auch per migrationem in diese Zone gelangte *Uran- und Radiumverbindungen* vor.
2. Wegen der sehr viel größeren Halbwertszeit von Uran und Radium (gegenüber Radon) steigen diese Isotope, dem $\pm$ vertikalen Druckgefälle folgend, *aus größeren Tiefen* auf.
3. Die radioaktiven Isotope stellen mit ihrer Oberflächenverteilung eine wichtige Quelle der *Informationen über Stoff und Struktur* der oberen Erdkruste dar.
4. *Tektonische Brüche sind Störungszonen des Druck- und Migrationsregimes.* Es kommt zu fokussierenden wie zerstreuenden Zusatzeinflüssen im Störungsfeld (Maxima über Ausbiß von Verwerfungen, Minima über Tiefenbrüchen mit hohem Druck).
5. Das *geochemische Migrationsregime* bewirkt selektive *Veränderungen der Isotopenrelationen* im permanenten Strömungsprozeß, d. h. zum Beispiel Störungen des Zerfallsgleichgewichtes sowie Ungleichgewichte mit Bezug auf die durchschnittliche Relation der Häufigkeitsverteilung der radioaktiven Zerfallsreihen insgesamt oder von einigen ihrer Konstituenten. Das ist eine weitere wichtige Informationsquelle über die physikalisch-chemische Wechselwirkung von Strömung und vor allem durchströmtem Medium.

## 12.6. Gasgeochemie und Bodengeochemie

Die geochemischen Methoden zur Untersuchung von Gasspuren werden meist in Ergänzung zu geophysikalischen Verfahren eingesetzt.

Einer der Klassiker dieser Methoden ist neben Sokolov (1955) G. Laubmeyer (1933), der die Untersuchung der Bodenluft auf Kohlenwasserstoffe mit Erfolg einführte. Die Menge der Kohlenwasserstoffe wurde durch Verbrennung an einem glühenden Platindraht über die Änderung von dessen elektrischem Widerstand bestimmt. Ein Mangel dieser ersten Varianten der sogenannten „Gasvermessung" war die fehlende Trennung von Methan und höheren Kohlenwasserstoffen. Da Methan als Sumpfgas auch unabhängig von Kohlenwasserstoff-Lagerstätten vorkommt, ist es kein spezifischer Indikator.

Über die Arbeiten in der DDR zur Gasvermessung unter selektiver Abgrenzung der höheren Kohlenwasserstoffe berichtete S. Pröhl (1959, 1965). Dabei wurden *Ultra-*

*rotabsorptions-Messungen*, Verfahren der *Gaschromatographie* und der *Massenspektrometrie* erörtert bzw. erprobt. Besonders bewährt hat sich die Gaschromatographie.

Die *Gasverfahren* lassen sich von den *Boden-Untersuchungsmethoden* deshalb schlecht trennen, weil vielfach adsorbierte Gase mit Hilfe von Bodensubstanz gewonnen und bestimmt werden. Wenn es sich um eine laborgebundene Analysentechnik handelt, können die Gase auch mit Hilfe von Aktivkohle gebunden transportiert werden.

Für die geochemische Gasanalyse ergibt sich folgende Übersicht hinsichtlich Anwendung und Zielstellung:

1. Nachweis von *Kohlenwasserstoff-Spuren* in der Bodenluft:
   a) *Methan* und *höhere Kohlenwasserstoffe* summarisch (Gefahr der Fehlinterpretation, z. B. Sumpfgas in Moorgebieten, Methan wird durch anaerobe Bakterien im Boden gebildet)
   b) *Höhere Kohlenwasserstoffe*, selektiver Hinweis auf Erdgas- oder/und Erdölvorkommen. Ermittlung z. B. mittels Gaschromatographie möglich.

2. *Nachweis von Radon- (Thoron-) Spuren* in der Bodenluft *(Emanometrie)*.

   Rn-Nachweis durch Absaugen gefilterter und getrockneter Bodenluft, Einbringen in *Detektorgefäß*, hier
   a) Zerstreuungskörper, dessen Ladung durch Ionentransport verändert wird, oder
   b) Szintillationsüberzug,
   der über einen SEV Impulse proportional der Luftaktivität liefert.

   Ziel: Nachweis von (verdeckten) *Brüchen*, von Gebieten erhöhter Aktivität über *Sedimenten* oder *Magmatiten* bzw. zur Abgrenzung höheraktiver Gesteinskörper.

3. *Nachweis von $CO_2$* in der Bodenluft.

   $CO_2$ kommt als spätvulkanische Komponente im Untergrund vor. Es ist in *Mineralwässern* angereichert, kommt aber auch in vulkanischen Exhalationen vor und kann in Zusammenhang mit *geothermischen Untersuchungen* von Bedeutung sein. $CO_2$-Nachweis durch Ansaugen gefilterter und getrockneter Bodenluft und Hindurchleiten durch Kalk- oder Barytwasser.

   $$Ba(OH)_2 + CO_2 \rightarrow BaCO_3 + H_2O$$

   Hierbei Ausflockung bzw. Trübung.

   $CO_2$-Messungen wurden vor allem zum Nachweis von Mineralwasservorräten mit Erfolg durchgeführt. Es gelang auch *Quellspalten* nachzuweisen, die einen erhöhten $CO_2$-Gehalt besitzen.

## 12.7. Aktuelle Probleme der Zusammenarbeit von Geophysik und Geochemie

Vor Geophysikern wie Geochemikern steht eine große Zahl von Aufgaben, die sich teilweise aus den Ergebnissen des Projektes Oberer Erdmantel wie des Geodynamik-Projektes ergeben haben. Sie müssen so gelöst werden, daß sie den geologischen Randbedingungen entsprechen. Dieses Zusammenspiel von *Geologie, Geochemie und Geophysik* hat V. V. Beloussov als *Geonomie* bezeichnet.

Primär wichtige Aufgaben sind z. B.

1. Präzisierung des *geochemischen Aufbaues von Kruste und oberem Mantel* sowie vor allem der lateralen Inhomogenitäten entsprechend der Planetengenese und der Dynamik von Mantel und Lithosphäre.
2. Klärung der chemischen wie physikalischen *Energiequellen* der Dynamik des Mantels und der Lithosphäre.
3. *Thermisches Modell,* Wärmefluß und Magmenbildung.
4. *Natur der Diskontinuitäten,* besonders der Mohorovičić-Diskontinuität (chemische Ursachen, physikalische Ursachen, geologische Interpretation als Paläo-Oberfläche). Klärung der Feinstruktur und Natur der Diskontinuitäten im Erdmantel.
5. Welche *mineralogischen und Phasen-Übergänge* finden im Bereich von Subduktionszonen, Geosynklinalen, Grabenbrüchen, Aulakogenen u. ä. Senkungsformen statt?
6. Welche Beziehungen bestehen zwischen polymorphen und Aufschmelzungsübergängen und der *Struktur des Fließens* im Erdkörper?
7. Welche geochemischen und geophysikalischen Modelle können für *vertikale Krustenbewegungen* aufgestellt werden?
8. *Stoffdifferentiationsprozesse* in aufsteigenden Magmen mit Veränderung des Chemismus derselben.
9. *Entgasung der festen Erde* und Entweichen flüchtiger Komponenten. Rolle der *planetaren Bruchsysteme,* insbesondere auch der zonalen Brüche (O—W-Brüche) mit ihrer Mineralisation.
10. *Mineralisierte Schlämme der Riftzonen* und ihre Beziehung zur tektonischen und geophysikalischen Struktur.
11. *Plutogenese,* thermisches Regime, Krustenstruktur, Tiefenbrüche und Mineralisation.
12. Komplexe *geochemisch-geophysikalische Lagerstättenerkundung* in Verbindung mit Stoffwanderung und -differentiation in oberem Mantel und Kruste.

*Zusammenfassend* läßt sich feststellen, daß die Entwicklung der *Kooperation der geochemischen und geophysikalischen Exploration der Erdkruste* die größten Chancen für bedeutende Erfolge bietet. Die abgestufte, differenzierte Migration einer Elementenassoziation aus der Tiefe liefert unmittelbare stoffliche Kunde über die Ursache geophysikalischer Anomalien. Ihre Nutzung scheitert noch zu häufig an wechselseitig mangelnden Kontakten der Geochemiker und Geophysiker sowie an einer Verkennung der Potenzen. Eine gewisse Unschärfe geochemischer Aussagen im lokalen Maßstab ist kein Grund dafür, die regionalen Vorteile nicht zu nutzen.

Die Ungleichgewichte der Radionuklide geben Auskunft über Migrationsbesonderheiten, auch z. B. zur Identifizierung von *Tiefenbrüchen. Kohlenwasserstoff-Anomalien* liefern regionale, unmittelbare Hinweise auf Erdöl- und Erdgaslagerstätten. Doch wie oft wird von dieser schnellen, billigen und übersichtsmäßigen Methode wenig Gebrauch gemacht.

Erforderlich ist und bleibt eine Weiterentwicklung der komplexen *Theorie der geophysikalischen Interpretation* im Verein mit der *Theorie der geochemischen Migration* besonders für Bruchzonen und über Massiven sowie lagerstättenführenden Strukturen.

## Literatur

ADAMS, J. S. und GASPARINI, P.: $\gamma$-Ray Spectrometry of Rocks. Amsterdam, London, New York, 1970.

AECKERLEIN, G.: Einblick in die Tektonik durch Radioaktivitätsmessungen bei Bohrungen. Geophys. & Geol. 5 (1963).

BARANOW, W. I.: Radiometrie. Leipzig, 1959.

BEHOUNEK, F.: Über die Verhältnisse der Radioaktivität im Uranpecherzgebiet von St. Joachimsthal in Böhmen. Phys. Z. 28 (1927) 333—342.

CLARKE, F. W.: The relative abundance of the chemical elements. Bull. Phil. Soc., Washington, 11 (1889).

CLARKE, F. W. und WASHINGTON, H. S.: The composition of the Earth's crust. U.S. Dep. Interior, Geol. Surv., Profess. Paper, 127 (1924).

ELSTER, V. und GEITEL, H.: Über die Radioaktivität der im Erdboden enthaltenen Luft. Phys. Z. 3 (1902) 574—577.

FEDYNSKIJ, W. W.: Radiometrische und geochemische Erkundungsmethoden. Kap. 7 in: W. W. FEDYNSKIJ, Raswedotschnaja Geofisika. Moskau, 1967.

FERSMAN, A. E.: Geochemische Methoden zur Erkundung von Bodenschätzen. Moskau, 1940.

GINSBURG, I. I.: Grundlagen und Verfahren geochemischer Sucharbeiten auf Lagerstätten der Buntmetalle und seltenen Metalle Berlin, 1963.

GOCKEL, A.: Die Luftelektrizität. Leipzig, 1908.

HARTMANN, B.: Radiometrische Untersuchungen im Gebiet der NO-mecklenburgischen Boddenlandschaft unter besonderer Berücksichtigung der Boddengewässer. Diplomarbeit Inst. f. Geophys. Erkundung der KMU, unveröff., 1966.

HIRCHE, H.: Die metallometrische Prospektion — ein Hilfsmittel der geophysikalischen Erkundung von Erzlagerstätten und bei der Abgrenzung von Gesteinskomplexen. Geophysik u. Geologie 4 (1962).

HUBERT, H. K. und RUBEY, W. N.: Role of fluid pressure in mechanics of overthrust faulting. Bull. Geol. Soc. America 70 (1959).

KAUTZLEBEN, H. und H. STILLER: Physik und Chemie des Erdinneren. Kapitel 8 in: Physik des Planeten Erde. Akademie-Verlag, Berlin, 1975.

KORSHINSKY, D. S.: Über die geochemische Beweglichkeit der Elemente. Nachr. d. Mineral. Gesellschaft, Moskau, 1942.

LAUBMEYER, G.: A new geophysical prospecting method, especially for deposits of hydrocarbons. Petroleum 29 (1933) Nr. 18.

LAUTERBACH, R.: Bemerkungen zum gegenwärtigen Stand der mikromagnetischen Erkundungsmethode. Geophysik und Geologie, Folge 1; Leipzig, 1959.

LAUTERBACH, R.: $\gamma$-Spektrogramme von Basalten. Geophysik und Geologie 4, Leipzig 1962.

LAUTERBACH, R.: $\gamma$-Spektrometrie geringaktiver natürlicher Gesteine zur petrogenetischen Untersuchung, zur Lagerstättenforschung und zur raschen Grobbestimmung des Gesteinsalters. Kernenergie 7 (1964) H. 8.

LAUTERBACH, R. (ed.): Physik des Planeten Erde. Akademie-Verlag, Berlin 1975.

MEINHOLD, R.: Fortschritte der geologischen Erkundung auf Kohlenwasserstoffe. Z. f. ang. Geol. 11 (1965).

PATRICIU, V.: Geologische und geophysikalische (radioaktive) Untersuchungen am Westrand des Göttinger Leinetalgrabens. Abh. Pr. Geol. Landesamt. N.F., H. 116, S. 163—194, Berlin 1930.

PRÖHL, S.: Zur Theorie und Praxis der Gasvermessung: Geophys. u. Geologie 1 (1959).

PRÖHL, S.: Ergebnisse von Kohlenwasserstoff-Messungen im Gebiet des Schlotheimer Grabens Geophysik u. Geologie 7 (1965).

SAUKOW, A. A.: Geochemie. Berlin, 1953.

SAUKOW, A. A.: Geochemische Indikatoren für tiefliegende Lagerstätten. Z. f. ang. Geol. 5 (1959).

SAUKOW, A. A.: Evolution der Migrationsfaktoren der Elemente in der historischen Geologie. WTI, ZGI Berlin, 2 (1961) 6.

SIDORENKO, A. W.: Einige Fragen der Entwicklung der Petrographie. Z. f. ang. Geol., 17 (1971), H. 1/2.

SOKOLOV, W. A.: Die Gasvermessung. Berlin, 1955.

VERNADSKY, W. J.: Geochemie in ausgewählten Kapiteln. Leipzig 1930.

VOGLER, G.: Ursachen emanometrischer Anomalien. Z. f. Geophys. 26 (1960).

WILLIAMS, W. J. und LORENZ, PH. J.: Detecting subsurface faults by radioactive measurements. World Oil, April 1957.

WINOGRADOW, A. P.: Geochemie seltener und nur in Spuren vorhandener chemischer Elemente im Boden. Berlin, 1954.

# Sachwortverzeichnis